高等职业教育新形态一体化教材

职业教育工业分析技术专业教学资源库（国家级）配套教材

U0261732

岩石矿物分析

张冬梅　王长基　钟起志　主编

化学工业出版社

·北京·

内 容 简 介

本书将岩石矿物分析内容进行了整合，把岩石矿物分析原理、操作技术等渗透到各项目或任务中，是典型的集理论与实践为一体的教材。本书内容尽可能引入现代企业目前使用的及国家新标准的分析方法，包括地质样品分析基础知识及通用技术、铁矿石分析、钨矿石分析、钴矿石分析、铜矿石分析、稀土元素分析、贵金属元素分析及硅酸盐系统分析等内容。本书把分析化学与仪器分析的理论和岩石矿物分析实践有机融合在一起，强化分析检测技能的提高，可操作性强。

本书可作为高等职业院校工业分析技术、冶金、矿业、环境检测等专业的教学用书，也可作为从事分析、化验、商检等工作的技术人员及普通高等院校有关专业教师的参考书。

图书在版编目（CIP）数据

岩石矿物分析/张冬梅，王长基，钟起志主编 . —北京：
化学工业出版社，2021.12
职业教育工业分析技术专业教学资源库（国家级）配
套教材
ISBN 978-7-122-40046-8

Ⅰ.①岩…　Ⅱ.①张…②王…③钟…　Ⅲ.①岩矿分
析-高等职业教育-教材　Ⅳ.①P585

中国版本图书馆 CIP 数据核字（2021）第 206224 号

责任编辑：蔡洪伟　刘心怡　　　　　　　文字编辑：段曰超　师明远
责任校对：李雨晴　　　　　　　　　　　　装帧设计：王晓宇

出版发行：化学工业出版社（北京市东城区青年湖南街 13 号　邮政编码 100011）
印　　装：三河市延风印装有限公司
787mm×1092mm　1/16　印张 12　字数 316 千字　　2022 年 1 月北京第 1 版第 1 次印刷

购书咨询：010-64518888　　　　　　　　　售后服务：010-64518899
网　　址：http://www.cip.com.cn
凡购买本书，如有缺损质量问题，本社销售中心负责调换。

定　价：45.00 元

前言

李四光先生曾说过"地质、钻探、化验鼎足而立，三分天下有其一"，精辟地阐明了地质岩石矿物化验工作的作用和地位。

《岩石矿物分析》从高职教育的实际出发，结合编者多年从事岩石矿物分析的工作与教学经验，将岩石矿物分析内容进行了整合，把岩石矿物分析原理、操作技术等渗透到各项目或任务中，以完成任务展开学习，边学边做，是典型的集理论与实践为一体的教材。

本书共分八个项目，由二十九个学习任务组成。课程内容尽可能引入现代企业目前使用的及国家新标准的分析方法，包括地质样品分析基础知识及通用技术、铁矿石分析、钨矿石分析、钴矿石分析、铜矿石分析、稀土元素分析、贵金属元素分析及硅酸盐系统分析等内容。本书把分析化学与仪器分析的理论和岩石矿物分析实践有机融合在一起，强化分析检测技能的提高，具有实用性和可操作性。本书以二维码链接的形式插入了大量原理讲解微课视频、典型矿石分析操作视频、动画等学习资源，方便读者直观学习。

本书由江西应用技术职业学院张冬梅、赣州华兴钨制品有限公司王长基、江西应用技术职业学院钟起志担任主编。课程导入，项目一、二、八及附录由张冬梅编写；项目三、六、七由王长基编写；项目四、五由钟起志编写；赣州有色冶金研究所有限公司陈涛、张文星参加了本书部分内容的编写和资料整理工作。全书由张冬梅统稿。

北京矿冶研究总院李万春主任、赣州有色冶金研究院钟道国主任审阅全书，对本书编写内容提出很多修改建议，在此表示诚挚的感谢。

在编写过程中，参考了部分专家、作者公开出版的相关书刊和教材，在此向原书作者和资料提供者表示真诚的谢意，并在书后参考文献中予以列出。由于编者的学识水平有限，书中难免存在疏漏和不足之处，诚望广大读者提出宝贵意见，以便再版时修订完善。

编者
2021 年 9 月

目录

课程导入

项目 一　地质样品分析基础知识及通用技术

【项目引导】 ………………………… 003
任务一　认识地质实验测试工作 ……… 003
【任务要求】 ………………………… 003
【思考与交流】 ……………………… 009
任务二　岩石矿物试样的制备 ………… 009
【任务要求】 ………………………… 009

【思考与交流】 ……………………… 014
任务三　岩石矿物试样的分解 ………… 015
【任务要求】 ………………………… 015
【思考与交流】 ……………………… 021
【项目小结】 ………………………… 021
【练一练测一测】 …………………… 021

项目 二　铁矿石分析

【项目引导】 ………………………… 023
任务一　铁矿石分析方法的选择 ……… 023
【任务要求】 ………………………… 023
【思考与交流】 ……………………… 027
任务二　铁矿石中全铁的测定——三氯
　　　　化钛还原-重铬酸钾滴定法 … 027
【任务要求】 ………………………… 027
【方法概述】 ………………………… 027
【任务实施】 ………………………… 027
【思考与交流】 ……………………… 029
任务三　铁矿石中亚铁的测定——重铬
　　　　酸钾滴定法 ………………… 029

【任务要求】 ………………………… 030
【方法概述】 ………………………… 030
【任务实施】 ………………………… 030
【思考与交流】 ……………………… 033
任务四　铁矿石中硫量的测定 ………… 033
【任务要求】 ………………………… 033
【方法概述】 ………………………… 033
【任务实施】 ………………………… 033
【思考与交流】 ……………………… 036
【项目小结】 ………………………… 036
【练一练测一测】 …………………… 036

项目 三　钨矿石分析

【项目引导】 ………………………… 039
任务一　钨矿石分析方法选择 ………… 039
【任务要求】 ………………………… 039
【思考与交流】 ……………………… 042
任务二　钨矿石中的三氧化钨的测定 … 042
【任务要求】 ………………………… 042
【方法概述】 ………………………… 042
【任务实施】 ………………………… 043
【干扰消除】 ………………………… 046
【思考与交流】 ……………………… 047

【知识拓展】 ………………………… 047
任务三　钨精矿中杂质元素的测定 …… 047
【任务要求】 ………………………… 047
【方法概述】 ………………………… 047
【任务实施】 ………………………… 048
【干扰消除】 ………………………… 050
【思考与交流】 ……………………… 050
【知识拓展】 ………………………… 051
【项目小结】 ………………………… 051
【练一练测一测】 …………………… 051

项目 四　　钴矿石分析

【项目引导】 ································ 053
任务一　钴矿石分析方法选择 ············ 054
【任务要求】 ································ 054
【思考与交流】 ······························ 057
任务二　钴精矿中钴量的测定——电位
　　　　滴定法 ·························· 057
【任务要求】 ································ 057
【方法概述】 ································ 058
【任务实施】 ································ 058
【知识拓展】 ································ 060

【思考与交流】 ······························ 061
任务三　钴矿石中钴量的测定——亚硝基
　　　　-R 盐光度法 ·················· 061
【任务要求】 ································ 061
【方法概述】 ································ 062
【任务实施】 ································ 062
【知识拓展】 ································ 063
【思考与交流】 ······························ 064
【项目小结】 ································ 064
【练一练测一测】 ······························ 064

项目 五　　铜矿石分析

【项目引导】 ································ 066
任务一　铜矿石分析方法选择 ············ 067
【任务要求】 ································ 067
【思考与交流】 ······························ 072
任务二　铜精矿中铜量的测定 ············ 072
【任务要求】 ································ 072
【方法概述】 ································ 072
【任务实施】 ································ 073
【思考与交流】 ······························ 076
【知识拓展】 ································ 076
【阅读材料】 ································ 077

任务三　铜矿石中铜量的测定 ············ 078
【任务要求】 ································ 078
【方法概述】 ································ 078
【任务实施】 ································ 079
【知识拓展】 ································ 081
【思考与交流】 ······························ 084
任务四　铜矿石物相分析 ·················· 084
【任务要求】 ································ 084
【思考与交流】 ······························ 090
【项目小结】 ································ 090
【练一练测一测】 ······························ 090

项目 六　　稀土元素分析

【项目引导】 ································ 092
任务一　稀土元素分析方法选择 ·········· 092
【任务要求】 ································ 092
【思考与交流】 ······························ 097
任务二　稀土总量的测定 ·················· 097
【任务要求】 ································ 097
【方法概述】 ································ 097
【任务实施】 ································ 097
【干扰消除】 ································ 101
【思考与交流】 ······························ 102

【知识拓展】 ································ 102
任务三　稀土配分量的测定——
　　　　ICP-AES ······················ 103
【任务要求】 ································ 103
【方法概述】 ································ 103
【任务实施】 ································ 104
【思考与交流】 ······························ 107
【知识拓展】 ································ 107
【项目小结】 ································ 108
【练一练测一测】 ······························ 108

项目 七　　贵金属元素分析

【项目引导】 ································ 110
任务一　贵金属分析方法选择 ············ 110
【任务要求】 ································ 110
【思考与交流】 ······························ 117

任务二　金矿石中金量的测定——泡沫塑
　　　　料吸附-原子吸收光度法 ······ 117
【任务要求】 ································ 117
【方法概述】 ································ 117

【任务实施】 ············· 118
【思考与交流】 ············· 119
【知识拓展】 ············· 119
任务三 矿石中银量的测定——原子吸
收光谱法 ············· 125
【任务要求】 ············· 125

【方法概述】 ············· 125
【任务实施】 ············· 126
【思考与交流】 ············· 127
【知识拓展】 ············· 127
【项目小结】 ············· 129
【练一练测一测】 ············· 129

项目 八　硅酸盐系统分析

【项目引导】 ············· 131
任务一 硅酸盐系统分析 ············· 132
【任务要求】 ············· 132
【思考与交流】 ············· 138
任务二 硅酸盐中二氧化硅量的测定 ··· 138
【任务要求】 ············· 138
【方法概述】 ············· 138
【任务实施】 ············· 144
【思考与交流】 ············· 145
任务三 硅酸盐中三氧化二铁量的
测定 ············· 146
【任务要求】 ············· 146
【方法概述】 ············· 146
【任务实施】 ············· 149
【思考与交流】 ············· 151
任务四 硅酸盐中三氧化二铝量的测定 ··· 151
【任务要求】 ············· 151

【方法概述】 ············· 151
【任务实施】 ············· 154
【思考与交流】 ············· 158
任务五 硅酸盐中氧化钙、氧化镁量的
测定 ············· 158
【任务要求】 ············· 158
【方法概述】 ············· 158
【任务实施】 ············· 160
【思考与交流】 ············· 164
任务六 硅酸盐中二氧化钛的测定 ··· 164
【任务要求】 ············· 164
【方法概述】 ············· 164
【任务实施】 ············· 166
【思考与交流】 ············· 167
【项目小结】 ············· 167
【练一练测一测】 ············· 168

附　录

附录一 质量记录表格 ············· 170
附录二 检测报告示例 ············· 174
附录三 考核记录用表 ············· 175

附录四 常用酸碱溶液的相对密度和
浓度 ············· 179
附录五 矿石质量标准 ············· 179

参考文献

二维码资源目录

序号	资源名称	资源类型	页码
1	地质样品分析基础知识及通用技术学习导航	微课	3
2	岩石矿物试样测定方法选择原则	微课	4
3	岩石矿物检测原始记录内容	微课	5
4	实验室工作流程	微课	6
5	岩石矿物分析样品制备程序	微课	10
6	岩石矿物分析试样的制备	视频	11
7	溶解法分解岩石矿物试样	微课	15
8	熔融法分解岩石矿物试样	微课	19
9	铁矿石分析 学习导航	微课	23
10	认识铁矿石分析	微课	24
11	三氯化钛还原-重铬酸钾容量法测定全铁原理	微课	27
12	三氯化钛-重铬酸钾容量法测定全铁操作	视频	28
13	三氯化钛-重铬酸钾容量法测定全铁结果计算	微课	28
14	重铬酸钾容量法测定亚铁	视频	31
15	碘标准溶液的配制	视频	34
16	高温燃烧碘量法测定铁矿石中硫	视频	35
17	高温燃烧酸碱滴定法测定铁矿石中硫	视频	35
18	硫氰酸盐比色法测定钨矿石中钨	微课	43
19	硫氰酸盐比色法测定钨矿石中钨	视频	44
20	钨酸铵灼烧重量法测定钨精矿中钨	微课	44
21	钨酸铵灼烧重量法测定钨精矿中钨	视频	45
22	钨酸铵灼烧重量法测定三氧化钨注意事项及主要干扰与消除	微课	47
23	原子吸收光谱法测定钨精矿中的钙操作	视频	48
24	ICP-AES测定钨精矿中的砷	视频	49
25	钴矿石分析学习导航	微课	53
26	钴的性质及钴的分析方法	微课	54
27	钴精矿中钴含量的测定操作	微课	58
28	钴标准溶液的配制	视频	58
29	铁氰化钾溶液的标定操作	视频	59
30	钴精矿中钴含量的测定操作	视频	59
31	亚硝基-R盐光度法测定钴矿石中钴	微课	62
32	亚硝基-R盐光度法测定钴矿石中钴操作	视频	62
33	亚硝基-R盐光度法测定结果计算	微课	63
34	铜矿石分析学习导航	微课	66
35	认识铜矿石	微课	67
36	岩石矿物试样消化分解	动画	72

序号	资源名称	资源类型	页码
37	碘量法测定铜精矿中铜含量原理	微课	73
38	硫代硫酸钠标准溶液的配制与标定	视频	74
39	碘量法测定铜精矿中铜操作过程	视频	74
40	原子吸收光谱法测定铜矿石中铜含量	微课	79
41	铜标准溶液配制	微课	79
42	原子吸收光度法测定铜矿石中铜操作	视频	79
43	原子吸收光度法测定铜矿石中铜结果计算	微课	80
44	自由氧化铜的测定	视频	88
45	次生硫化铜的测定	视频	88
46	稀土矿石的分类及其性质	微课	93
47	草酸盐重量法测定稀土总量	微课	97
48	草酸盐重量法测定稀土总量操作	视频	98
49	稀土配分的测定	微课	104
50	稀土配分的测定操作	视频	106
51	泡沫塑料吸附-原子吸收光度法测定矿石中的金	微课	118
52	泡沫塑料吸附-原子吸收光度法测定矿石中的金操作	视频	118
53	配料与熔炼操作	视频	121
54	灰吹与分金操作	视频	123
55	原子吸收光谱法测定矿石中的银操作	视频	126
56	硅酸盐分析系统	微课	135
57	动物胶凝聚重量法测定二氧化硅操作技术	视频	144
58	样品炭化	动画	144
59	样品灰化	动画	145
60	硅酸盐中三氧化二铁测定方法	微课	146
61	配位滴定法测定三氧化二铁原理	微课	148
62	配位滴定法检测三氧化二铁操作技术	视频	149
63	EDTA 标准溶液标定	视频	150
64	硅酸盐中三氧化二铝测定方法	微课	151
65	直接法测定三氧化二铝含量	微课	152
66	$CuSO_4$ 返滴法测定三氧化二铝含量	微课	152
67	氟化铵置换滴定法测定三氧化二铝含量	微课	153
68	直接法检测三氧化二铝操作技术	视频	154
69	$CuSO_4$ 返滴定三氧化二铝操作技术	视频	155
70	KF 置换法检测三氧化二铝操作技术	视频	157
71	配位法测定氧化钙、氧化镁含量注意事项	微课	159
72	配位滴定法检测氧化钙操作技术	视频	160
73	配位滴定法检测氧化镁操作技术	视频	162

课 程 导 入

岩石矿物分析是测定岩石、矿物的化学组成及有关组分在不同赋存状态下的含量的一门学科。

一、岩石矿物分析意义

岩石矿物分析是整个地质工作中的一个重要组成部分。在地质普查阶段，需要完成大量的简项分析，以确定矿的有无与矿的类别；在勘探阶段，更需要大量简项分析和全分析，以便了解其赋存状态及共生元素的情况，确定矿石品位和开采价值，从而拟定出合理的开采方案。同时，岩石矿物分析的数据也是各种地质研究成果中的重要组成部分。所以，岩石矿物分析在地质工作中占有十分重要的地位。

岩石、矿物均系天然产物，种类繁多，成分和结构复杂，含量有高有低，要求分析的项目多种多样，所以分析方法也必须随试样的不同而相应地有所变化。分析化学的所有方法和原理几乎都可以用于岩石矿物分析的实践中。

岩石矿物分析称取的试样一般为几百、几十甚至几毫克，而地质工作所采集的岩石矿物样品可以多至几千克甚至几十千克，并且样品复杂、多样、不均匀。因此，必须有一套特定的样品加工工艺，在分析前将样品制成有代表性的分析试样。

岩石矿物分析的检测数据，直接关系到国家矿产资源的储量计算，也是将来开采、冶炼、设计工作的重要依据。因此，在分析工作的全过程，必须要有一套严格的工作规范以保证检测数据的准确可靠，分析结果必须符合国家规定的允许误差范围。

根据岩石矿物分析的特点，在学习这门课程之前，必须牢固地掌握分析化学和仪器分析的基础知识和实验技能；掌握一定的地质基础知识和其他有关基础理论课的基本原理。岩石矿物分析是一门实践性很强的学科，读者在学习过程中，应树立实践第一的观点，坚持理论联系实际的原则。对于实验操作，必须按规定严格要求，培养严谨的科学实验态度，提高分析问题和解决问题的能力。

二、岩石矿物分析的过程和分析技术

岩石矿物分析的过程遵循定量分析的一般程序，即可分为样品制备、试样分解、测定和数据处理等步骤。对于某些固体进样的分析方法来说，可略去试样分解的步骤；对于某些组分复杂的岩矿试样，为消除共存组分的干扰，在测定前还需要增加分离和富集的步骤。

岩石矿物种类繁多，成分和结构复杂，含量高低不一，要求分析的项目多种多样。除常量分析外，还要求在同一试样中进行多种痕量组分的定量分析；要求用极少量试样甚至不破坏试样的多组分定量分析；要求尽可能现场分析；甚至要求对井下不经采样而进行遥控分析以及可能遇到的宇宙天体的采样分析等。所以分析方法随分析化学的发展和试样的不同也在变化。岩石矿物分析除了使用多种化学分析方法外，还越来越多地采用现代的仪器分析方法来获得结果，例如光度法、电化学分析法、色谱分析法、原子吸收光谱法、原子荧光光谱法、电弧激发原子发射光谱法、等离子体原子发射光谱法、X 射线分析法、质谱分析法等。

选择分析方法时，应根据各种方法的特点、试样的组成和待测元素含量高低，以及对分析项目的准确度要求而定。由于电子计算科学的发展，数学、物理等学科不断向分析化学渗透，当今的分析检测都朝着自动化的方向发展。

三、质量控制的手段

对于分析结果的准确度，常用以下一些方法来进行检查。

（一）对照试验

1. 双份平行测定

由同一人同时做双份平行测定，如果两份结果相差很大，则表明其分析结果的精密度有问题。这种对照方法常用于水样、煤样和物相分析中。

2. 基本分析和检查分析

基本分析是指一般实验室进行的日常生产分析工作。检查分析是指在基本分析任务中按一定比例抽出部分试样同时交由另外的分析人员进行分析，以此来对照检查基本分析的质量。此种检查分析又叫内部检查分析（或称抽样检查）。

在生产上，一般十个以上的样品，应交由不同人员进行基本分析和检查分析，具体操作见《地质矿产实验室测试质量管理规范》。

3. 标准样品试样或管理样的利用

在化验室检验过程中，当发出成批试样检测时，应在其中插入若干个标准样品试样或管理样。得到结果后，对照检查这些已知试样的结果，如果没有超差，则说明这一批分析结果是可靠的。

4. 外检

化验室在做完一批试样的检测以后，为确保分析结果的准确性，常抽出部分样品送交其他单位进行分析，将其报出的结果与本单位的分析结果对照。这种质量控制方法在生产部门称为"外检"。

各实验室在分析外检样品时，应采用最准确的方法，并由经验丰富的分析人员进行100%的检测分析。

5. 采用其他分析方法

利用国家标准方法，或公认可靠的经典方法，与选用的分析方法分析同一试样，如果分析结果符合公差要求，说明选用的分析方法是可靠的。

在岩石矿物分析中，因样品成分甚为复杂，如果采用不同的方法（即使不是标准方法）分析同一试样，求其结果的平均值，可以减少某些因素产生相同影响的机会，因而容易发现可能存在的误差。

（二）求分析结果之和

在全分析中计算分析结果的总和是一种有效的检查方法。虽然总和结果接近100%不一定准确度高，但离100%太远，则说明结果肯定有误差。因为在全分析中，误差相互抵消是常有的事。例如，若二氧化硅分离不完全而残余的二氧化硅与二三氧化物一起沉淀，则在最后结果中，二氧化硅的结果偏低而二三氧化物的结果偏高，因此在结果总和中它们的误差会相互抵消。在计算结果的总和时，还需注意某些项目的校正，如有氟或硫化物存在时，应分别减少氧的当量。

一般情况下，全分析中各项目百分比的总和不低于99.3，不高于101.2（要求高则不低于99.5，不高于100.75）。

（三）加标回收试验

在试样中加入一定量的待测成分，然后进行该成分的测定。测定的结果与原样（未加入待测成分的）结果相比较。两个结果之差是加入成分的回收量。倘若回收是完全的，则测定的准确度较为可靠。此法在分光光度法、极谱法测定中使用较广泛。加入的待测成分（标准）的量应接近试样中该成分原来的含量，若相差太大，会失去检查的作用。

项目一
地质样品分析基础知识及通用技术

项目引导

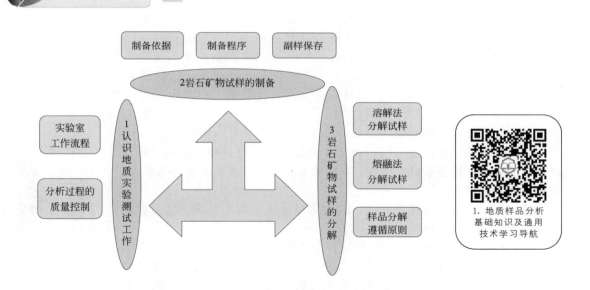

任务一　认识地质实验测试工作

　　岩石矿物等地质样品的分析数据，反映了自然界客观事物存在的形态及其衍生、变化情况，提供了化学元素迁移、富集的规律和开发利用矿产资源的依据。对分析数据的最基本要求是准确。但任何一个分析程序都会产生大小不一的误差，分析人员的技术水平也会有差异。如何才能获得准确一致的数据，如何判断数据是否准确，需要一个可行的、公认的办法。通过本次任务的学习，主要明白实验室工作流程及实验室质量控制相关知识。知道准确度和精密度控制办法。

任务要求

　　1. 熟悉实验室中岩石矿物分析主要基本程序
　　2. 了解分析过程的质量控制

一、实验室工作流程

实验室中岩石矿物分析主要由以下基本流程组成：

样品验收→试样的加工→进行定性分析→根据样品组成及待测项目选择测定方法→拟定分析方案→实施检测→审查分析结果。

（一）样品验收

（1）实验室接收客户样品时，应根据客户的要求对样品编号、数量、质量、性质（特性）、包装和可检性等逐项查对、验收、登记。

（2）接收客户实验室样品时，应记录不符合情况和对可检性的偏离及商定的解决方法。

（3）实验室应建立合同评审程序。对于新的（第一次）、复杂的、重要的或先进的测试任务，实施合同评审并保存所有记录。

（二）样品标识

实验室应具有样品标识系统。样品在实验室的整个期间应保留该标识。样品标识系统的设计和运作应确保样品实物和所有涉及样品标识的记录的唯一性，在实验室流转过程中不会混淆。

（三）试样制备

实验室样品制备应根据样品性质、测试要求选用相关标准或规范的制备方法，确保试样的代表性和一致性。分析样品制备应严格按照 DZ/T 0130.2—2006《地质矿产实验室测试质量管理规范 第 2 部分：岩石矿物分析试样制备》中的规定执行。对于送样单位有特殊加工要求的样品，可按照送样单位的要求进行加工，但应遵循《地质矿产实验室测试质量管理规范 第 2 部分：岩石矿物分析试样制备》中规定的加工原理，并在检测结果报告中加以标注。

（四）测试方法选择

（1）选择测试方法应考虑：满足客户的需求；符合相应法规、标准或规范的要求；适合于被检样品；本实验室人员、设备能力和环境条件；安全、成本和时间。

（2）测试方法首选标准方法，其次是通过确认的非标准方法。使用非标准方法应征得客户同意。

（3）根据岩石矿物种类和特性选择分析方法。

2. 岩石矿物试样
测定方法选择
原则

（4）同一组分有两个或两个以上分析方法时，应根据试样的基体组成和待测组分含量大致范围选择适宜的分析方法。试样待测组分测量值应在使用分析方法的有效测量范围之内。

（5）物相分析的分析方法，应根据采样矿区的具体特点，进行方法试验后确定。

（6）在确保分析质量和客户要求的前提下，应当使用准确、快速、先进的分析方法。

（7）校准曲线点数、各点浓度水平、空白试验等均应合理、有效。

（8）对基体效应和干扰影响，应采用有效的消除方法。

（9）新制定的测试方法、非标准方法、超出预定范围使用的标准方法、扩充和修改过的标准方法等应进行确认，以证实该方法适于预期用途和目的。确认可采用下列一种或多种方法：

① 使用参考标准或标准物质进行校准；

② 与其他标准方法所得结果进行比对；

③ 实验室间比对；

④ 对所得结果不确定度进行评定。

（五）实施检测

试样按所选用的测试方法实施检测，应由具有一定理论知识和操作经验的化验室操作人员进行。化验室操作人员在收到样品流转单后，采用国家标准、行业标准或顾客指定的标准，严格按照本化验室的质量控制程序文件和仪器设备操作规程进行检测工作。检测人员在测试完毕后将测试的结果和各种原始数据记录于"原始记录本"中。所记录的测试结果应能真实反映实验情况，每个结果均应有操作人员签名确认，必要时须由第二人复核。

3. 岩石矿物检测
原始记录内容

（六）记录填写

测试原始记录是测试过程的记录，是出具测试报告的依据，应能够复现测试工作的全部过程。实验室应当根据测试项目或测试方法制定原始记录格式，原始记录至少应包括以下内容：

（1）原始记录的标题；

（2）原始记录的唯一编号和每页及总页数的标识；

（3）测试样品的状况；

（4）测试依据和方法；

（5）使用的仪器设备名称和编号；

（6）记录观察得到的数据、计算公式和导出的结果；

（7）测试时的环境条件；

（8）测试中意外情况的描述和记录（如果有）；

（9）测试日期；

（10）测试人员和相关人员的签名。

记录应按规定的格式填写，应做到客观、真实、准确、全面和及时，不应漏记、补记、追记。

记录的更正应采用杠改方法，即在需更改的数值上画一杠，更改后的值应在画了一杠的被更改值附近，并有更改人标识。电子存储记录更改也应遵循上述更改原则，避免原始数据丢失或不清楚。被更改的原记录仍应清楚可见，不允许消失或不清楚。

（七）结果报告

实验室应准确、清晰、明确和客观地报告每一项或一系列的测试结果，并符合测试方法中的规定。测试结果应以测试报告的形式出具，并且应包括客户要求的、说明测试结果所必需的和所用方法要求的全部信息。测试报告应至少包括下列信息：

（1）标题；

（2）实验室名称和地址，进行测试的地点（如果与实验室的地址不同）；

（3）客户的名称和地址及联系人；

（4）所用方法的标识；

（5）测试样品的状态描述和明确的标识；

（6）实验室样品接收日期和进行测试日期以及发出报告日期；

（7）测试项目及结果；

（8）测试报告批准人的姓名、职务、签字或等同标识；

（9）在适当位置标明：结果仅与被测试样品有关的声明。

测试报告的格式应尽可能标准化，测试报告应一式两份，客户持正本，副本随原始记录归档。

测试报告的修改：

（1）对已发出的测试报告进行修改时，应以一份新的或补充报告替代，同时应将不正确的报告收回或注明作废。

（2）发布全新的测试报告时，应注以唯一性标识，并注明所替代的原件。

4. 实验室工作流程

（八）实验室工作流程

实验室工作流程见表1-1。

表1-1　实验室工作流程

序号	工作流程	工作内容说明	相关记录
1	业务受理	接待人员按照程序接待客户，客户应认真填写检测委托书或检验合同。记录客户对检测工作的要求，验收样品，记录样品的异常情况（如混样、破碎、质量不够等）。包括是否异常或是否与相应的检测方法中所描述的标准状态有所偏离。如果对样品是否适用于检测有疑问或者样品与提供的说明不符，或者对要求的检测规定不清楚时，应在工作开始之前询问客户，要求进一步给出说明，并将与客户达成的协商结果写在检测委托书上，客户签字后，方可下达检测任务	检测委托书或检测合同
2	样品标识	对接收的样品进行唯一性标识编码。所有检测样品都应有检测状态标识，状态分为：待检、在检、检毕、留样。对于批量样品可以将一批作为一个单位处理，但该批样品必须可以相对整体转移	实验样品登记台账
3	样品加工	样品加工人员验收样品，签字，依据样品加工任务书的要求选择样品加工流程加工样品	样品加工记录
4	检测任务下达	待样品加工完成之后，由主任下达检测任务	检测任务下派单
5	实施检测	检测小组接收调度分配的检测任务下派单，应及时查阅有关资料和相关试验方法标准文件，理解后统筹安排检测进度 实验室检测人员应严格按照本实验室质量控制程序文件和仪器设备操作规程进行检测工作。对所需测试的样品采用国家标准、行业标准或顾客指定的标准方法进行测试作业。 检测人员在测试完毕后将结果和各种原始数据记录于"原始记录本"中	化学分析结果登记表通用原始记录
6	检验过程发生异常情况处理	检测人员必须严格按现行有效标准方法、测试方法及设备操作规程进行工作。一旦发现测试过程异常，应立即停止试验，并马上向本室技术主管及检测组长报告。检测组长应立即核实情况，向室主任汇报。 对于异常数据应分析不合格原因，及时纠正。 如检测人员对异常情况不及时上报或隐瞒不报，造成事故者，由检测人员承担全部责任	二次实验结果登记表
7	检测数据处理	所有人工观测、抄写、记录、计算和数据分析的原始检测试验数据以及输入到计算机里的数据均应实行三级审查核准制度。 任一记录和报告的检测人员、校核人、审核（批准）人不得是相同人员	样品分析报告
8	检测报告编制、审核与批准	检测人员在完成测试任务后，依据原始记录，按照规定的格式，认真出具检验报告。 报出的测试报告由负责人、审核人、填报人签字，加盖"分析报告专用章"后生效，否则报告单无效。 报告单份数则根据委托单位所需而定，本室留底1份	实验测试报告
9	检测后样品处理	检测报告发出后，按约定由委托方签字收回检测剩余的样品（不含副样）。委托方不回收的样品，保管至期后，由样品管理员登记造册，写申请报告，由质量负责人审核，技术负责人批准，方可销毁。销毁样品不得污染环境	实验样品和试样处理台账

二、分析过程的质量控制

分析过程的质量控制原则是：准确度控制与精密度控制并重；标准物质控制与重复分析控制及空白试验控制相结合。

（一）准确度控制方法

1. 标准物质

试样的每个分析批次，均应插入标准物质、重复试样，同时进行空白试验。

每个分析批次试样数为 10 个以下时，应插入 1～2 个标准物质控制；10 个以上时，插入 2～3 个标准物质监控；特殊试样或质量要求较高的试样可酌情增加标准物质的监控数量。

（1）插入标准物质。

① 在每个分析批次试样中的位置随机或均匀分布。

② 同一标准物质不能既用作校准曲线又用于同一测试过程的质量监控。

（2）选择标准物质。

① 标准物质的含量水平与待测试样的含量水平相适应；

② 标准物质的基体与待测试样的基体应尽可能接近；

③ 标准物质应以与待测试样相同的形态使用；

④ 标准物质的数量应满足整个检测计划的使用；

⑤ 标准物质的使用应在其注明的有效期限之内，并符合储存条件；

⑥ 标准值的不确定度应满足客户对分析质量的预期。

（3）准确度控制指标。

标准物质（或标准物质中某组分）的分析结果相对误差允许限（Y_B）为：

$$Y_B = \frac{1}{\sqrt{2}} Y_C = \frac{1}{\sqrt{2}} C \times (14.37 X_0^{-0.1263} - 7.659)$$

式中　Y_C——重复分析试样中某组分的相对偏差允许限，%；

　　　X_0——标准物质（或标准物质中某组分）的标准值；

　　　C——某矿种某组分重复分析相对偏差允许限系数。

当标准物质（或标准物质中某组分）的分析结果与标准值的相对误差小于等于允许限（Y_B）时为合格；大于允许限（Y_B）时为不合格。

2. 加标回收

如没有合适的标准物质时，应采用加标回收方法。

在测定试样的同时，于同一试样的子样中加入一定量的已知标准物质进行测定，将其测定结果扣除样品的测定值，计算回收率。

回收率(%)＝[(加标试样测得量－试样测得量)/加标量]×100%

试样中某组分的加标回收率允许限见表 1-2。当回收率在允许限以内时判定合格，超出允许限为不合格。

表 1-2　加标回收率允许限

被测组分含量	$10^{-6} \sim 10^{-4}$	$>10^{-4}$
加标回收率/%	10～110	95～105

同一分析批次样中插入的标准物质（或标准物质中某组分）的合格率应达到 100%；试样中某组分的加标回收率的合格率应达到 95%。合格率未达到要求时，应查找原因，妥善处理。

（二）精密度控制方法

（1）重复分析数量依据客户对质量的总体要求来确定，一般情况下为：

① 采用随机抽样方法，重复分析数量为每批次试样数的 20%～30%；

② 每批次分析试样数不超过 5 个时，重复分析数为 100%；

③ 光谱半定量分析，随机抽取试样的数量为每批次分析试样数的 5%～10%；

④ 特殊试样或质量要求较高的试样可酌情增加重复分析试样的数量直到 100% 分析。

（2）随机抽取的重复分析试样应编成密码，交由不同人员进行分析；试样数量少时，也可由同一人承担。

（3）精密度控制指标。

① 依据客户要求或相应规定执行。

② 依据使用标准方法的重复性限或再现性限作为精密度的允许限；重复（或再现）分析结果之差的绝对值小于等于允许限时为合格；大于允许限时为不合格。

③ 依据岩石矿物试样化学成分重复分析相对偏差允许限的数学模型作为重复分析结果精密度的允许限。重复分析结果的相对偏差小于等于允许限时为合格；大于允许限时为不合格。

岩石矿物试样化学成分重复分析相对偏差允许限的数学模型为：

$$Y_C = C \times (14.37 X^{-0.1263} - 7.659)$$

式中　Y_C——重复分析试样中某组分的相对偏差允许限，%；

　　　X——重复分析试样中某组分平均质量分数，%；

　　　C——某矿种某组分重复分析相对偏差允许限系数。

注意：此数学模型不包括贵金属矿物，贵金属矿物化学成分重复分析相对偏差允许限的数学模型如下。

贵金属样品化学成分重复分析相对偏差允许限的数学模型为：

$$Y_C = 14.43 C X_G^{-0.3012}$$

式中　Y_C——贵金属矿物重复分析某组分的相对偏差允许限，%；

　　　X_G——贵金属矿物重复分析试样中某组分某次测定的质量分数，10^{-6}；

　　　C——贵金属矿物重复分析相对偏差允许限系数。

在准确度判定合格后，统计批次试样重复分析的合格率（指室内一次合格率）。当合格率大于等于 95% 时，判定该批次合格；当合格率小于 95% 时，判定该批次不合格，应查找原因，妥善处理。

（三）空白试验

每次分析至少插入两个空白试验，与试样同时分析。

（1）在痕量或超痕量组分的分析中，当空白试验值与试样分析值接近时，该试样的分析结果无效。应采用检出限更低的分析方法或更有效的富集手段；或采用行之有效的方法将空白降至可以忽略不计的程度。

（2）当空白试验值与试样分析值接近时，如客户认可或能满足检出限要求可以报出。

（3）当空白试验值基本稳定时，如有必要，可以校正。

（4）当空白试验值波动大时，难以进行校正，应查找原因，妥善处理。

（四）各项结果加和

岩石、矿石、矿物全分析各组分除按重复分析相对偏差及允许限检查外，其主要组分各项结果的百分数加和可分两级检查。

第 1 级：99.3%～100.7%。

第 2 级：99.0%～101.0%。

各项百分数加和的检查级别，依据试样的特性和客户的要求确定。

注意：

一般情况下，可按 2 级检查。

如有不合理相加组分存在时，应通过合理计算后再加和。

思考与交流

1. 实验室中岩石矿物分析主要由哪些环节组成？
2. 原始记录应包含哪些内容？

任务二　岩石矿物试样的制备

天然的岩石矿物是极不均匀的。将天然的地质样品变成可供实验室的分析样品，这个过程称为样品加工或样品制备，俗称碎样。样品加工是分析工作必不可少的第一步，而且是保证分析质量的重要环节。分析中的误差可以通过不同的分析方法、不同的分析人员或不同实验室的相互比对发现，而样品加工不当引入的误差是分析工作本身无法消除的。通过本次任务的学习，懂得样品加工的重要性，了解样品加工的方法和程序，知道样品加工的基本要求和加工过程中可能存在的误差来源。

任务要求

1. 明白岩石矿物分析样品制备程序
2. 了解特殊岩石矿物分析试样的制备

岩矿分析试样是经过正确的采样及合理的加工制备而得到的，地质工作者根据不同的情况，确定出合理的采样规格、采样长度和采样质量，利用各种手段所采集的样品，称为原始样品。原始样品具有数量多，组成不均一，颗粒大小悬殊的特点。而实验室分析的样品一般只需要几克或几十克，最多不过几百克，同时为了便于试样的分解，要求试样必须有足够的细度。这样，在分析前必须对原始样品进行加工处理，缩减数量，使之成为组成均匀（能代表整个原始样品的物质组成）、粒度细（易于被分解）的试样。在不改变原始平均样品组成的情况下，对其进行一系列加工处理，缩减试样量，并使之成为组成均匀、粒度很细的适用于分析测试的分析试样的过程叫试样的制备或样品加工。固体试样的制备一般需要经过破碎、过筛、混合、缩分等步骤。

一、样品制备依据

试样制备工作原则就是采用最经济有效的方法，将实验室样品破碎、缩分，制成具有代表性的分析试样。制备的试样应均匀并达到规定要求的粒度，保证整体原始样品的物质组分及其含量不变，同时便于分解。

要从原始大样中取得具有代表性的分析试样，需要对原始样品进行多次破碎和缩分。而每次需要缩分出来的量就是由以下的缩分公式算得。目前仍采用最简单的切乔特经验公式，即

$$Q = Kd^2$$

式中　Q——样品最低可靠质量，kg；

　　　d——样品中最大颗粒直径，mm；

　　　K——根据岩矿样品特性确定的缩分系数。

公式的意义是样品最低可靠质量（Q）与样品中最大颗粒直径的平方（d^2）成正比。样品每次缩分后的质量不能小于 Kd^2。K 为缩分系数，取决于矿石的性质和矿化的均匀程度，

通过查表得到，经试验一般介于 0.05～1.0 之间。

二、决定样品最低可靠质量的因素

依据试样制备应遵循的原则，要从样品中取出少量能够代表其组成的试样。首先需要考虑决定样品最低可靠质量的因素，这些因素包括如下内容。

（1）样品粒度：颗粒愈大，样品的最低可靠质量愈大。

（2）样品密度：密度愈大，样品的最低可靠质量愈大。

（3）被测组分含量：含量愈小，样品的最低可靠质量愈大。

（4）均匀程度：样品愈不均匀，样品的最低可靠质量愈大。

（5）分析允许误差：允许误差愈小，样品的最低可靠质量愈大。

三、样品制备程序

化学分析样品的加工粒度因矿种的不同而不同，如：硅酸盐要求 0.097～0.074mm（160～200 目）、黄铁矿只要求 0.149～0.125mm（100～120 目），光栅光谱分析样品要求 200 目。如样品矿种不明，一般要求 0.097～0.074mm（160～200 目）。

5.岩石矿物分析
样品制备程序

分析试样的制备原则上可分为三个阶段，即粗碎、中碎和细碎。每个阶段又包括破碎、过筛、混匀和缩分四道工序。根据实验室样品的粒度和样品质量的情况，试样制备过程中应留存相应的副样。样品的烘样温度和碎后粒度见表 1-3。

表 1-3   各类岩石矿物样品烘样温度和分析样品粒度要求

岩矿样品种类	碎后粒度/mm	烘样温度/℃
花岗岩等各种硅酸盐	0.097～0.074	105
石灰石、白云石、明矾石	0.097	105
石英岩	0.074	105
高岭土、黏土	0.097～0.074	不烘样、校正水分
磷灰石	0.125	105～110
黄铁矿	0.149	100～105 或不烘样、校正水分
硼矿	0.097	60
石膏	0.125	55
芒硝	0.250～0.177	不烘样、校正水分
铁矿	0.097～0.074	105～110
锰矿	0.097	不烘样、校正水分
铬铁矿、钛铁矿	0.074	105
铜矿、铜锌矿	0.097	60～80
铝土矿	0.097～0.074	105
钨矿、锡矿	0.097～0.074	105
铋矿、锑矿、钼矿、砷矿	0.097	60～80
镍矿、钒矿、钴矿	0.097	105
汞矿	0.149	不烘样
金、银、铂族	0.074	60～80（金和铂族可以不烘）
油页岩	0.250～0.177	不烘样
地球化学样品	0.097～0.074	60[①]
物相分析、亚铁测定	0.149	不烘样
稀有元素矿	0.097	105
金红石	0.097	105
蛇纹岩、滑石、叶蜡石	0.097	105
天青石、重晶石、萤石	0.097	105

续表

岩矿样品种类	碎后粒度/mm	烘样温度/℃
岩盐样品	0.149	不烘样、校正水分
单矿物样品	0.074	105
炭质页岩	0.097	105
混质页岩	0.125	105

①不允许超过此温度。

一般岩石矿物分析试样的制备流程见图 1-1。

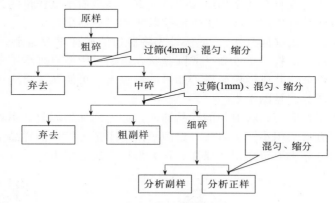

图 1-1 一般岩石矿物分析试样的制备流程

实验室可以根据用户送来的实验样品的粒度，样品的质量大小以及自身碎样设备的具体情况，确定分析试样制备的阶段和工序。样品质量较小，粒度较细或者自身碎样设备具有连续破碎缩分功能时，实验室也可以省略上述三个阶段中的粗碎或中碎阶段或省略某个阶段中的缩分工序。

1. 破碎

破碎可分为粗碎、中碎、细碎 3 个阶段。根据实验室样品的颗粒大小、破碎的难易程度，可采用人工或机械的方法逐步破碎，直至达到规定的粒度。

6. 岩石矿物分析
试样的制备

破碎的目的，是为了把试样破碎至所要求的粒度，以便于试样的缩分和在分析时有利于试样的分解。

破碎一般采用机械（球磨机等）破碎，或手工破碎（如用大锤或手锤在平滑的锰钢板上将物料击碎，以及使用玛瑙研钵等）。

在破碎时要注意破碎设备的清洁和磨损，以免引入杂质，同时要防止颗粒跳出，粉末飞散，也不可随意丢弃难破碎的任何颗粒。

以上每个破碎阶段，又分为四道工序：破碎、过筛、混匀、缩分。

2. 过筛

物料在破碎过程中，每次磨碎后均需过筛，未通过筛孔的粗粒再磨碎，直至样品全部通过指定的筛子为止 [易分解的试样过 0.091mm（170 目）筛，难分解的试样过 0.074mm（200 目）筛]。

3. 混匀

试样混匀是保证缩分具有代表性的关键环节，有机械混匀器混匀和人工混匀法，人工混匀法通常有堆锥法或环锥法、掀角法。

堆锥法主要用于粒度小于 100mm 的矿样，如果矿样中有大于 100mm 的粒级，可预先将这部分矿样挑选出来碎至 100mm 以下后进行堆锥。具体方法是将试样用铁铲堆成锥形，每次堆锥时，均需把物料送到锥顶，让物料均匀地从锥顶滑下。堆好一次后，换个地方按上述方法再堆一次，这样反复三次，然后用四分法或二分法缩分。

掀角法用于矿量较少，粒度小于 3mm 的样品。其方法是将样品放在正方形的塑料布或胶布上，然后对角合起来，让矿样在布上反复滚动几次，每次滚动让试样超过对角线，放下一副对角，拿起另一副对角照上述办法重复进行，这样交替反复 10 次以上。

4. 缩分

缩分是在不改变物料的平均组成的情况下，逐步缩小试样量的过程。

常用的方法有堆锥四分法、正方形挖取法和二分器法。

（1）堆锥四分法（四分法）。此法是先将混匀的矿样堆成锥形，然后用薄板插至矿堆到一定深度后，旋转薄板将矿堆展平成圆盘状，再通过中心点画十字线，将其分成 4 个扇形部分，取其对角部分合并成一份矿样；如果矿量过大，可照此法再进行缩分，直到符合所需要的质量为止。四分法见图 1-2。

（2）正方形挖取法。将混匀的样品铺成正方形的均匀薄层，用直尺或特制的木格架划分成若干个小正方形。用小铲子将每一定间隔内的小正方形中的样品全部取出，放在一起混合均匀。其余部分弃去或留作副样保存。正方形挖取法见图 1-3。

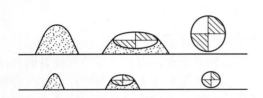

图 1-2　四分法

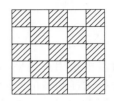

图 1-3　正方形挖取法

（3）二分器法。此法一般用于矿粒尺寸在 3mm 以下、质量又不大的物料的缩分，由二分器（图 1-4）来完成。为了使物料顺利通过小槽，小槽宽度应大于物料中最大矿粒尺寸的 3～4 倍。使用时，两边先用盒接好，再将矿样沿二分器上端整个长度徐徐倒入，从而使矿样分成两份，取其中一份作为需要矿样。如果矿样量还大，再进行缩分，直到缩分到所需的矿量为止。

四、特殊岩石矿物分析试样的制备

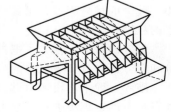

图 1-4　二分器

1. 铁矿和测定亚铁分析试样

将中碎后通过 1.00mm 筛的试样直接用棒磨细碎机细碎。如采用圆盘细碎机时，不能将磨盘调得太紧，以免磨盘发热引起试样在磨样过程中氧化变质。如磨样时间长，引起磨盘发烫时，必须将磨盘冷却后再继续加工。要求制备的分析试样最后粒度只需通过 0.149mm（100 目）筛，黄铁矿副样应装入玻璃瓶中蜡封保存。测定亚铁的分析试样不烘样。铬铁矿中 FeO 的测定样品，应粉碎到 0.074mm（200 目）。

2. 铬铁矿分析试样

破碎铬铁矿时，应避免铁质混入，可用高强度锰钢磨盘或镶合金磨盘加工，然后分取少量试样用三头研磨机玛瑙钵研细至 0.074mm（200 目）。

3. 玻璃及陶瓷原料所用的石英砂、石英岩、高岭土、黏土、瓷土等分析试样

这类试样制备过程中不能使用铁制工具，以免引进铁质。对石英岩，若较致密、坚硬而不易破碎，可将样品在 800℃ 以上烧约 1h，然后迅速将灼热的样品放入冷水中骤冷，使试样疏松，易于破碎，样品从水中取出风干后，再进行粗碎。

4. 芒硝、岩盐、石膏分析试样

芒硝、岩盐和含有芒硝、岩盐的石膏样品，各项分析结果均应以湿基原样为计算标准。为避免样品中水分的损失，样品应尽可能就地、及时制样和分析。若送样路途较远，送样时间较长，样品应瓶装、密封、尽快送出，实验室收样开瓶后，应立即粗碎，迅速装入干净的搪瓷盘中，称重，然后放入干燥箱中，于 40～50℃烘 6～8h（样品很湿时还可以延长），烘干后称重，计算样品在此过程中失去的水分。

$$w(H_2O)/\% = (原样质量-烘干后样品质量)\times100/原样质量$$

此后，继续按一般样品加工制备，但在破碎和缩分过程中，也应防止水分变化而尽可能将工作在短时间内连续进行，试样制好后应尽快装瓶，以免吸收水分。

石膏样品的制样粒度为 0.125mm（120 目），对不含芒硝、岩盐的于 55℃烘样 2h；对含有芒硝、岩盐的则不烘样，立即装入瓶内。

岩盐样品制样粒度为 0.149mm（100 目）。

上述样品均应留粗副样，装入玻璃瓶中，盖严蜡封保存。

5. 云母、石棉分析试样

云母、石棉试样制备时，可先用剪刀剪碎，然后在玛瑙研钵中磨细，也可以先灼烧使云母变脆，然后粉碎、混匀，但不烘样。纯度不高的石棉、云母样品，可按一般岩矿分析试样进行制备，采用棒磨细碎机细碎至 0.125mm（120 目）。

6. 沸石分析试样

沸石样品经中碎全部通过 0.84mm 筛后，需留 800g 左右试样，缩分出一半作为副样保存，另一半再缩分为两份，一份 A 样过筛后作为吸钾分析试样，另一份 B 样加工后作为测定阳离子总交换容量及化学分析用试样。

吸钾分析试样因分析需用 0.84～0.42mm（20～40 目）的试样，将 A 样过 0.42mm 筛，筛上试样一次不要放得太多，以免筛上留存小于 0.42mm 细粒试样，最后筛上 0.84～0.42mm 的试样应小于过筛试样的 10%，取筛上试样供吸钾分析用，筛下试样弃去。不烘样。

将 B 样细碎至全部通过 0.105mm（140 目）筛，缩分为两份，一份样品为测定阳离子总交换容量的分析试样，另一份为化学分析试样。化学分析试样继续粉碎通过 0.074mm 筛，不烘样，分析后校正水分。沸石吸水性很强，副样应装瓶或放在塑料袋中密封保存。

7. 膨润土分析试样

样品粗碎前，应在干燥箱内于 105℃烘干，然后取出尽快地进行粗碎和中碎。通过 1.00mm 筛后，留副样，装入塑料瓶（袋）中密封保存。正样倒入干净的搪瓷盘中，再于 105℃烘干，继续进行细碎，通过 0.074mm 筛，备作可交换阳离子和交换总量、脱色率、吸蓝量、胶质价、膨胀容、pH 值等测试项目用。

8. 物相分析试样

物相分析对试样的粒度要求较严，颗粒应尽量均匀一致。在制样时不能一次磨细，磨盘不可调得太紧，应逐步破碎，多次过筛，以免试样产生过细颗粒。一般物相分析试样过 0.149mm（100 目）筛，不烘样。如含硫化物高时，应用手工磨细或用棒磨细碎机细碎。金红石、硅灰石的物相分析试样应过 0.097mm（160 目）筛。

9. 单矿物分析试样

单矿物样品质量很小（特别是稀有元素单矿物），所以在破碎时不能沾污，不能损失，必须在玛瑙研钵中压碎和磨细至 0.074mm（200 目）。

10. 组合分析试样

每个勘探矿区采样分析进行到一定程序后，需要提出一定数量的组合分析样，测定其基本分析项目中未测定的有益元素和有害杂质。组合样是由几件或几十件样组合而成，组合的方法为按采样长度比计算出每件单样应称取的量。计算方法为：

$$单样(g) = [单样长度(cm)/组合长度(cm)] \times 组合样质量(g)$$

一般组合样的质量不小于 200g。由于试样是由粒度细和件数较多的单样所组合，量又较大，仅在橡皮布上不易混匀，有的试样因存放过久会有结块现象，为此，可将圆盘细碎机磨盘调得较松一些，把组合后的试样先细碎一次，然后用比原样粒度粗一点的筛子过筛，使试样松散，再充分混匀、缩分、粉碎至分析所需粒度。另一简单方法是将组合好的试样直接或烘干后装入棒磨筒中，棒磨至分析所需粒度。如不需对组合样继续粉碎，也可棒磨磨样约半小时初步混匀。

11. 水系沉积物和土壤试样

水系沉积物和土壤试样细碎加工的粒度要求达到 0.074mm（200 目）。符合粒度要求的试样质量应不少于加工前试样质量的 90%，凭手感检查试样是否达到 0.074mm（200 目）的粒度，不需过筛。

12. 金矿和铂族矿分析试样的制备

金在矿石中往往可能以自然金状态存在，嵌布极不均匀，且富有延展性，所以给试样制备造成困难。

由于金矿样品中基岩母质与金粒不能同步破碎，用基岩的最大颗粒直径代替金粒最大颗粒直径是不适合的。除微细粒级型金矿样品外，样品缩分不应该采用切乔特公式，每一矿区的样品，应经试验确定金粒度级别后，再确定其缩分程序。

金矿试样的制备应根据自然金在样品中粒度的分布情况，制定不同流程，并兼顾不同的分析取样量。流程中的关键是确定第一次缩分时的试样粒度，有条件的矿区，应通过试验研究求得。

五、副样保存

实验样品副样一般均应装入牢固的牛皮纸袋（如为黄铁矿、煤或岩盐等），易变质的样品，则应装入密闭瓶内，或使用不吸湿的容器保存。副样袋应写明批号；容器应写明送样单位和年批号，按一定顺序放入副样库，妥善保管。保持整齐干燥，避免阳光直晒，防止风化变质。

岩矿分析一般只需保存一种副样，且以分析样品副样作为副样。分析样品副样的留存量：一般样品保留 200g，贵金属样品保留 500g；若为硫化矿物、岩盐等易变质的样品和沸石样品，以及详查、勘探矿区的队内部检查样品，则应以 0.84mm 粗样 400～600g 作为副样；若为煤样，可从小于 3mm 的煤样中直接缩分出 0.5kg 作为副样；对于样品质量小，仅要求作工业分析的煤样，亦可以 0.84mm 粗样作为副样。粗副样保存质量，均应符合 $Q = Kd^2$ 公式要求。

💡 思考与交流

1. 写出样品缩分公式，并指出各要素所代表的含义。
2. 简述试样制备的程序。
3. 破碎时要注意哪些问题？

任务三　岩石矿物试样的分解

　　直接用粉末试样测定的方法，如 X 射线荧光光谱法中的粉末压片法，发射光谱中的半定量分析和某些元素的定量分析、微区分析中的电子探针测定技术等，在地质分析中有重要的作用。但就地质试样整体分析而言，上述情况占的比重很小。大量的分析任务和众多的分析方法离不开试样的分解。试样的分解通常是指将固体的粉末转化为液体（少数情况为气体）试样的过程。地质样品种类极其繁多，矿物组成千差万别，各组分的矿物结构、赋存状态和含量等千变万化，这就决定了分解方法的多样性，试图寻求一种分解方法能够分解所有试样的想法是不切实际的。通过本次任务的学习，能掌握各种酸分解方法和熔融分解方法操作技术，能针对测定试样的组成和含量，结合分解后的测试技术，选择适用的分解方法。

任务要求

　　1. 知道岩石矿物分析样品分解方法
　　2. 明白分解试样的过程中应遵循的原则
　　根据试样的性质和测定方法的不同，常用的分解方法有溶解法、熔融法和干式灰化法等。

一、溶解法

　　采用适当的溶剂，将试样溶解后制成溶液的方法，称为溶解法。常用的溶剂有水、酸和碱等。

　　对于可溶性的无机盐，可直接用蒸馏水溶解制成溶液。

　　由于酸较易提纯，过量的酸，除磷酸外，也较易除去，分解时，不引进除氢离子以外的阳离子，操作简单，使用温度低，对容器腐蚀性小等，应用较广。酸分解法的缺点是对某些矿物的分解能力较差，某些元素可能挥发损失。多种无机酸及混合酸，常用作溶解试样的溶剂。利用这些酸的酸性、氧化性及配位性，使被测组分转入溶液。常用的酸分解有以下几种。

7. 溶解法分解
岩石矿矿物试样

（一）盐酸分解试样

　　盐酸是地质试样分解常用的溶剂。其优点是操作简便，在玻璃容器中即可进行溶样，其盐类易溶于水。不足的是其对岩石和矿物的分解有一定的局限性，许多岩石矿物不能被盐酸分解。

　　盐酸是碳酸盐岩石的有效溶剂，特别是只含少量不溶性硅酸盐的碳酸盐岩石，只要将其在 $950 \sim 1000 ℃$ 灼烧后，试样即可被盐酸完全分解，这是由于灼烧时碱土金属的氧化物转变为不溶性硅酸盐的熔剂，使之成为可被盐酸分解的硅酸钙和硅酸镁。许多碳酸盐矿物如方解石、文石、毒重石、磷锶矿、白云石、铁白云石、菱镁矿、菱铁矿、菱锰矿、孔雀石、蓝铜矿、菱锌矿、白铅矿和翠镍矿等也易溶于盐酸。含氟的碳酸盐稀土矿物如氟碳钙铈矿，可被浓盐酸分解，而铀的碳酸盐矿物甚至可被稀盐酸分解。

　　铁矿物常用盐酸分解。在氯化亚锡等还原剂存在下，磁铁矿可被盐酸迅速分解。其他的铁矿物如赤铁矿、褐铁矿等也可缓缓地溶于盐酸中。钛磁铁矿和某些难分解的含铁硅酸盐矿物则不能为盐酸完全分解。先用盐酸在玻璃烧杯中分解试样，然后滤出不溶物，残渣再碱熔制成溶液后与盐酸分解的试样溶液合并，常用于铁矿石的系统分析。能被盐酸分解的矿物还有锰矿物、稀土元素的硅酸盐矿物（如硅铍钇矿和铈硅石）、锆矿石中的异性石和负异性石、镍的氧化矿物和含镍硅酸盐、钼的氧化矿物等。

在硫化矿物的分解中，盐酸-硝酸混合酸是广泛使用的溶剂。先用盐酸加热，使硫以硫化氢形式挥发，然后加入硝酸使试样分解，这种方法被用于黄铜矿、闪锌矿、方铅矿等试样的分解，在有色金属的测定中应用极广。在锰矿石、钴矿石、硼矿石的分析中也常用盐酸-硝酸分解。

用盐酸分解试样时需要注意的问题：

（1）分解试样宜用玻璃、陶瓷、塑料和石英器皿，不宜在金、铂、银等器皿中溶样，特别是在氧化剂存在下，铂坩埚将会严重损耗。在铂器皿中用盐酸分解铁矿石是不允许的，三氯化铁对铂有显著的侵蚀作用。

（2）使用盐酸溶矿，虽然许多矿物可被分解，对于复杂的岩石矿物而言，它并不是单矿物，因此用盐酸溶样后常发现有残渣。如果残渣中不含待测组分，则无须处理；然而在更多情况下，试样应该全部分解，因此在用盐酸溶样时有时可加入少量氟化铵或几滴氢氟酸以有利于少量硅酸盐矿物分解，或借助于熔融分解残渣。

（3）要注意盐酸溶样时有的组分会因挥发而损失，如 As（Ⅲ）、Sb（Ⅲ）、Ge（Ⅳ）、Se（Ⅳ）、Hg（Ⅱ）、Sn（Ⅳ）、Re（Ⅶ）容易从盐酸溶液中（特别是加热时）挥发失去，特别是低价硒的氯化物和四氯化锗、三氯化铟、三氯化镓等。

（4）浓盐酸的沸点为 $109℃$，故溶解温度最好低于 $80℃$，否则，因盐酸蒸发太快，试样分解不完全。HCl 具有酸性、还原性及氯离子的强配位性，主要用于溶解弱酸盐、某些氧化物、某些硫化物和比氢活泼的金属等。

（5）易溶于盐酸的元素或化合物是：Fe、Co、Ni、Cr、Zn、普通钢铁、高铬铁、多数金属氧化物、过氧化物、氢氧化物、硫化物、碳酸盐、磷酸盐、硼酸盐等。

（6）不溶于盐酸的物质包括灼烧过的 Al、Be、Cr、Fe、Ti、Zr 和 Th 的氧化物，SnO_2，Sb_2O_5，Nb_2O_5，Ta_2O_5，磷酸锆，独居石，磷钇矿，锶、钡和铅的硫酸盐，尖晶石，黄铁矿，汞和某些金属的硫化物，铬铁矿，铌和钽矿石及各种钛矿石。

（二）氢氟酸分解试样

氢氟酸属弱酸，由于其对硅酸盐岩石和矿物有特殊分解能力，在地质试样的分解中得到了广泛的应用。溶样通常在铂器皿或塑料器皿中进行。塑料器皿中以聚四氟乙烯器皿最常用。

氢氟酸冷浸取法溶样后用于硅、磷、氧化亚铁等少数组分的测定，但是氢氟酸在常温下的分解能力是有限的。红柱石、硅线石、锆石、电气石、黄玉、刚玉和金红石等许多矿物基本不溶。因此，加热分解仍然是主要的。

氢氟酸溶样需要注意：

（1）HF 的酸性很弱，但配位能力很强。对于一般分解方法难于分解的硅酸盐，可以用 HF 作溶剂，在加压和温热的情况下很快分解。

（2）硅的损失与溶样条件有关。在一定的体积内，氢氟酸-氟硅酸-水形成沸点为 $116℃$ 的恒沸三元体系，此时硅定量保留在溶液中，从而建立了氢氟酸溶样容量法测定硅的分析方法。如果将溶液加热蒸干，它与二氧化硅和硅酸盐反应生成气态的 SiF_4 或氟硅酸（H_2SiF_6），而 H_2SiF_6 受热又分解为 SiF_4 和 HF。反应式为：

$$SiO_2 + 4HF \longrightarrow SiF_4 \uparrow + 2H_2O$$
$$SiO_2 + 6HF \longrightarrow H_2SiF_6 + 2H_2O$$
$$H_2SiF_6 \longrightarrow 2HF + SiF_4 \uparrow$$

这也是石英岩中硅的测定方法。在用氢氟酸分解试样时，通常先用水湿润，然后再加氢氟酸，再加热。硼、砷、锑、钛、锗、锆、钼、铼和碲等氟化物随 SiF_4 可完全挥发掉，或部分挥发掉，锰的氟化物也有少量挥发。过量的氢氟酸用硫酸或高氯酸冒白烟除去。

（3）在地质试样分解中，单独使用氢氟酸的情况并不常见，常见的是其与高沸点酸如高氯酸或硫酸联用，有时还与更多的其他酸联用。与高沸点酸联用的目的是为了去除氟离子，以便于以后的分析。由于地质试样的组成千差万别，溶样条件各不相同，常导致除氟的结论不尽一致。实验表明，用高氯酸冒烟除氟是有效的，其两次冒烟除氟的效果与硫酸一次冒烟相当，残留的氟离子可以忽略。一般来说，当试样中铝、钛、铁等可与氟离子形成配合物的金属元素含量越高，氟离子越难除尽。加入较多的高氯酸并适当延长冒烟时间有利于氟离子的除去。用氢氟酸-硫酸分解试样，由于硫酸的沸点为338℃，故除去氟离子的效果优于高氯酸。

氢氟酸的化学性质决定了它强烈腐蚀所有的硅酸盐玻璃器皿及用具、通风橱的玻璃窗等。它对操作者的眼、手指、骨、牙齿、皮肤都有严重的危害。因此，操作应在通风良好的通风橱内进行，反应器皿通常用铂金或塑料制品，量杯、移液管均用塑料制，并且不得在这类量具中敞口存放氢氟酸过久。使用氢氟酸时应有必要的防护如戴塑料或乳胶手套、口罩、眼镜等，操作完毕，应尽快离开现场。

（三）硝酸分解试样

硝酸是强氧化剂。硝酸对硫化矿物和磷灰石有很强的分解能力。镍的硫化矿和砷化物、锑矿物、钼的氧化矿物和硫化矿物、钒矿石、铜矿石等均可用硝酸分解。硝酸溶液具有以下一些特点：

（1）HNO_3 具有很强的酸性和氧化性，但配位能力很弱。除金、铂族元素及易被钝化的金属外，绝大部分金属能被 HNO_3 溶解。绝大多数的硫化物可以被 HNO_3 溶解。几乎所有的硝酸盐都易溶于水。

（2）除 Pt、Au 和某些稀有金属外，HNO_3 几乎可溶解所有的金属试样，但 Al、Fe、Cr 等在 HNO_3 中因溶解时形成氧化膜而钝化。

（3）锡、锑、钨等在硝酸中生成难溶性化合物：$SnO_2 \cdot xH_2O$（锡酸）、$Sb_2O_5 \cdot nH_2O$（锑酸）、H_2WO_4（钨酸）等。

（4）几乎所有的硫化物及其矿石皆可溶于硝酸，但宜在低温下进行，否则将析出硫黄。

在岩矿分析中，单独使用硝酸分解试样的情况并不多见，通常是与盐酸或其他无机酸配合使用。硝酸-硫酸混合酸常用于分解砷矿石、锑矿石、汞矿石和辉钼矿。为了充分利用硝酸的强氧化性，扩大硝酸在分解试样中的应用，早在18世纪，人们就开始使用王水。王水是由1份硝酸和3份盐酸混合而成。除了极个别的金属不能溶解外，许多不能溶解在硝酸里的金属、合金、矿石等，都能在王水中迅速分（溶）解。对于不同的试样，也可采用逆王水，即3份硝酸和1份盐酸的混合物进行分解。实际上，根据试样的情况，可以调节硝酸和盐酸的不同比例，配制出不同的混合酸以适应不同样品的分解要求。

除了使用硝酸与盐酸配成的混合溶剂外，硝酸与氢氟酸的混合溶剂和硝酸-氢氟酸-高氯酸混合溶剂也常使用。

在采用硝酸或硝酸与其他酸的混合溶剂分解试样时，要特别注意器皿的匹配和反应条件的控制。

（四）硫酸分解试样

硫酸属于高沸点（338℃）无机酸。热的浓硫酸有氧化作用，可用于分解多种砷、锑、锡的硫化矿物和砷锑矿，还可用于分解方钴矿-斜方砷钴矿族的钴、镍砷化物，以及辉砷钴矿、辉砷镍矿、毒砂、斜方砷铁矿、淡红银矿、砷黝铜矿等硫、砷矿物。硫酸也是硒、碲矿物的良好溶剂，若在水浴上溶样，硒不挥发；如果加热至冒硫酸烟，硒的损失可达75%。硫酸溶液具有以下一些特点：

（1）稀 H_2SO_4 不具备氧化性，而热的浓 H_2SO_4 具有很强的氧化性和脱水性。稀 H_2SO_4 常用来溶解氧化物、氢氧化物、碳酸盐、硫化物及砷化物矿石，但不能溶解含钙试样。

（2）热的浓 H_2SO_4 可以分解金属及合金，如锑、氧化砷、锡、铅的合金等；另外，几乎所有的有机物都能被其氧化。

（3）硫酸及碱金属硫酸盐的混合物用于分解含铁、铌、钽和稀土元素的矿物相当有效。硫酸-硫酸钾常用于稀土元素的磷酸盐矿物（如独居石、磷钇矿等）的分解。硫酸-硫酸铵可很好地分解钨精矿。

（4）H_2SO_4 的沸点（338℃）很高，可以蒸发至冒白烟，使低沸点酸（如 HCl、HNO_3、HF 等）挥发除去，以消除低沸点酸对阴离子测定的干扰。

（五）磷酸分解试样

（1）磷酸分解试样时，温度不宜太高，时间不宜太长。单独使用磷酸溶解时，一般应控制在 500～600℃、5min 以内。若温度过高、时间过长，会析出焦磷酸盐难溶物，生成聚硅磷酸黏结于器皿底部，同时也腐蚀了玻璃。

（2）磷酸根具有很强的配位能力。磷酸根具有很强的配位能力，因此，几乎 90% 的矿石都能溶于磷酸，包括许多其他酸不溶的铬铁矿、钛铁矿、铌铁矿、金红石等。对于含有高碳、高铬、高钨的合金也能很好地溶解。磷酸可用来分解许多硅酸盐矿物、多数硫化物矿物、天然的稀土元素磷酸盐、四价铀和六价铀的混合氧化物。磷酸最重要的分析应用是测定铬铁矿、铁氧体和各种不溶于氢氟酸的硅酸盐中的二价铁。

（3）用于单项测定，而不用于系统分析。尽管磷酸有很强的分解能力，但通常仅用于一些单项测定，而不用于系统分析。磷酸与许多金属，甚至在较强的酸性溶液中，亦能形成难溶的盐，给分析带来许多不便。

（六）高氯酸分解试样

高氯酸是性能优良的无机酸。作为地质试样的溶剂，它具有盐酸、硝酸和硫酸的优点。高氯酸是强酸，是强氧化剂和脱水剂，又是高沸点无机酸，除了钾、铷、铯的高氯酸盐溶解度较小外，其他的高氯酸盐均溶于水。因此，在岩石矿物的分解中它应用相当广泛。

（1）稀 $HClO_4$ 没有氧化性，仅具有强酸性质；浓 $HClO_4$ 在常温时无氧化性，但在加热时却具有很强的氧化性和脱水能力。热的浓 $HClO_4$ 几乎能与所有金属反应，生成的高氯酸盐大多数都溶于水。分解钢或其他合金试样时，能将金属氧化为最高的氧化态（如把铬氧化为 $Cr_2O_7^{2-}$，硫氧化为 SO_4^{2-}），且分解快速。

（2）高氯酸与氢氟酸联合使用或再加上盐酸、硝酸等组成的混合酸，普遍用于多种岩石、矿物的分解；混合酸中如果盐酸和硝酸同时存在，不能在铂坩埚中溶样。试样分解后只需将高氯酸烟冒尽，很容易转换成其他溶液介质，也可以制成稀的高氯酸溶液。

（3）高氯酸对铬铁矿的分解能力十分出众。在将铬氧化为高价后用盐酸或氯化钠将铬以氯化铬酰形式除去，至今仍是铬铁矿的有效分解方法。高氯酸不能用于辉锑矿及锑的其他硫化矿物的分解。

（4）使用高氯酸应十分注意安全。高氯酸是一种透明的液体，把它放在空气中，会强烈发烟，具有极强腐蚀性。它的氧化能力惊人。热浓高氯酸在分解有机物或遇到无机还原剂如次亚磷酸、三价锑等会因反应剧烈而引起爆炸，因此使用高氯酸分解含有机物的试样时应加入一定量的硝酸，并在氧化过程中不断补加硝酸。高氯酸受热易分解，温度超过 90℃，也会发生爆炸。皮肤上若溅上高氯酸，会引起灼伤，故而制取和使用高氯酸要极其小心。

（七）混合酸分解试样

混合酸常能起到取长补短的作用，有时还会得到新的、更强的溶解能力。

1. 王水

王水较硝酸有更强的分解能力，一些难溶的硫化矿如硫化汞等均能被氧化成硫酸盐。

（1）王水：HNO_3 与 HCl 按 1∶3（体积比）混合。硝酸的氧化性和盐酸的配位性，使其具有更好的溶解能力。能溶解 Pb、Pt、Au、Mo、W 等金属和 Bi、Ni、Cu、Ga、In、U、V 等合金，也常用于溶解 Fe、Co、Ni、Bi、Cu、Pb、Sb、Hg、As、Mo 等的硫化物和 Se、Sb 等矿石。

（2）逆王水：HNO_3 与 HCl 按 3∶1（体积比）混合。可分解 Ag、Hg、Mo 等金属及 Fe、Mn、Ge 的硫化物。浓 HCl、浓 HNO_3、浓 H_2SO_4 的混合物，称为硫王水，可溶解含硅量较大的矿石和铝合金。

2. 氢氟酸-硝酸

可分解硅铁、硅酸盐及含钨、铌、钛等的试样。

3. 磷酸-硝酸

可分解铜和锌的硫化物和氧化物。

4. 磷酸-硫酸

可分解许多氧化矿物，如铁矿石和一些对其他无机酸稳定的硅酸盐。

5. 高氯酸-硫酸

适于分解铬尖石等很稳定的矿物。

6. 高氯酸-盐酸-硫酸

可分解铁矿、镍矿、锰矿石。

二、熔融法

用酸或其他熔剂不能分解完全的试样，可用熔融的方法分解。熔融法是将试样与酸性或碱性熔剂混合，利用高温下试样与熔剂发生的多相反应，使试样组分转化为易溶于水或酸的化合物。该方法是一种高效的分解方法。但要注意，熔融时，需加入大量的熔剂（一般为试样量的 6～12 倍），会引入干扰。另外，熔融时，由于坩埚材料的腐蚀，也会引入其他组分。根据所用熔剂的性质和操作条件，可将熔融法分为酸熔、碱熔和半熔法。

8. 熔融法分解岩石矿矿物试样

（一）酸熔法

酸熔法适用于碱性试样的分解，常用的熔剂有 $K_2S_2O_7$、$KHSO_4$、KHF_2、B_2O_3 等。$KHSO_4$ 加热脱水后生成 $K_2S_2O_7$，二者的作用是一样的。在 300℃ 以上时，$K_2S_2O_7$ 中部分 SO_3 可与碱性或中性氧化物（如 TiO_2、Al_2O_3、Cr_2O_3、Fe_3O_4、ZrO_2 等）作用，生成可溶性硫酸盐，常用于分解铝、铁、钛、铬、锆、铌等金属氧化物及硅酸盐、煤灰、炉渣和中性或碱性耐火材料等。KHF_2 在铂坩埚中低温熔融可分解硅酸盐、钍和稀土化合物等。B_2O_3 在铂坩埚中于 580℃ 熔融，可分解硅酸盐及其他许多金属氧化物。

（二）碱熔法

碱熔法用于酸性试样的分解。常用的熔剂有碳酸钠、碳酸钾、氢氧化钠、氢氧化钾、过氧化钠和它们的混合物等。

1. 碳酸钠（熔点：850℃）和碳酸钾（熔点：890℃）

早在 18 世纪，无水碳酸钠就已开始用于硅酸盐的分解，并逐渐建立了硅酸盐岩石的经典分析方法。直至今天，无水碳酸钠在硅酸盐岩石试样的分解中仍然被广泛使用。在 1000℃ 左右的高温炉中用无水碳酸钠熔融分解试样常在铂坩埚中进行。这种分解方法的缺点是熔块提取较为困难。对于铁含量很高的试样，如铁矿石或含重金属的试样不能在铂坩埚中直接用该方法熔融，否则会损坏铂坩埚。正确的做法是：先用盐酸或王水在烧杯中溶解试样，过滤后残渣经洗涤后再用碳酸钠熔融。碳酸钠作为硅酸盐岩石的熔剂是有效的，它也用于重晶石和铍矿物，如硅铍石、日光榴石、整柱石、绿闪石、海蓝石等的分解。在金属矿石分析中，往往是经酸处理后的残渣用碳酸钠熔融分解造岩矿物。

Na_2CO_3 与 K_2CO_3 按 $1:1$ 形成的混合物，其熔点为 $700℃$ 左右，用于分解硅酸盐、硫酸盐等。分解硫、砷、铬的矿样时，用 Na_2CO_3 加入少量的 KNO_3 或 $KClO_3$，在 $900℃$ 时熔融，可利用空气中的氧将其氧化为 SO_4^{2-}、AsO_4^{3-}、CrO_4^{2-}。用 Na_2CO_3 或 K_2CO_3 作熔剂宜在铂坩埚中进行。

Na_2CO_3+S 用来分解含砷、锑、锡的矿石，可使其转化为可溶性的硫代酸盐。由于含硫的混合熔剂会腐蚀铂，故常在瓷坩埚中进行。

2. 氢氧化钠（熔点：321℃）和氢氧化钾（熔点：404℃）

二者都是低熔点的强碱性熔剂，常用于分解铝土矿、硅酸盐等试样，可在铁、银或镍坩埚中进行分解。用 Na_2CO_3 作熔剂时，加入少量 NaOH，可提高其分解能力并降低熔点。

3. 过氧化钠

过氧化钠是一种具有强氧化性、强腐蚀性的碱性熔剂，其分解能力居各类熔剂之首，能分解许多难溶物，如铬铁矿、硅铁矿、黑钨矿、辉钼矿、绿柱石、独居石等，能将其大部分元素氧化成高价态。有时将 Na_2O_2 与 Na_2CO_3 混合使用，以减缓其氧化的剧烈程度。用 Na_2O_2 作熔剂时，不宜与有机物混合，以免发生爆炸。Na_2O_2 对坩埚腐蚀严重，一般用铁、镍或刚玉坩埚。过氧化钠作为熔剂的缺点是不够纯净，常含有钙等杂质。

4. 氢氧化钠+过氧化钠或氢氧化钾+过氧化钠

常用于分解一些难溶性的酸性物质。

（三）半熔法

半熔法又称烧结法。该方法是在低于熔点的温度下，将试样与熔剂混合加热至熔结。由于温度比较低，不易损坏坩埚而引入杂质，但加热所需时间较长。例如 $800℃$ 时，用 Na_2CO_3+ZnO 分解矿石或煤；用 $MgO+Na_2CO_3$ 分解矿石、煤或土壤等。

一般情况下，优先选用简便、快速、不易引入干扰的溶解法分解样品。熔融法分解样品时，操作费时费事，且易引入坩埚杂质，所以熔融时，应根据试样的性质及操作条件，选择合适的坩埚，尽量避免引入干扰。

（四）选择熔剂的基本原则

一般来说，酸性试样采用碱性熔剂，碱性试样采用酸性熔剂、氧化性试样采用还原性熔剂、还原性试样采用氧化性熔剂，但也有例外。

三、干式灰化法

干式灰化法常用于分解有机试样或生物试样。在一定温度下，于马弗炉内加热，使试样分解、灰化，然后用适当的溶剂将剩余的残渣溶解。根据待测物质挥发性的差异，选择合适的灰化温度，以免造成分析误差。

除以上几种常用的分解方法外，还有在密封容器中进行加热，使试样和溶剂在高温、高压下快速反应而分解的压力溶样法；还有目前已被人们普遍接受、特点较为明显的微波溶样法，即利用微波能，将试样、溶剂置于密封、耐压、耐高温的聚四氟乙烯容器中进行微波加热溶样。该方法可大大简化操作步骤，节省时间和能源，且不易引入干扰，同时也减少了对环境的污染，原本需数小时处理分解的样品，只需几分钟即可顺利完成。

四、分解试样的过程中应遵循的原则

（1）试样分解必须完全。这是分析测试工作的首要条件，应根据试样的性质，选择适当的溶（熔）剂、合理的溶（熔）解方法和操作条件（分解温度、分解时间），并力求在较短的时间内将试样分解完全。

（2）防止待测组分的损失。分解试样往往需要加热，有些甚至蒸至近干。这些操作往往会发生暴沸或溅跳现象，使待测组分损失。此外，加入不恰当的溶剂也会引起组分的损失。例如在测定钢铁中磷的含量时，不能采用 HCl 或 H_2SO_4 作溶剂，因为部分的磷会生成 PH_3 逸出，使被测组分磷损失。

（3）不能引入与被测组分相同的物质。在分解试样过程中，必须注意不能选用含有与被测组分相同物质的试剂和器皿。例如测定的组分是磷，则所用试剂不能含有磷；测定硅酸盐试样，不能选用瓷坩埚（本身为硅酸盐材质）作为器皿溶样，因在试样分解过程中，瓷坩埚可能被腐蚀和溶出与被测组分相同的硅酸盐等物质。

（4）防止引入影响待测组分测定的干扰物质。这主要是要注意所使用的试剂、器皿可能产生的化学反应而干扰待测组分的测定。

（5）选择的试样分解方法应与组分的测定方法相适应。例如，采用重量分析法和滴定分析法（K_2SiF_6 法）测定 SiO_2 时，两者的试样分解方法就不同。前者可用 Na_2CO_3 或 NaOH 分解试样；而后者不能采用 Na_2CO_3 或 NaOH 作熔剂，必须用 K_2CO_3 熔融。

（6）根据溶（熔）剂的性质，选择合适的器皿（如坩埚、容器等）。有些溶（熔）剂会腐蚀某些材质的器皿，所以必须注意溶（熔）剂与器皿间的匹配。

💡 思考与交流

1. 岩石矿物样品主要有哪些试样分解方法？
2. 在试样分解过程中要注意哪些问题？

💡 项目小结

实验室中岩石矿物的分析主要由以下基本程序组成：

样品验收→试样的加工→进行定性→根据样品组成及待测项目选择测定方法→拟定分析方案→实施检测→审查分析结果。

样品制备是将天然的地质样品变成可供实验室测试的分析样品。固体试样的制备一般需要经过破碎、过筛、混合、缩分等步骤。

根据试样的性质和测定方法的不同，常用的分解方法有溶解法、熔融法和干式灰化法等。

采用适当的溶剂，将试样溶解后制成溶液的方法，称为溶解法。常用的溶剂有水、酸和碱等。

熔融法是将试样与酸性或碱性熔剂混合，利用高温下试样与熔剂发生的多相反应，使试样组分转化为易溶于水或酸的化合物。根据所用熔剂的性质和操作条件，可将熔融法分为酸熔、碱熔和半熔法。

💡 练一练测一测

一、单选题

1. 对原始试样进行缩分时，目前仍采用最简单的切乔特经验公式，即（　　）来计算缩分的量。

A. $Q=Kd^2$　　　　B. $K=Qd^2$　　　　C. $K=2Qd$　　　　D. $Q^2=Kd^2$

2. 下列有关决定样品最低可靠质量因素的说法正确的是（　　）。

A. 颗粒愈小，样品的最低可靠质量愈大

B. 密度愈大，样品的最低可靠质量愈小

C. 含量愈大，样品的最低可靠质量愈大

D. 样品愈不均匀，样品的最低可靠质量愈大

3. 分析样品副样的留存量：一般样品保留（　　），贵金属样品保留（　　）。

A. 500g；200g　　　B. 100g；200g　　　C. 200g；500g　　　D. 200g；100g

4. 不溶于盐酸的物质有（　　）。

A. Be　　　　　　B. Fe　　　　　　C. Ni　　　　　　D. Co

5. 几乎所有的硫化物及其矿石皆可溶于硝酸，但宜在（　　）下进行，否则将析出硫黄。

A. 低温　　　　　　B. 高温　　　　　　C. 加热　　　　　　D. 灼烧

二、填空题

1. 所有检测样品都应有检测状态标识，状态分为_____、_____、_____、_____。

2. 准确度通常可通过_____和_____两种方法来控制。

3. 分析试样的制备原则上可分为三个阶段，即_____、_____和_____。每个阶段又包括_____、_____、_____和_____四道工序。

4. 人工混匀法通常有_____或_____、_____。

5. 常用的混匀方法有_____、_____和_____。

6. 根据试样的性质和测定方法的不同，常用的分解方法有_____、_____和_____等。

7. 采用适当的溶剂，将试样溶解后制成溶液的方法，称为溶解法。常用的溶剂有_____、_____和_____等。

8. 用酸或其他熔剂不能分解完全的试样，可用_____的方法分解。

9. 熔融法是将试样与酸性或碱性熔剂混合，利用_____下试样与熔剂发生的多相反应，使试样组分转化为易溶于水或酸的化合物。

10. 根据所用熔剂的性质和操作条件，可将熔融法分为_____、_____和_____。

参考答案

一、单选题

1. A　　2. D　　3. C　　4. A　　5. A

二、填空题

1. 待检、在检、检毕、留样

2. 标准物质、加标加收

3. 粗碎、中碎、细碎，破碎、过筛、混匀、缩分

4. 堆锥法、环锥法、掀角法

5. 堆锥四分法、正方形挖取法、分样器缩分法

6. 溶解法、熔融法、干式灰化法

7. 水、酸、碱

8. 熔融

9. 高温

10. 酸熔、碱熔、半熔法

项目二
铁矿石分析

项目引导

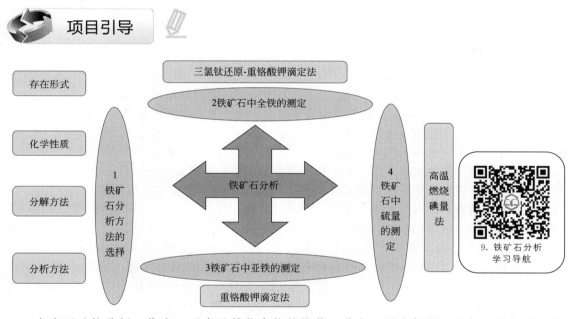

在岩石矿物分析工作中，元素及其化合物的掩蔽、分离和测定都是以它们的分析化学性质为基础的。所以，讨论和研究它们的分析化学性质是极其有必要的。通过对铁的化学性质了解、铁矿石的分解方法学习、铁的分析方法选用，对铁矿石的分析有了比较清楚的认识。铁矿石中全铁含量的测定通常采用重铬酸钾容量法，主要杂质元素硫的测定一般用燃烧碘量法测定。铁矿石中其他项目的分析可参看 GB/T 6730。

任务一　铁矿石分析方法的选择

任务要求

1. 掌握铁的基本化学性质
2. 知道铁矿石的分解方法
3. 掌握铁的测定方法

一、铁在自然界的存在

铁在自然界（地壳）中分布很广，也是最常用的金属，约占地壳质量的 5.1%，居元素分布序列中的第四位，仅次于氧、硅和铝。铁的密度为 $7.9g/cm^3$，性质活泼，为强还原剂。它的最大用途是用于炼钢，也大量用来制造铸铁和煅铁。铁和其化合物还用作磁铁、染料（墨水、蓝晒图纸、胭脂颜料）和磨料（红铁粉）。但由于铁很容易与其他元素化合而以各种铁矿物（化合物）存在，所以地壳中很少有天然纯铁存在。我们所说的铁矿石是指在现代技术条件下能冶炼出铁而又在经济上划算的铁矿物。

10. 认识铁矿石分析

铁矿石从主要成分上划分至少可以分为：赤铁矿，主要有效成分 Fe_2O_3；褐铁矿，主要有效成分 $mFe_2O_3 \cdot nH_2O$；磁铁矿，主要有效成分 Fe_3O_4；菱（黄）铁矿，主要有效成分 $FeCO_3$（Fe_2S_3）；纯铁矿，主要有效成分 Fe 单质；以及上述矿藏的混生矿或与其他黑色金属的伴生矿。铁精矿中铁的含量（品位）大小直接决定着铁的产量，所以生产中特别注重铁矿石的含量。铁精矿中铁含量的主要测定方法有 EDTA 配位滴定法、重铬酸钾容量法。铁矿石中全铁含量的测定，目前国内外主要采用重铬酸钾容量法。

二、铁的分析化学性质

（一）铁的化学性质简述

铁（Fe）原子序数为 26，原子量 55.847。铁有多种同素异形体，如 α 铁、β 铁、γ 铁、δ 铁等。铁是比较活泼的金属，在金属活动顺序表里排在氢的前面。常温时，铁在干燥的空气里不易与氧、硫、氯等非金属单质起反应，在高温时，则剧烈反应。铁在氧气中燃烧，生成 Fe_3O_4，炽热的铁和水蒸气起反应也生成 Fe_3O_4。铁易溶于稀的无机酸和浓盐酸中，生成二价铁盐，并放出氢气。在常温下遇浓硫酸或浓硝酸时，表面生成一层氧化物保护膜，使铁"钝化"，故可用铁制品盛装浓硫酸或浓硝酸。铁是一变价元素，常见价态为 +2 和 +3。铁与盐酸、稀硫酸等反应时失去两个电子，成为 +2 价。与 Cl_2、Br_2、硝酸及热浓硫酸反应，则被氧化成 Fe^{3+}。铁与氧气或水蒸气反应生成的 Fe_3O_4，可以看成是 $FeO \cdot Fe_2O_3$，其中有 1/3 的 Fe 为 +2 价，另 2/3 为 +3 价。铁的 +3 价化合物较为稳定。铁的化合物主要有两大类：亚铁 Fe（Ⅱ）和正铁 Fe（Ⅲ）化合物。亚铁化合物有氧化亚铁（FeO）、氯化亚铁（$FeCl_2$）、硫酸亚铁（$FeSO_4$）、氢氧化亚铁 $[Fe(OH)_2]$ 等；正铁化合物有三氧化二铁（Fe_2O_3）、三氯化铁（$FeCl_3$）、硫酸铁 $[Fe_2(SO_4)_3]$、氢氧化铁 $[Fe(OH)_3]$ 等。

二价铁离子呈淡绿色，在碱性溶液中易被氧化成三价铁离子。三价铁离子的颜色随水解程度的增大而由黄色经橙色变到棕色。纯净的三价铁离子为淡紫色。二价和三价铁均易与无机或有机配位体形成稳定的配位化合物。

（二）亚铁的氧化还原性质

在碱性溶液中亚铁极易被氧化，空气中的氧就可以将其氧化为三价铁。

$$4Fe(OH)_2 + O_2 + 2H_2O \longrightarrow 4Fe(OH)_3$$

与此同时，有少量的亚铁还可发生歧化作用而形成三价铁和零价铁。亚铁盐在中性溶液中被空气中的氧氧化时，其速度远较在酸性溶液中快，在醇溶液中其氧化速度较在水溶液中快；在反应过程中，pH、温度及盐类等条件对反应均有影响。反应往往有碱式盐生成。

$$4Fe^{2+} + O_2 + 2Cl^- \longrightarrow 2FeOCl + 2Fe^{3+}$$

在酸性溶液中的亚铁比在碱性或中性溶液中稳定得多。氢离子浓度越大，其氧化反应越不容易进行。因此，要氧化酸性溶液中的亚铁成为三价铁，必须采用相当强的氧化剂。许多具有强氧化性的含氧酸盐，如高锰酸盐、重铬酸盐、钒酸盐、氯酸盐、高氯酸盐等，均可在酸性环境中氧化亚铁为三价铁。其中，高锰酸盐、重铬酸盐等可配成标准溶液直接滴定亚铁。

（三）三价铁的氧化还原性质

三价铁是铁的最稳定状态。在酸性溶液中，三价铁是缓和的氧化剂，一般情况下只有较强的还原剂才能将它还原。这些还原剂有硫化氢、硫代硫酸钠、亚硫酸钠、氯化亚锡、碘化钾、亚钛盐、亚汞盐、金属锌或铝，以及一些有机还原剂如盐酸羟胺、抗坏血酸、硫脲等。其中，硫酸亚钛、硝酸亚汞可用来直接滴定三价铁，氯化亚锡在铁的容量法中的应用亦为大家所熟知。

（四）铁的配位性质

1. 铁的无机配合物

三价铁和亚铁的硫酸盐都可与硫酸盐或硫酸铵形成复盐。其中最重要的是 $(NH_4)_2SO_4 \cdot FeSO_4 \cdot 6H_2O$。此复盐亚铁的稳定性较大，在分析中可用它来配制亚铁的标准溶液。三价铁的复盐中，铁铵矾 $[NH_4Fe(SO_4)_2 \cdot 12H_2O]$ 常被用来配制三价铁的标准溶液。

铁离子和亚铁离子可分别与氟离子、氯离子形成配位数不同的多种配合物。分析中常利用 $[FeF_6]^{3-}$ 配离子的形成以掩蔽 Fe^{3+}，在盐酸溶液中 Fe^{3+} 与 Cl^- 形成的配离子为黄色，可借以粗略判定溶液中 Fe^{3+} 的存在。

铁离子与硫氰酸根离子形成深红色配合物。此反应可用于 Fe^{3+} 的定性分析和比色法测定。

在过量磷酸根离子存在下，铁离子可形成稳定的无色配离子，在分析中可借此掩蔽 Fe^{3+}。此外，在用磷酸分解铁矿石的过程中，也利用了三价铁与磷酸根离子形成稳定配合物的反应。

2. 铁的有机配合物

EDTA 与三价铁的配位反应应用十分广泛。亚铁的 EDTA 配合物不如三价铁的 EDTA 配合物稳定，因此在分析中主要应用三价铁与 EDTA 的配位反应以掩蔽 Fe^{3+} 或进行容量法测定。

邻菲罗啉与亚铁离子形成较稳定的红色配合物，反应的灵敏度很高，可用于亚铁的分光光度法测定。

其他的许多配位剂，如铜试剂、三乙醇胺、柠檬酸盐、酒石酸盐等与三价铁离子形成配合物的反应，在分离、掩蔽中都有应用。

三、铁矿石的分解方法

铁矿石的分解，通常采用酸分解和碱性熔剂熔融的方法。

酸分解时，常用以下几种方法：

（1）盐酸分解。铁矿石一般能为盐酸加热分解，含铁的硅酸盐难溶于盐酸，可加少许氢氟酸或氟化铵使试样分解完全。磁铁矿溶解的速度很慢，可加几滴氯化亚锡溶液，使分解速度加快。

（2）硫酸-氢氟酸分解。试样在铂坩埚或塑料坩埚中，加 1:1 硫酸 10 滴、氢氟酸 4～5mL，低温加热，待冒出三氧化硫白烟后，用盐酸提取。

（3）磷酸或硫-磷混合酸分解。溶矿时需加热至水分完全蒸发并出现三氧化硫白烟后，再加热数分钟。但应注意加热时间不能过长，以防止生成焦磷酸盐。

目前采用碱性熔剂熔融分解试样较为普遍。常用的熔剂有碳酸钠、过氧化钠、氢氧化钠和氢氧化钾等在银坩埚、镍坩埚或高铝坩埚中熔融。用碳酸钠直接在铂坩埚中熔融，由于铁矿中含大量铁会损害坩埚，同时铂的存在会影响铁的测定，所以很少采用。

在实际应用中，应根据矿石的特性、分析项目的要求及干扰元素的分离等情况选择适当的分解方法。对于含有硫化物和有机物的铁矿石，应将试样预先在 550～600℃灼烧以除去硫及有机物，然后以盐酸分解，并加入少量硝酸，使试样分解完全。

四、铁的分析方法

（一）重铬酸钾容量法

1. 无汞重铬酸钾容量法

试样用硫-磷混合酸溶解，加入盐酸在热沸状态下用氯化亚锡还原大部分三价铁。在冷溶液中以钨酸钠为指示剂，滴加三氯化钛还原剩余三价铁，并稍过量，在二氧化碳气体保护下，用重铬酸钾氧化过量三氯化钛，以二苯胺磺酸钠为指示剂，用重铬酸钾标准溶液滴定到终点。根据消耗的重铬酸钾标准溶液的体积计算试样中全铁百分含量。

2. 有汞重铬酸钾容量法

在酸性溶液中，用氯化亚锡将三价铁还原为二价铁，加入氯化汞以除去过量的氯化亚锡，以二苯胺磺酸钠为指示剂，用重铬酸钾标准溶液滴定至紫色。反应方程式为：

$$2Fe^{3+} + Sn^{2+} + 6Cl^- \longrightarrow 2Fe^{2+} + SnCl_6^{2-}$$

$$Sn^{2+} + 4Cl^- + 2HgCl_2 \longrightarrow SnCl_6^{2-} + Hg_2Cl_2 \downarrow$$

$$6Fe^{2+} + Cr_2O_7^{2-} + 14H^+ \longrightarrow 6Fe^{3+} + 2Cr^{3+} + 7H_2O$$

经典的重铬酸钾法测定铁时，采用氯化亚锡将溶液中的 Fe^{3+} 还原为 Fe^{2+}。然后用氯化汞除去过量的氯化亚锡，汞盐会造成污染，因此我国在 20 世纪 60 年代就发展了"不用汞盐的测铁法"。

（二）　EDTA 配位滴定法

铁矿石经浓 HCl 溶解，低温加热直至溶解完全后冷却，加水将溶液稀释至一定浓度，再加入 HNO_3、$NH_3 \cdot H_2O$ 调节溶液 pH＝1.8～2，以磺基水杨酸为指示剂，用 EDTA 标准液滴定，终点由紫红色变为亮黄色。

该方法与经典法对铁矿石中全铁量测试结果准确度、精密度是一致的，可以避免因为加入 $HgCl_2$ 溶液而造成环境污染，有害于人身体健康的缺点，且操作比经典法简便，完全可以采用。

（三）邻菲罗啉比色法

以盐酸羟胺为还原剂，将三价铁还原为二价铁，在 pH 2～9 的范围内，二价铁与邻菲罗啉反应生成橙红色的配合物 $[Fe(C_{12}H_8N_2)_3]^{2+}$，借此进行比色测定。其反应如下：

$$4FeCl_3 + 2NH_2OH \cdot HCl \longrightarrow 4FeCl_2 + N_2O + 6HCl + H_2O$$

$$Fe^{2+} + 3C_{12}H_8N_2 \longrightarrow [Fe(C_{12}H_8N_2)_3]^{2+}（橙红色）$$

该反应对 Fe^{2+} 很灵敏，形成的颜色至少可以保持 15d 不变。当溶液中有大量钙和磷时，反应酸度应大些，以防 $CaHPO_4 \cdot 2H_2O$ 沉淀的形成。在显色溶液中铁的含量在 0.1～6mg/mL 时符合 Beer 定律，波长 530nm。

（四）原子吸收光谱法

利用铁空心阴极灯发出的铁的特征谱线的辐射，通过含铁试样所产生原子蒸气时，被蒸气中铁元素的基态原子所吸收，由辐射特征谱线光减弱的程度来测定试样中铁元素的含量。铁的最灵敏吸收线波长为 248.3nm，测定下限可达 0.01mg/mL（Fe），最佳测定浓度范围为 2～20mg/mL（Fe）。

（五）　X 射线荧光分析法

X 射线荧光分析法具有分析速度快、试样加工相对简单、偶然误差小及分析精度高的特点，已广泛应用于各种原材料的分析中，并逐步应用于铁矿石的分析中。但由于铁矿石成分非常复杂，主成分含量较高，变化范围大，使基体变化大，对 X 射线荧光分析造成不利影响，致使在用通常压片法进行铁矿石分析时，其准确度不如化学法高。采用玻璃熔片法对样品进行熔融稀释处理，可以有效地消除 X 射线荧光分析中的基体效应，提高 X 射线荧光分析的准确度。

X 射线荧光分析法的优点之一是各元素的特征谱线数量少。测定铁通常选用的是 Ka 线，其波长为 1.93Å（$1\text{Å}=10^{-10}\text{m}$）。

 思考与交流

1. 铁矿石中铁的测定有哪些方法呢？
2. 铁矿石常用的酸分解方法有哪几种？

任务二　铁矿石中全铁的测定
——三氯化钛还原-重铬酸钾滴定法

铁是地球上分布最广的金属元素之一。铁矿石中含铁量均较高，对于高含量铁的测定，目前主要采用滴定法。常用的有 EDTA 滴定法、重铬酸钾滴定法、高锰酸钾滴定法、铈量法和碘量法。由于重铬酸钾滴定法具有快速、准确和容易掌握等优点，被广泛采用。本任务旨在通过实际操作训练，学会三氯化钛还原-重铬酸钾滴定法测定铁矿石中铁含量，学会用酸分解法对试样进行分解。

 任务要求

1. 明白重铬酸钾容量法测定铁原理
2. 会用重铬酸钾容量法测定铁矿石中全铁含量
3. 能真实、规范记录原始数据并按有效数字修约进行结果计算

方法概述

铁的测定方法有很多，选择时应根据试样中铁含量的高低和对分析结果准确度的要求而定。铁矿石中含铁量均较高，对于高含量铁，目前主要采用滴定法。常用的有 EDTA 滴定法、重铬酸钾滴定法、高锰酸钾滴定法、铈量法和碘量法。由于重铬酸钾滴定法具有快速、准确和容易掌握等优点，被广泛采用。

11. 三氯化钛还原-重铬酸钾容量法测定全铁原理

 任务实施

操作：铁矿石中全铁含量的测定

一、目的要求
1. 掌握三氯化钛-重铬酸钾容量法测定铁含量原理及操作技术
2. 巩固容量法的滴定操作技能
二、方法原理
在酸性条件下，先用 $SnCl_2$ 溶液还原大部分 Fe（Ⅲ），再以 $TiCl_3$ 溶液还原剩余部分

的 Fe（Ⅲ），稍过量的 $TiCl_3$ 可使作为指示剂的 $NaWO_4$ 溶液由无色还原为蓝色，从而指示终点。接着用 $K_2Cr_2O_7$ 标准溶液定量氧化 Fe（Ⅱ），测定全铁含量，并以二苯胺磺酸钠为指示剂，滴至溶液变紫色即达到终点。

试验有关方程式如下：

$$2Fe^{3+} + Sn^{2+} \longrightarrow 2Fe^{2+} + Sn^{4+}$$

$$Fe^{3+}（剩余）+ Ti^{3+} + H_2O \longrightarrow Fe^{2+} + TiO^{2+} + 2H^+$$

$$Cr_2O_7{}^{2-} + 6Fe^{2+} + 14H^+ \longrightarrow 2Cr^{3+} + 6Fe^{3+} + 7H_2O$$

三、仪器和试剂准备

（1）玻璃仪器：酸式滴定管、锥形瓶、容量瓶、烧杯。

（2）$SnCl_2$ 溶液（100g/L）：称取 10g $SnCl_2 \cdot 2H_2O$ 溶于 20 mL HCl 中，通过水浴加热溶解，冷却，用水稀释到 100mL。

（3）硫-磷混酸（2+3）：边搅拌边将 30mL 浓磷酸加入约 50mL 水中，再加入 20mL 浓硫酸，混匀，流水冷却。

（4）二苯胺磺酸钠：0.5%水溶液。

（5）钨酸钠溶液：称取 25g 钨酸钠溶于适量的水中，加 5mL 磷酸，用水稀释至 100mL。

（6）三氯化钛溶液（15 g/L）：1 体积的三氯化钛溶液（约 15%的三氯化钛溶液）加入 9 体积的盐酸（1+1）。

（7）重铬酸钾标准溶液（0.01667mol/L）：称取 4.904g 预先在 140～150℃烘干 1h 的重铬酸钾（基准试剂）于 250 mL 烧杯中，以少量水溶解后移入 1L 容量瓶中，用水稀释至刻度，混匀。

（8）氟化钠。

四、分析步骤

称取一份铁矿石试样 0.20g（精确至 0.0001g）于 300mL 锥形瓶中，用少量水润湿，加入 10mL 浓盐酸，低温加热溶解，必要时加入 0.2g 氟化钠助溶，也可滴加二氯化锡助溶。试样分解完全后，用少量水吹洗锥形瓶壁，加热至沸，取下趁热滴加 $SnCl_2$ 溶液还原三价铁至溶液呈浅黄色。加水稀释至约 150mL。加入 25%钨酸钠溶液 0.5mL，用三氯化钛溶液还原至呈蓝色。滴加 $K_2Cr_2O_7$ 溶液至钨蓝色刚好褪去。加入 15mL 硫-磷混酸，加 0.5%二苯胺磺酸钠指示剂 5 滴，立即以重铬酸钾标准溶液滴至稳定的紫色即为终点。同时做空白实验。

12. 三氯化钛-重铬酸钾容量法测定全铁操作

五、结果计算

铁矿石中铁的质量分数为：

$$w(\text{Fe}) = \frac{(V - V_0) \times 0.0055847}{m} \times 100\%$$

式中 $w(\text{Fe})$——铁的质量分数，%；

V——滴定试液消耗重铬酸钾标准溶液的体积，mL；

V_0——滴定空白消耗重铬酸钾标准溶液的体积，mL；

0.0055847——与 1mL 重铬酸钾标准溶液相当的铁量，g/mL；

m——称取试样的质量，g。

13. 三氯化钛-重铬酸钾容量法测定全铁结果计算

六、注意事项

（1）盐酸既有挥发性，又有腐蚀性，使用时注意通风，避免吸入、接触皮肤和衣物。

（2）试样分解完全时，剩余残渣应为白色或接近白色的 SiO_2，如仍有黑色残渣，则说明试样分解不够完全。

（3）含铁的硅酸盐难溶于盐酸，可加入少许 NaF、NH_4F 使试样分解完全。磁铁矿溶解的速度缓慢，可加几滴 $SnCl_2$ 助溶。

（4）对于含硫化物或有机物的铁矿石，应将试样预先在 $550\sim600℃$ 灼烧以除去硫和有机物，再以 HCl 分解。对于酸不能分解的试样，可以采用碱熔融法。

（5）用 $SnCl_2$ 还原 Fe^{3+} 时，溶液体积不能过大，HCl 浓度不能太小，温度不能低于 $60℃$，否则还原速率很慢，容易使滴加的 $SnCl_2$ 过量太多，故冲洗表面皿及烧杯内壁时，用水不能太多。

（6）滴定前要加入一定量的硫-磷混酸。这是由于：一方面滴定反应需在一定酸度下（$1\sim3mol/L$）进行；另一方面磷酸与三价铁形成无色配合离子，利于终点判别。在硫-磷混酸溶液中，Fe^{2+} 极易氧化，故还原后应马上滴定。二苯胺磺酸钠指示剂加入后，溶液呈无色。随着 $K_2Cr_2O_7$ 的滴入，Cr^{3+} 生成，溶液由无色逐渐变为绿色。终点时，由绿色变为紫色。

（7）指示剂必须用新配制的，每周应更换一次。

（8）由于在无 Fe^{2+} 存在的情况下，$K_2Cr_2O_7$ 对二苯胺磺酸钠的氧化反应速率很慢。因此，在进行空白实验时，不易获得准确的空白值。为此，可在按分析手续处理的介质中，分三次连续加入等量的铁（Ⅱ）标准滴定溶液，并用 $K_2Cr_2O_7$ 标准滴定溶液作三次相应的滴定。第一次滴定值减去第二、第三次滴定值的差值的平均值，即为包括指示剂二苯胺磺酸钠消耗 $K_2Cr_2O_7$ 在内的准确的空白值。

💡 思考与交流

1. $K_2Cr_2O_7$ 法测定铁时，滴定前为什么要加入 H_3PO_4？不加对结果有何影响？加入 H_3PO_4 后为什么要立即进行滴定？

2. $K_2Cr_2O_7$ 为什么能直接称量配制准确浓度的标准溶液？

3. 重铬酸钾法测定矿石中全铁量的时候加入 $SnCl_2$ 试剂起什么作用？

4. 重铬酸钾法测定矿石中全铁量的时候，下列情况对测定结果产生什么影响？

（1）配制重铬酸钾标准溶液时，在称量过程中撒落了重铬酸钾在分析天平上而没发现；

（2）用重铬酸钾标准溶液滴定时，没加入磷酸；

（3）加入硫-磷混酸后没有及时滴定。

任务三　铁矿石中亚铁的测定
——重铬酸钾滴定法

铁矿石（包括球团矿、烧结矿等）作为高炉炼铁的主要原料，直接影响着高炉冶炼过程的经济技术指标，除要求铁矿石有较高的品位外，还需对铁矿石中亚铁成分进行分析，在冶炼过程中亚铁要用 CO 和 C 还原成 Fe。烧结矿中亚铁的含量高则强度高，但增加还原难度，需要消耗更多的焦炭，因此烧结时要严格控制亚铁的含量。现在各实验室广泛采用 GB/T

6730.8—2016《铁矿石　亚铁含量的测定　重铬酸钾滴定法》进行亚铁的分析。本任务旨在通过实际操作训练，学会重铬酸钾滴定法测定铁矿石中亚铁含量，能真实、规范作原始记录并按有效数字修约进行结果计算。

任务要求

1. 明白重铬酸钾容量法测定亚铁的原理
2. 会正确处理样品并进行亚铁含量的测定

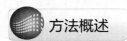

方法概述

测定 Fe^{2+} 的方法，目前用得最多的仍是重铬酸钾容量法。测定 Fe^{2+} 的关键是要在整个分析过程中防止亚铁的氧化。

在制备 Fe^{2+} 的试样时，为了尽可能减少空气对 Fe^{2+} 的氧化作用，试样不宜研磨太细。一般只允许磨至 0.18～0.149mm（80～100 目），且仅在 60℃烘干或风干后进行分析。试样存放的时间也不宜太长。

在分解测定 Fe^{2+} 试样时，一般采用酸溶分解法。常用的溶液有盐酸、盐酸-氟化钠、盐酸-氢氟酸、氢氟酸、氢氟酸-硫酸等。为了防止 Fe^{2+} 被空气氧化，需将体系与空气隔绝，常用的方法是在 CO_2 气氛中分解试样。在分解试样时，加入碳酸氢钠，产生二氧化碳气体以防止亚铁氧化。

任务实施

操作：重铬酸钾容量法测定铁矿石中亚铁含量

一、方法原理

在岩石中测定亚铁和测定全铁的方法原理是一样的，所不同的是试样分解。如何使试样分解完全，而在分解过程中又不致使亚铁氧化，是测定亚铁的关键。试液以三氯化铁溶液浸取后，再加入盐酸使金属铁和亚铁均转入溶液。以重铬酸钾容量法测得其含量，减去金属铁的量，即得亚铁的量。

二、仪器和试剂准备

（1）玻璃仪器：酸式滴定管、锥形瓶、容量瓶、烧杯。

（2）碳酸氢钠、饱和碳酸氢钠溶液。

（3）硫-磷混酸：于 800mL 水中加入 100mL 硫酸（1＋1），加入 100mL 磷酸（1.70g/mL）。

（4）氟化钠。

（5）二苯胺磺酸钠溶液（0.2%）：用少许水溶解 0.2g 二苯胺磺酸钠，稀释至 100mL。储存该溶液于棕色瓶中。

（6）三氯化铁溶液（3%）：称取 3g 三氯化铁（$FeCl_3 \cdot 6H_2O$）溶于 100mL 水中，混匀（如溶液浑浊，应过滤后使用）。

（7）硫酸亚铁铵溶液：称取 11.82g 硫酸亚铁铵[$(NH_4)_2Fe(SO_4)_2 \cdot 6H_2O$]溶于硫酸（5＋95）中，移入 1000mL 容量瓶中，加硫酸（5＋95）至刻度，混匀（约 0.03mol/L）。

（8）重铬酸钾标准溶液（0.0050mol/L）：取 1.4709g 预先在 150℃烘干 1h 的重铬酸钾（基准试剂）溶于水，移入 1000mL 容量瓶中，用水稀释至刻度，混匀。

三、测定步骤

称取试样 0.20g（精确至 0.0001g）置于 300mL 锥形瓶中，加入 30mL 三氯化铁溶液（3%），电磁搅拌 20min，加入 0.5g 氟化钠溶液、30mL 浓盐酸溶液、约 0.5～1g 碳酸氢钠，立即盖上带短胶管的橡胶塞（或瓷坩埚盖），置于低温电炉上加热分解，并保持微沸状态 20～40min，浓缩试液体积至 20～30mL 时取下，将导管的一端迅速插入饱和碳酸氢钠溶液中，将锥形瓶冷却至室温，加入 100mL 硫-磷混酸，加入 5 滴二苯胺磺酸钠溶液，立即以重铬酸钾标准溶液滴定至呈稳定的紫红色即为终点。

14. 重铬酸钾容量法测定亚铁

向随同试样空白溶液中加入 6.00mL 硫酸亚铁铵溶液、100mL 硫-磷混酸，加 5 滴二苯胺磺酸钠指示剂，用重铬酸钾标准溶液滴定至呈稳定紫色，记下消耗重铬酸钾标准溶液的体积（A，mL）。再向溶液中加入 6.00mL 硫酸亚铁铵溶液，再以重铬酸钾标准溶液滴定至稳定紫色，记下滴定消耗的体积（B，mL），则 $V_0 = A - B$ 即为空白值。

四、结果计算

$$w[\text{Fe}(\text{II})] = \frac{C(V-V_0) \times 55.85}{1000m} \times 100 - 3M_{\text{Fe}}\%$$

式中　$w[\text{Fe}(\text{II})]$——亚铁的质量分数，%；

m——称取试样质量，g；

V——滴定试样溶液消耗重铬酸钾标准溶液的体积，mL；

V_0——滴定空白消耗重铬酸钾标准溶液的体积，mL；

C——重铬酸钾标准溶液浓度，mol/L。

五、试验指南

1. 干扰元素消除

在亚铁的测定中，硫、锰是主要的干扰元素。试样中含有硫化物时，被酸分解而产生硫化氢，可将部分三价铁还原为二价铁，使测定结果偏高。用硫酸、氢氟酸和氯化汞的混合液分解试样，可以消除硫的干扰。

四价锰在试样被酸分解过程中会氧化二价铁，而使结果偏低。在用酸分解时，加入 Na_2SO_3 或 H_2SO_3 将试样的高价锰还原为二价锰，然后进行 Fe^{2+} 的测定。

2. 亚铁离子检验方法

方法一：观察颜色。亚铁离子一般呈浅绿色。

方法二：加入硫氰化钾，不显血红色。然后加入氯水，显血红色，则为亚铁离子。反应离子方程式：

$$2Fe^{2+} + Cl_2 \longrightarrow 2Fe^{3+} + 2Cl^-$$

$$Fe^{3+} + 3SCN^- \longrightarrow Fe(SCN)_3$$

方法三：加入氢氧化钠溶液，生成白色沉淀，白色沉淀迅速变成灰绿色，最后，变成红褐色。这证明有铁离子。

方法四：向溶液中加入酸性高锰酸钾，若褪色，则有二价铁。

方法五：向溶液中加入醋酸钠，由于二价铁遇醋酸钠无现象，而三价铁则发生双水解，产生沉淀，再结合方法三或四，则可判断。

六、注意事项

（1）防止亚铁被氧化，锥形瓶干燥为好，称重后不可久置。整个操作过程应迅速，分解试样时应保持微沸，不可中断，避免试液接触空气使亚铁离子氧化，导致结果偏低。

（2）分解试样时，不得加入硝酸及其他氧化性物质，防止结果偏低。

（3）为避免二价铁被空气氧化，试样分解时加入少量碳酸氢钠，它与稀盐酸生成大量的二氧化碳，达到隔绝空气的目的。

（4）本方法不适用于含硫高的试样，因在溶样过程中生成的硫化氢，能将三价铁还原为二价铁，导致结果偏高。

（5）其他还原性态物质和高价锰等氧化态物质对本方法存在干扰。

七、知识拓展

铁的冶炼

1. 原始的炼铁方法

大致是在山坡上就地挖个坑，内壁用石块堆砌，形成一个简陋的"炉膛"，然后将铁矿石和木炭一层夹一层地放进"炉膛"，依赖自然通风，空气从"炉膛"下面的孔道进入，使木炭燃烧，部分矿石就被还原成铁。由于通风不足，"炉膛"又小，故炉温难以提高，生成的铁混有许多渣滓，叫毛铁。

铁的冶炼和应用以埃及和我国为最早。用高炉来炼铁，我国要比欧洲大约早1000多年。

2. 炼铁的矿石及识别

铁在自然界中的分布很广，主要以化合态存在，含铁的矿石很多，具有冶炼价值的铁矿石有磁铁矿、赤铁矿、褐铁矿和菱铁矿等。

识别铁矿石的方法通常是利用其颜色、光泽、密度、磁性、条痕等性质。

（1）磁铁矿（Fe_3O_4）。黑色，用矿石在粗瓷片上刻划，留下的条痕是黑色的。具有强磁性，密度为$4.9 \sim 5.2 g/cm^3$。

（2）赤铁矿（Fe_2O_3）。颜色暗红，含铁量越高，颜色就越深，甚至接近黑色，但是在瓷片上留下的条痕仍然是红色，不具磁性。呈致密块状或结晶块状（镜铁矿）产出，也有土状产出。密度为$5 \sim 5.3 g/cm^3$。

（3）褐铁矿（$Fe_2O_3 \cdot 3H_2O$）。矿石有黄褐、褐和黑褐等多种颜色，在瓷片上的条痕呈黄褐色。无磁性，密度为$3.3 \sim 4 g/cm^3$。

（4）菱铁矿（$FeCO_3$）。有黄白、浅褐或深褐等颜色。性脆，无磁性，在盐酸里有气泡（CO_2）冒出。密度为$3.8 \sim 3.9 g/cm^3$。

3. 炼铁的原理

在高温条件下，利用还原剂（一氧化碳）从铁的氧化物中将铁还原出来。

4. 炼铁的过程及反应

以赤铁矿为例：

（1）焦炭燃烧产生热量并生成还原剂。

$$C + O_2 \xrightarrow{\text{点燃}} CO_2 ; CO_2 + C \xrightarrow{\text{高温}} 2CO$$

（2）氧化铁被CO还原成铁。

$$Fe_2O_3 + 3CO \xrightarrow{\text{高温}} 2Fe + 3CO_2$$

（3）SiO_2与$CaCO_3$分解产生的CaO反应生成硅酸钙。

$$CaCO_3 \xrightarrow{\text{高温}} CaO + CO_2 \uparrow ; CaO + SiO_2 \longrightarrow CaSiO_3$$

炉渣主要成分为$CaSiO_3$。

思考与交流

1. 在测定亚铁含量分解试样时，为什么要隔绝空气？应如何做？
2. 氧化还原滴定中常用的指示剂有几类？
3. 氧化还原滴定中常用的氧化剂有哪些？还原剂有哪些？

任务四　铁矿石中硫量的测定

硫是铁矿石中常见的有害元素，硫含量的高低是评价钢铁质量好坏的重要标志。铁矿石中的硫主要以黄铁矿（FeS_2）、磁黄铁矿（FeS）、石膏（$CaSO_4 \cdot 2H_2O$）、重晶石（$BaSO_4$）等形式存在，冶炼时硫部分被还原进入生铁中，一般要求铁精矿中硫的含量在0.3％以下，因此铁矿石中硫的测定尤为重要。目前测定硫的方法主要有硫酸钡重量法、高温燃烧中和法、高温燃烧碘量法、红外吸收法和库仑滴定法。本任务旨在通过实际操作训练，学会高温燃烧碘量法测定铁矿石中硫含量，学会管式定碳炉的使用，能真实、规范作原始记录并按有效数字修约进行结果计算。

任务要求

1. 明白高温燃烧碘量法测定铁矿石中硫含量的原理
2. 会正确使用管式定碳炉

 方法概述

铁矿石中硫的检测方法主要有硫酸钡重量法、高温燃烧中和法、高温燃烧碘量法、红外吸收法和库仑滴定法。在燃烧法中，中和法、碘量法和库仑法属于电加热方式燃烧，其特点是仪器成本低，但是预热时间长，能耗大；红外法属于高频加热方式，预热时间和检测时间都短，其测试范围大、测试速度快，但其仪器价格较高。硫酸钡重量法属于传统基准方法，由于检测时间长，无法用于生产质量控制，在生产企业几乎很难使用。目前该方法主要用于标准物质的溯源定值和仲裁分析。因此在铁矿石中硫含量的检测时，分析工作者可根据铁矿石中硫含量范围、生产规模、工作量和检测用途来选择合适的方法。

任务实施

操作：高温燃烧碘量法测定铁矿石中硫含量

一、目的要求

1. 掌握高温燃烧碘量法测定铁矿石中硫含量的原理及操作技术
2. 掌握管式定碳炉的使用方法

二、方法原理

试样在通入空气或氧气的高温管式炉中，于1250～1300℃灼烧分解，使全部硫化物和硫酸盐转化为二氧化硫，用水吸收生成的亚硫酸，以淀粉为指示剂，用碘标准溶液滴定。

$$SO_2 + H_2O \longrightarrow H_2SO_3$$
$$H_2SO_3 + I_2 + H_2O \longrightarrow H_2SO_4 + 2HI$$

硫酸钙和硫酸钡的分解温度分别为 1200℃ 和 1500℃。当有硫酸盐存在时，应加入一定量的铜丝或铜粉、二氧化硅、铁粉作助熔剂，以降低其分解温度。

三、仪器和试剂

1. 仪器装置及说明

仪器装置如图 2-1 所示。

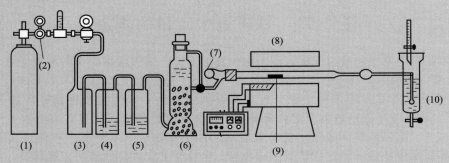

图 2-1　仪器装置图

（1）高压氧气瓶。

（2）减压阀。

（3）缓冲瓶：能起储备氧气的作用，既保证安全又节约氧气。

（4）碱性洗气瓶：内盛高锰酸钾-氢氧化钾洗液（称取 30g 氢氧化钾溶于 70mL 高锰酸钾饱和溶液中），纯化氧气，以除去氧气中的还原性气体和微量二氧化碳。为防止因气温变化而使溶液倒流，所以在其前面安装一个缓冲瓶。

（5）酸性洗气瓶：内盛浓硫酸。

（6）干燥塔：下层装无水氯化钙，中间隔以玻璃棉，上层装碱石棉（或碱石棉底部及顶端均铺以玻璃纤维）。

（7）除尘管：内装棉花，用以除去氧化物灰尘。为防止火星飞入导致棉花着火，可在朝燃烧管一端装少量石棉。分析过程中应把集蓄过多的粉尘拿出抖掉。

（8）燃烧管：普通瓷管和高铝瓷管，耐温（1200±20）℃，规格为 23mm（内径）× 27mm（外径）× 600mm（长）。

（9）瓷舟：长 88mm，宽 14mm，深 9mm。

（10）吸收杯。

2. 试剂

（1）三氧化钨。

（2）碘化钾。

（3）盐酸（1+66）。

（4）淀粉溶液（2%）：称取 2g 淀粉，置于 200 mL 烧杯中，加 10mL 水使成悬浮液，加入 50mL 沸水搅拌，再加入 30mL 饱和硼酸、4~5 滴盐酸（1.19g/mL），冷却。稀释至 100mL，混匀，冷却沉淀后，取上层清液使用。

15. 碘标准溶液的配制

（5）碘标准溶液（0.005mol/L）：称取碘 1.3g、碘化钾 3.5g 溶于 100mL 水中，稀释至 2000 mL，摇匀，保存于棕色瓶中备用。用已知含硫量的标准样品按分析手续进行标定。

16. 高温燃烧碘量
法测定铁矿
石中硫

17. 高温燃烧酸碱
滴定法测定铁
矿石中硫

$$T = \frac{Sm}{(V - V_0) \times 100}$$

式中　T——每毫升碘标准溶液相当于硫的量，g/mL；

　　　S——标准样品中硫的百分含量，%；

　　　V——滴定标准样品消耗碘标准溶液的体积，mL；

　　　V_0——空白消耗碘标准溶液的体积，mL；

　　　m——称取标准样品质量，g。

四、分析步骤

称取 0.5g 左右（精确到 0.0001g）试样，置于预先盛有 1g 三氧化钨的小皿中，充分混匀。将 80mL 盐酸（1＋66）、1mL 碘化钾（3%）、1mL 淀粉（2%）注入吸收器内，用碘标准溶液滴定使吸收液呈浅蓝色（不计读数），将同三氧化钨混匀的试样，移入经高温灼烧过的瓷舟中，将已装有试样的瓷舟送入已升温至 1250～1300℃ 的燃烧炉的中心部位，迅速塞紧橡皮塞，使气体完全导入吸收液中（每秒 2～3 个气泡）。由于引入二氧化硫使溶液蓝色消失，应随时滴加碘标准溶液使溶液保持浅蓝色，继续通气 1min，蓝色保持不褪即为终点。每测 3～5 个样，换一次吸收液。随同试样做试剂空白。

五、结果计算

$$w(\text{S}) = \frac{(V - V_0)T}{m} \times 100\%$$

式中　$w(\text{S})$——硫的质量分数，%；

　　　T——每毫升碘标准溶液相当于硫的量，g/mL；

　　　V——滴定试样溶液消耗碘标准溶液的体积，mL；

　　　V_0——滴定试样空白溶液消耗碘标准溶液的体积，mL；

　　　m——称取试样的质量，g。

六、管式定碳炉的操作规程及注意事项

（1）接通电源，控温仪表绿灯亮，调节电流旋钮至所需的工作温度，此时温度指针上升。

（2）当升温指针上升到与设定温度指示值重合，则绿灯灭，红灯亮，此时电炉温度已达到所需的工作温度，处于恒温阶段。

（3）将所测样品平铺于小瓷舟中，放入燃烧管温度最高处（1200～1300℃），迅速塞紧橡皮塞，使二氧化硫气体白烟完全导入吸收液中，用碘标准液滴定至蓝紫色为终点。

（4）拔下橡胶塞，取出瓷舟，关闭电源。

（5）气体经洗涤后，一定要经过干燥装置后方能进入炉内，以防炉膛破裂。

（6）新换的炉膛在使用前一定要低温烘烤后再升高温度，以防炉膛破裂。

七、实验指南

（1）试样务必细薄。试样过厚，燃烧不完全；试样也不能过于蓬松，否则燃烧时热量不集中，都将使结果偏低。

（2）炉管与吸收杯之间的管路不宜过长，除尘管内的粉尘应经常清扫，以减少吸附对测定的影响。

（3）为便于终点的观察，可在吸收杯后安放 8W 日光灯，中间隔一透明的白纸。

（4）硫的燃烧反应一般很难进行完全，即存在一定的系统误差，所以应选择和样品同类型的标准样品标定标准溶液，消除该方法的系统误差。

（5）滴定速度要控制适当，当燃烧后有大量二氧化碳进入吸收液，观察到吸收杯上方有较多的白烟时，表明燃烧气体已到了吸收杯，应准备滴定，防止二氧化硫的逸出，造成误差。若已知硫的大概含量，为防止二氧化硫的逸出，在调整好终点色泽后，可先加约90％的标准滴定溶液。

（6）干燥塔中的干燥剂不宜装得太紧，否则通气不畅，干燥塔前的气体压力过大，会使洗气瓶塞被冲开而发生意外。

（7）一般试样燃烧 5～6min 已经足够了，有些试样需要增加燃烧时间至 10min，或更长一些，以保证硫从试样中完全释放出来。

思考与交流

1. 为什么燃烧碘量法测定铁矿石中硫时，其结果要采用矿样标准所标定的滴定度计算？
2. 为什么采用边吸收边滴定的方式，同时要注意滴定速度？
3. 在常量分析中，一般要求控制滴定剂的体积为多少毫升？为什么？
4. 测定铁矿石中铁有哪些方法？如何选择合适的方法？

项目小结

铁是有可变化合价的元素，在化学反应过程中有电子得失，利用这个性质可以用重铬酸钾氧化还原滴定法测定铁矿石中高含量铁。

测定铁的方法常用的有氧化还原滴定法、EDTA 滴定法、邻菲罗啉光度法、磺基水杨酸光度法、原子吸收光谱法及等离子体发射光谱法等。

分解铁矿石一般用强无机酸，如盐酸、硫酸、硝酸、磷酸等，对于难溶于酸的复杂铁矿石还可以用高温熔融的方法处理样品，然后用浓盐酸浸取，再根据分析方案进行测定。

高含量全铁或亚铁的测定都是用重铬酸钾容量法，处理亚铁样品要注意在隔绝空气的环境下操作，避免亚铁离子被氧化为＋3 价，造成测定结果不准确。

铁矿石中硫的测定可用燃烧碘量法，还可以用高频燃烧炉测定，生成的 SO_2 气体通入合适的吸收液中进行滴定。

练一练测一测

一、填空题

1. 硫在铁矿石中属于（　　　　　）元素。
2. 铁矿石多以硫化物形式存在，主要矿物有磁黄铁矿、（　　　　　）、石膏等。
3. 在燃烧碘量法测定硫的操作中，样品表面覆盖 WO_3 主要起（　　　　　）作用。

4. 重铬酸钾法测铁所用的指示剂是（　　　　　），终点颜色为（　　　　　）。

5. 用三氯化钛-重铬酸钾法测定全铁含量时，稍过量的三氯化钛溶液可用（　　　　　）溶液处理。

6. 铁矿石主要矿种包括（　　　　　）矿、（　　　　　）矿和菱铁矿。

7. 配制硫酸亚铁铵溶液，最后应当用（　　　　　）溶液稀释到相应的刻度。

8. 测定亚铁样品时，通常是在（　　　　　）氛围中分解样品。

9. 铁的化合物有两大类，即（　　　　　）盐和（　　　　　）盐。

10. 配制好的二苯胺磺酸钠溶液应当存放在（　　　　　）色试剂瓶内。

二、选择题

1. 使用高压氧气时，需要一个减压装置，主要原因是为了（　　）。
A. 降低压力保证安全　　　　　　　　B. 防止气流太急吹起样品
C. 气流量太大造成浪费　　　　　　　D. 方便净化气体

2. 配制氯化亚锡溶液时，如果发现溶液不清亮出现乳白色浑浊，表示氯化亚铁已经变质失效，此时正确的做法是（　　）
A. 换用没有失效的氯化亚锡重新配制　　B. 继续使用没有影响
C. 多加些浓盐酸溶解浑浊物质　　　　　D. 以上说法都不对

3. 滴定操作时，每次滴定都应当从（　　）刻度开始加入滴定剂。
A. 0　　　　　　　　　　　　　　　B. 整数
C. 一个样品终点读数　　　　　　　　D. 0 或 10 都可以

4. EDTA 滴定法测定铁是用磺基水杨酸作指示剂的，终点颜色变化是（　　）。
A. 紫红→深紫　　　B. 浅红→棕　　　C. 紫→深蓝　　　D. 紫红→黄

5. 用氯化亚锡溶液还原铁时，应当在（　　）条件下操作。
A. 常温下　　　　　B. 热溶液中　　　C. 稀溶液中　　　D. 浓、热溶液中

6. 用重铬酸钾标准溶液滴定样品的过程中，随着重铬酸钾溶液的加入，溶液的颜色由浅黄色逐渐变成绿色，这是由于此时溶液中存在大量的（　　）而呈现出来的颜色。
A. Fe^{3+}　　　　　　B. Cr^{3+}　　　　　　C. 指示剂与 Fe^{3+} 生成的配离子
D. $K_2Cr_2O_7$ 与指示剂反应产生的物质

7. 二价铁在酸性溶液中呈现出较稳定的状态，一般要用强氧化剂才能将它氧化到三价，可用于氧化 Fe^{2+} 的试剂有（　　）。
A. HNO_3　　　　B. $K_2Cr_2O_7$　　　　C. HCl　　　　D. $KMnO_4$

8. Fe^{3+} 在稀酸溶液中呈氧化性，若要把它还原为 Fe^{2+}，可以（　　）作为还原剂。
A. 盐酸羟胺　　　B. 过氧化氢　　　C. 抗坏血酸　　　D. 氯化亚锡

9. 测定高含量的铁，除用重铬酸钾容量法外，还可以用（　　）进行滴定，其原理都是氧化-还原滴定法。
A. 碘量法　　　B. 高锰酸钾容量法　C. EDTA 滴定法　D. 铈量法

10. 高温燃烧碘量法测定铁矿石中的硫时，燃烧装置可用（　　）。
A. 管式定碳炉　　B. 高频燃烧炉　　C. 马弗炉　　　D. 红外定碳炉

三、判断题

1. 重铬酸钾标准溶液和高锰酸钾标准溶液均用直接法配制即可。（　　）

2. 重铬酸钾法测铁时，滴定操作技术对测定结果准确性很重要，而之前的试样分解技术也会影响结果的准确性。（　　）

3. 重铬酸钾法测铁时，其滴定的是三价铁。（　　）

4. 测定样品中 Fe^{2+} 应当使用磺基水杨酸作显色剂，测定 Fe^{3+} 时应当使用盐酸羟胺作显色剂。（   ）

5. 分解含亚铁矿石时，还原性物质或氧化性物质存在对测定结果都可能会产生影响。（   ）

6. 在测定铁矿石中亚铁含量时，同样需要用氯化亚锡溶液在盐酸介质中进行还原反应。（   ）

7. 分解含亚铁的试样时，可以使用硝酸。（   ）

8. 分解含亚铁的试样时应在带塞的锥形瓶中进行，加入盐酸后需要加点大理石，主要是让生成的 CO_2 对样品起保护作用。（   ）

9. 在燃烧碘量法测定硫时，产生的 SO_2 气体被水吸收后变成 H_2SO_3 溶液，然后与滴定液起氧化还原反应，所以 I_2 相当于还原剂，H_2SO_3 相当于氧化剂。（   ）

10. 燃烧法测定铁矿石中的硫时，所用的瓷管和瓷舟使用前需要经过高温灼烧处理。（   ）

参考答案

一、1. 有害；2. 黄铁矿；3. 助熔；4. 二苯胺磺酸钠，蓝紫色；5. 钨酸钠；6. 磁铁，黄铁；7. 5%稀硫酸；8. CO_2 气体；9. 亚铁，铁；10. 棕

二、1. A；2. A；3. A；4. D；5. D；6. B；7. A、B、D；8. A、C、D；9. A、B、D；10. A、B、D

三、1. ×；2. √；3. ×；4. ×；5. √；6. ×；7. ×；8. √；9. ×；10. √

项目三
钨矿石分析

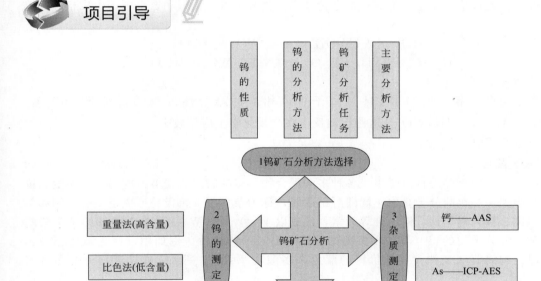

任务一　钨矿石分析方法选择

⚠ 任务要求

1. 知道钨的化学性质，能根据矿石的特性、分析项目的要求及干扰元素的分离等情况选择适当的分解方法。

2. 学会基于被测试样中钨含量的高低不同以及对分析结果准确度的要求不同而选用适当的分析方法。

一、钨在地壳中的分布、赋存状态及钨矿石的分类

钨在地壳中的丰度为 1.3×10^{-6}。已发现的矿物有 20 多种，具有工业价值的主要有黑钨矿、钨锰矿、钨铁矿和白钨矿（$CaWO_4$）4 种。

其他含钨的矿物还有：钨华（$WO_3 \cdot H_2O$）；辉钨矿（WS_2）；钨铅矿（$PbWO_4$）。

二、钨的分析化学性质

（一）钨的化学性质简述

钨在元素周期表中，属第六周期第ⅥB族。在化学分析上有重要意义的是＋3、＋5、＋6价。其中，最稳定的是＋6价。

硫酸-硫酸铵、过氧化氢、氢氟酸-硝酸都是钨的良好溶剂。

常温下，在无氧化剂存在下，钨不与碱作用。当有氧化剂（如过氧化氢、硫酸铵等）存在时，钨能溶解于氨水中。熔融苛性碱，特别是硝酸钾、氯酸钾等氧化剂存在时能与钨激烈反应。

（二）钨的沉淀反应

1. 钨酸沉淀

在酸性介质（主要是盐酸和硝酸）中钨易形成钨酸沉淀。钨酸沉淀具有胶体的性质，沉淀不完全。如果向溶液中加入辛可宁、单宁等有机碱，则可使钨酸沉淀完全。沉淀经灼烧得到三氧化钨，此反应是重量法测定钨的理论基础。钨酸可溶于强碱和氨水中，生成相应的钨酸盐。

$$H_2WO_4 + 2NaOH \longrightarrow Na_2WO_4 + 2H_2O$$
$$H_2WO_4 + 2NH_3 \cdot H_2O \longrightarrow (NH_4)_2WO_4 + 2H_2O$$

2. 钨酸盐沉淀

钨酸根与铅、银、钡和汞（Ⅰ）离子生成相应的难溶性的钨酸盐沉淀 $PbWO_4$、Ag_2WO_4、$BaWO_4$、Hg_2WO_4。这些沉淀反应在分析化学上应用较少。

（三）钨的配合反应

1. 多酸配合物

钨的一个极为重要的特点是生成各种多酸配合物。多酸的组成受溶液的温度、酸度、浓度的影响很大。当钨酸分子是由不同酸酐组成时，称为杂多酸。钨极易形成杂多酸，例如与硅、磷、硼、锗、锡、钛、锆、砷等元素，形成以 $W_2O_7^{2-}$ 或 $W_3O_{10}^{2-}$ 为配位体的杂多酸配合物。杂多酸分子中的钨（Ⅵ）较游离的钨酸容易还原为低价。例如用三氯化钛还原磷钨酸，可以得到钨蓝（一种含有低价钨的蓝色杂多酸）。利用这一反应可以进行钨的光度法测定。

2. 草酸、柠檬酸、酒石酸配合物

草酸、柠檬酸、酒石酸等可与钨生成稳定的配合物。在这些配位剂存在下，可防止在酸性溶液中析出钨酸沉淀。

钨可以和硫氰酸盐形成一系列配合物，其中最重要的是五价钨的配合物，它是光度法测定钨的重要方法基础。用钛（Ⅲ）或锡（Ⅱ）将钨（Ⅵ）还原至钨（Ⅴ），与硫氰酸盐形成黄绿色的配合物 $[WO(SCN)_4]^-$，借此进行光度法测定。

（四）钨的光谱特性

钨属难激发元素，同时谱线非常丰富。钨化合物在空气-乙炔火焰中原子化效率低，需用氧化亚氮-乙炔火焰激发，试液中加入丙酮可提高钨的原子化率。钨的挥发性非常小，在"碳弧中游离元素蒸发顺序"中钨居于末尾位置。采用直流电弧、等离子体激发光源，可测定钨中的易挥发元素。

三、钨矿石的分解方法

钨矿石的分解是利用钨矿石的化学特性：①在盐酸溶液中形成微溶性的钨酸；②在碱性

溶液中形成易溶性的钨酸盐；③氨可以溶解钨酸生成钨酸铵溶液；④盐酸可以分解难溶性的钨酸钙。

钨矿石的分解一般有酸溶法和碱熔法。酸溶法的溶剂有盐酸、磷酸、硝酸、硫酸等，在无机酸中，磷酸、盐酸对钨矿石的分解能力很强，尤其是磷酸，在加热时可使钨矿物迅速溶解。碱熔法分解钨矿物的效率很高，常用的熔剂有氢氧化钠、氢氧化钾、过氧化钠、碳酸钠—硝酸钾、碳酸钠-氧化锌等，其中过氧化钠的分解能力最强，使用也最普遍。

四、钨的分离富集方法

钨的分离可采用沉淀法、萃取法等，见表 3-1

表 3-1　常用的钨的分离方法

分离方法	分离条件	主要应用
钨酸沉淀法	硝酸介质中	与铁、锰、钙等可溶性盐类的分离
氢氧化钠法	强碱	与铁、钛、锆、镁、铜、钙、镍和锰等分离
氯化铵-氨水法	pH 9~10	与铝、铁、钙、镁、锰的分离
萃取法	$c(HCl)=3.7\sim5.6mol/L$ 的介质中，用环己烷-乙酸丁酯混合溶剂(2.5+1)萃取	与钼的分离

五、钨的分析方法

钨的测定可用重量法、容量法、光度法、极谱法、X 射线荧光光谱法、电感耦合等离子体质谱法、电感耦合等离子体光谱法等。目前用得最多的是重量法、光度法。

（一）化学分析法

由于钨的化学性质所限，高含量的钨的测定，至今仍主要依靠重量法。目前实际应用的主要是辛可宁沉淀法、钨酸铵灼烧法和 8-羟基喹啉-单宁酸-甲基紫沉淀法。

（1）8-羟基喹啉-单宁酸-甲基紫沉淀法。试料以磷酸-硫酸-硫酸铵分解，在碱性介质中分离铁、钙、铋、钽、铌（铌仅部分在此处分离）等杂质后，控制 pH 值，以 8-羟基喹啉-单宁酸-甲基紫沉淀钨，灼烧后以三氧化钨形式称量。

（2）钨酸铵灼烧法。试料以盐酸、硝酸分解，钨成钨酸沉淀与铁、锰、钙等大量杂质分离，再用氨水溶解钨酸为钨酸铵溶液，蒸干、灼烧得三氧化钨。该方法结果重现性好。

（3）辛可宁沉淀法。与钨酸铵灼烧法一样得钨酸铵溶液后，浓缩赶氨，以盐酸及辛可宁使钨酸再次沉淀，灼烧成三氧化钨，再以氢氟酸赶硅。

（二）仪器分析法

钨的仪器分析法主要是可见分光光度法、电感耦合等离子体原子发射光谱法（ICP-AES）、电感耦合等离子体质谱法（ICP-MS）、X 射线荧光光谱法（XRF）。其他仪器分析方法并不多见，其中应用最广泛的是可见分光光度法。各种仪器分析方法的应用情况列于表 3-2 中。

表 3-2　常见仪器分析方法在钨的测定中的应用情况

分析方法	应用情况	方法优点	方法缺点
可见分光光度法	主要应用于矿石中低含量钨的测定	设备简单、操作方便、易于掌握	检出限不够低，测定高含量的钨困难，干扰因素多
ICP-AES	用于矿石中微量钨的测定	结果稳定，适合于较低含量钨的测定	钨属于难激发元素，通常以 AES 测定钨，检出限不低于 0.01%。光谱干扰严重。设备昂贵，不利于普及
ICP-MS	用于矿石中痕量、微量钨的测定	检出限低，灵敏度高，方法的精密度和重现性好	存在质谱干扰，不适合于高含量钨的测定。设备昂贵，不利于普及

续表

分析方法	应用情况	方法优点	方法缺点
XRF	可用于钨矿石中高含量钨的测定	谱线简单、干扰少，适合高含量钨的测定	基体效应严重，对样品制备技术要求较高，需要和待测样品组成类似的标样校正仪器。检出限较 ICP-AES 和 ICP-MS 高。设备昂贵，不利于普及

六、钨矿石的分析任务及其分析方法的选择

钨矿石的分析主要包括以下项目：钨，锡，钼，磷，砷，硅，钙，铁，锰，硫，铜，铅，锑及物相分析（主要是黑钨、白钨）。

钨矿石中钨及杂质分析方法见表 3-3。

表 3-3　钨矿石中钨及杂质分析方法

测定项目	测定方法	测定项目	测定方法
WO_3	重量法，比色法	Cu	AAS，ICP-AES
S	红外吸收法，燃烧碘量法	Pb	AAS，ICP-AES
P	磷钼黄比色法	Sb	HG-AES，HG-AFS
As	HG-AES，HG-AFS，ICP-AES	Fe	磺基水杨酸比色法，ICP-AES
Mo	硫氰酸盐比色法，ICP-AES	Mn	AAS，ICP-AES
Si	重量法，硅钼蓝比色法，ICP-AES	Sn	碘量法，HG-AES，HG-AFS，ICP-AES
Ca	AAS，EDTA 容量法，ICP-AES	Ba	ICP-AES

思考与交流

1. 钨的主要性质是什么？
2. 钨矿的主要分解方法有哪些？
3. 钨的主要测定方法是什么？
4. 钨矿石的主要分析项目有哪些？

任务二　钨矿石中的三氧化钨的测定

任务要求

1. 掌握硫氰酸盐比色法测定钨矿石中三氧化钨的测定原理及操作。
2. 掌握钨酸铵灼烧重量法测定钨矿石中三氧化钨的测定原理及操作。

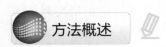 方法概述

常用的钨的测定方法主要有两种：

硫氰酸钾比色法测定三氧化钨，主要用于低含量钨（＜4％）的测定，实际应用中＜10％的都可采用比色法。该方法普遍采用过氧化钠熔融法溶解样品，样品溶解效果好，方法抗干扰能力强，结果稳定可靠。主要用于原矿、废渣、各类有色金属矿中＜10％三氧化钨的测定。

钨酸铵灼烧重量法测定三氧化钨，主要用于高含量钨（＞4％）的测定，实际应用中主要用于＞10％各类含钨物料中三氧化钨的测定。该方法普遍采用盐酸、硝酸、高氯酸溶解样品，方法结果稳定。但分析流程长，能耗高，污染较大。目前为止，仍没有别的方法可以取

代重量法，因此，钨酸铵灼烧重量法仍然是国家标准方法。该方法主要用于各类钨精矿、钨酸、钨酸钠、钨废料、催化剂等样品中三氧化钨的测定。

任务实施

操作1：硫氰酸盐比色法

一、目的要求

1. 掌握硫氰酸钾比色法测钨的方法原理。

2. 掌握硫氰酸钾比色法测钨的操作方法。

二、方法原理

试样以过氧化钠熔融分解，用水浸取熔块，大部分的铁、锰、钙、铜、铋、铝、铌、钽等以相应的氢氧化物沉淀与存在于溶液中的钨分离。然后在 3.4～3.7mol/L 盐酸介质中用三氯化钛将钨还原成五价，并与硫氰酸盐生成黄色的钨酰硫氰酸盐络合物，在分光光度计上，于波长 430nm 处测其吸光度。

18. 硫氰酸盐比色法测定钨矿石中钨

三、仪器和试剂

(1) 过氧化钠。

(2) 硫氰酸钾（50%），过滤后使用。

(3) 盐酸（2.2＋3）。

(4) 盐酸（2.2＋3）-三氯化钛（0.038%）混合溶液：取 0.25mL 市售三氯化钛（15%），用盐酸（2.2＋3）稀释至 100mL。

(5) 三氧化钨标准溶液：

① 称取 1.0000g 预先在 750℃灼烧过的三氧化钨（高纯试剂），置于 200mL 烧杯中，加 20mL 20%氢氧化钠溶液，加热溶解，冷却至室温，移入 1000mL 容量瓶中，用 2%氢氧化钠溶液稀释至刻度，混匀，移入塑料瓶中保存。此溶液 1mL 含 1.000mg 三氧化钨。

② 移取 100.0mL 溶液①置于 1000mL 容量瓶中，用 2%氢氧化钠溶液稀释至刻度，混匀，移入塑料瓶中保存。此溶液 1mL 含 100.0μg 三氧化钨。

四、分析步骤

称取 0.5～1.0g 试样（精确至 0.0001g）置于 30mL 铁坩埚中（随同试样做试剂空白），加 5g 过氧化钠，用小铁丝钩搅匀，再覆盖一薄层过氧化钠，置于 750℃马弗炉中熔融至红色透明均匀状态。取出，稍冷，置于预先盛有 50mL 水的 250mL 烧杯中浸取熔块。用水洗净坩埚，移入 100mL 容量瓶中。流水冷却至室温，再用水稀释至刻度，摇匀，干过滤或静置澄清。

移取 2.00～10.00mL 试液置于 50mL 比色管中，试液不足 10mL 时用水补至 10mL。加 2.0mL 硫氰酸钾溶液（50%），摇匀，用盐酸-三氯化钛混合溶液稀释至刻度，摇匀。20min 后用 1cm 比色皿，以试剂空白为参比，在分光光度计上，于波长 430nm 处测其吸光度。从工作曲线上查出相应的三氧化钨量。

工作曲线绘制：

移取 0.0mL、1.00mL、2.00mL、4.00mL、6.00mL、8.00mL、10.00mL 三氧化钨标准溶液②分别置于一组 50mL 容量瓶中，试液不足 10mL 时用水补至 10mL，加 2.0mL 50%硫氰酸钾溶液，以下按分析步骤操作，以试剂空白为参比，测其吸光度，绘制工作曲线。

五、分析结果的计算

按下式计算三氧化钨的百分含量：

$$WO_3(\%) = \frac{m_1 V \times 10^{-6}}{m V_1} \times 100$$

式中　m_1——自工作曲线上查得分取试液溶液的三氧化钨质量，μg；

　　　　V——试液溶液总体积，mL；

　　　　V_1——分取试液溶液的体积，mL；

　　　　m——称取试样的质量，g。

六、注意事项

（1）含砷高的试样，因在显色溶液中会析出游离砷，溶液浑浊，妨碍三氧化钨的测定。须在加过氧化钠熔融之前，加 0.5g 氯化铵与试样混匀，置于 300～400℃ 马弗炉中焙烧 20min（至冒尽白烟），使砷成氯化砷去除。

19. 硫氰酸盐比色法测定钨矿石中钨

（2）加入过氧化钠的量为试样的 6～8 倍为好。熔融试样时，应在高温下将坩埚送入高温炉内，熔融 3～5 min，否则，坩埚难以洗净。熔融温度必须控制在 750℃ 左右，温度过低，熔融时间过长，熔融物不易浸取完全。

（3）浸出液呈高锰酸盐紫红色或锰酸盐绿色，加少许硫酸联胺使锰还原成低价而沉淀与钨分离。

（4）一般可用 10mL 水代替铁坩埚空白。

（5）含铜量高的试样，须加 1g 无水碳酸钠与过氧化钠共熔，试液用中速滤纸干过滤。

（6）必须趁热浸取，太冷，难以浸取完全，且反应中生成的过氧化氢不易分解，因过氧化氢能破坏硫氰酸钨配合物，常使结果偏低。

（7）三价铁能与硫氰酸钾形成硫氰酸铁红色配合物，虽能被还原为低价而褪色，但量太多时，由于消耗还原剂，致使钨还原不完全，结果偏低。遇此情况，可补加适量还原剂，或先以氯化亚锡将三价铁还原。

（8）钙在碱性溶液中成氢氧化钙沉淀，量多时，结果有时候偏低，这可能是由于氢氧化钙的吸附作用所引起的。遇此情况，可加入 EDTA 使其生成配合物而消除干扰。

操作 2：钨酸铵灼烧重量法

一、目的要求

1. 掌握钨酸铵灼烧重量法测钨的方法原理。
2. 掌握钨酸铵灼烧重量法测钨的操作方法。

二、方法原理

试样以盐酸、硝酸分解，加硝酸铵或辛可宁，钨成钨酸沉淀。过滤，使钨与大部分的伴生元素分离，以氨水溶解钨酸，生成钨酸铵，将溶液蒸干、灼烧，加氢氟酸除硅，再灼烧成三氧化钨形式称重。

20. 钨酸铵灼烧重量法测定钨精矿中钨

滤液中残存的钨以甲基紫-丹宁酸沉淀回收，合并残渣，用硫氰酸盐吸光光度法测其三氧化钨量，补正结果。

三、仪器和试剂

（1）单宁酸。

（2）盐酸（$1.19g/cm^3$）（$1+1$）。

（3）硝酸（$1.42g/cm^3$）。

（4）氢氟酸（$1.15g/cm^3$）。

（5）氨水（$0.9g/cm^3$）。

（6）硝酸铵（50%）。

（7）辛可宁（5%）：50g 辛可宁溶解于 100mL 盐酸（$1+1$）中，再用水稀释至 1000mL，混匀。

（8）盐酸-硝酸铵洗液：25g 硝酸铵用水溶解后，加 100mL 硝酸（$1.42g/cm^3$），再用水稀释至 5000mL，混匀。

（9）硝酸-硝酸铵洗液：25g 硝酸铵用水溶解后，加 100mL 硝酸（$1.42g/cm^3$），再用水稀释至 5000mL，混匀。

（10）氨水（$1+4$）：25g 硝酸铵溶解于 4000mL 水中，再加 1000mL 氨水（$0.9g/cm^3$），混匀。

四、分析步骤

称取 0.5～1.0g 试样（精确至 0.0001g），置于 250mL 烧杯中，加 10mL 盐酸（$1.19g/cm^3$），摇散试样，再加 70mL 盐酸（$1.19g/cm^3$），置于沸水汽浴上分解 40～60min。取下，加 10～15mL 硝酸（$1.42g/cm^3$），待剧烈作用停止后，置于电炉上加热蒸发至溶液约剩 15mL，取下。加 5mL 50% 硝酸铵溶液［三氧化钨含量低的试样，加 5mL 辛可宁溶液（5%）］、50mL 热水，煮沸 1min，取下，冷却。用中速滤纸过滤，以倾泻法用热盐酸-硝酸铵洗液洗涤烧杯及沉淀各 4～5 次，再用热硝酸-硝酸铵洗液洗涤烧杯及沉淀各 4 次。移去接滤液的烧杯。将已在 780～800℃ 马弗炉中灼烧过并已称重的铂皿置于漏斗下，用热氨水（$1+4$）溶解滤纸及烧杯中的沉淀，并洗涤烧杯及沉淀各 4～5 次，控制溶液体积不超过铂皿的 4/5。将滤纸及残渣置于 30mL 铁坩埚中，干燥、灰化后加过氧化钠熔融，在原烧杯中用 100mL 水浸取溶块，然后按碱熔硫氰酸盐吸光光度法测其三氧化钨量。

将盛有钨酸铵溶液的铂皿置于沸水汽浴上蒸发至干，取下，置于电炉上加热至冒尽白烟。取下，置于 780～800℃ 马弗炉中灼烧 15min，取出，冷却，加 5～8 滴硝酸（$1.42g/cm^3$），沿铂皿内壁加 3～5mL 氢氟酸（$1.15g/cm^3$），置于沸水汽浴上蒸发至干，再置于 780～800℃ 马弗炉中灼烧 5～10min，取出，置于干燥器内冷却至室温，称重，并反复灼烧至恒重。

五、分析结果的计算

按下式计算三氧化钨的百分含量：

$$WO_3(\%) = \frac{m_1 - m_2}{m} \times 100 + C$$

式中　m_1——铂皿与三氧化钨的质量，g；

　　　m_2——铂皿的质量，g；

　　　m——称样试样的质量，g；

　　　C——残渣中测得三氧化钨的百分含量。

21. 钨酸铵灼烧重量法测定钨精矿中钨

六、注意事项

（1）分解试样的盐酸用量，可根据试样的性质不同而酌情增减。在盐酸中，白钨矿能迅速分解，而黑钨矿则分解缓慢，只有用浓酸长时间加热处理研细的试料，方能得到有效的分解。为了保证分解完全，必须在温度均衡的条件下加热，否则钨酸过早析出，包裹未溶的钨矿物，阻碍分解。实践证明，在 $100℃$ 的汽浴上，加热处理 $45\sim60min$ ，不溶残渣中残留三氧化钨量一般为 $0.0x\sim0.x\%$（$x=1\sim9$）。当钨矿物与难溶于酸的稀有金属共生时，在盐酸中很难分解，不溶渣中钨量有时可高达 $x\%$ ，即使延长加热时间也难使其降低。

（2）以钨酸形态析出钨，只有在硝酸介质中方能完全，当盐酸存在时，则必须加入沉淀剂以沉淀残留于溶液中的少量钨。常用的沉淀剂有辛可宁、盐酸奎宁和硝酸铵三种。用辛可宁时，酸度为 $0.15\sim3.9mol/L$ ；用盐酸奎宁时，酸度为 $0.4\sim3.9mol/L$ ；用硝酸铵时，酸度则为 $1.0\sim3.9mol/L$ 。通常在盐酸分解后，加硝酸蒸发至 $10\sim15mL$ 左右，然后用水稀释至 $80\sim100mL$ ，即可达到适宜酸度。必须指出，即使按此条件处理，尚有 $0.0x\%\sim1\%$ 左右的三氧化钨残留于溶液中，应回收补正结果。回收方法如下：以氨水（0.9）中和至刚好析出铁等氢氧化物沉淀，加水至溶液约 $200mL$ ，加 $10mL$ 盐酸（1+1），加热至 $80\sim90℃$ ，在不断搅拌下，加 $0.2g$ 单宁酸、$20mL$ 1% 甲基紫溶液（此时溶液的酸度约为 $0.25mol/L$ ）煮沸，取下，趁热以快速滤纸过滤，用水将沉淀全部移入滤纸上，将滤纸连同沉淀与氨水不溶残渣置于 $30mL$ 铁坩埚中，干燥、灰化后，按碱熔硫氰酸盐吸光光度法测定其三氧化钨量。

（3）加硝酸后浓缩时，溶液体积不宜太小，切勿蒸干，以免钨酸脱水难溶于氨水，同时蒸干后残渣中的铁等杂质也难以洗净。

（4）钨酸不能用水或中性溶液洗涤，因为它易形成胶体透过滤纸。最好用酸性的电解质溶液作洗涤剂。本方法采用盐酸-硝酸铵和硝酸-硝酸铵洗液洗涤。

（5）首先用盐酸-硝酸铵洗液洗涤，较容易洗净铁、锰等杂质，继而用硝酸-硝酸铵洗液洗净氯离子，因为如有氯离子存在，灼烧后的三氧化钨带绿色，不正常。

（6）去除铵盐时，电炉应渐渐升高温度，开始时温度过高，容易发生飞溅，造成损失。

（7）三氧化钨的灼烧温度不应超过 $850℃$ ，否则三氧化钨将挥发损失。

⚠️ 干扰消除

一、硫氰酸盐比色法的主要干扰和消除

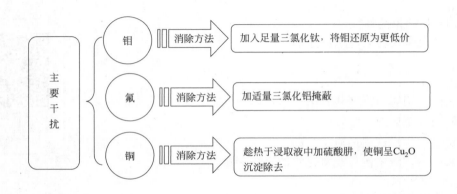

二、钨酸铵灼烧重量法的主要干扰和消除

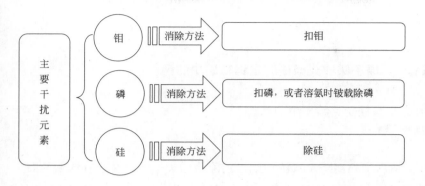

22. 钨酸铵灼烧重量法测定三氧化钨注意事项及主要干扰与消除

 思考与交流

1. 硫氰酸盐比色法测定钨的原理是什么？
2. 钨酸灼烧重量法测定三氧化钨加硝酸后浓缩时，应注意些什么？
3. 钨酸洗涤时应注意些什么？

　知识拓展

　　APT（仲钨酸铵）生产工艺的原料包括一次资源和二次资源。一次资源主要指各类钨精矿（主要包括黑钨精矿、白钨精矿、混合钨精矿）及钨细泥。二次资源主要指含钨金属材料及化工材料经使用后的废旧物资，以及冶炼过程中产出的有回收价值的废渣。

　　作为 APT 生产的原料之一，矿物资源的来源与组成成分是多种多样、因地而异的，同时也随一定历史时期钨冶金、钨选矿的水平而异。20 世纪 90 年代以前，由于当时钨冶金中分解钨矿物原料的技术水平及分离除去杂质的水平有限，再加上当时开采的矿石易于选别，因此钨冶金的矿物原料主要是通过选矿过程得到的标准钨精矿。近几年，随着钨资源的过度开采，钨精矿的品质有所下降，杂质成分越来越复杂。

　　钨的二次资源包括所有废旧的有回收价值的含钨物料，如废钨合金钢、废钨催化剂、废硬质合金、废钨材，以及历来冶炼过程、选矿过程遗留下来的含钨较高、有回收价值的各种废渣。

任务三　钨精矿中杂质元素的测定

任务要求

1. 掌握钨精矿中钙、砷、钡的测定方法。
2. 熟悉原子吸收光谱仪、等离子体发射光谱仪的操作。

方法概述

　　钨精矿中需要测定的杂质主要有钼、磷、硫、硅、钙、铁、锰、铜、铅、锌、砷、锑、钡、铋等。出于工艺控制需要，钙、砷、钡是必须测定的元素。本任务就以钙、砷为例简要介绍钨精矿中杂质元素的测定方法。

钙的测定主要是原子吸收光谱法（AAS），砷的测定主要是电感耦合等离子体发射光谱法（ICP-AES）。

⚡ 任务实施

操作1：原子吸收光谱法测定钨精矿中的钙

一、目的要求

1. 熟练掌握原子吸收光谱法测定钨精矿中的钙。

2. 熟悉原子吸收光谱仪器的使用。

二、方法原理

试样用盐酸、硝酸和高氯酸加热溶解至冒浓白烟以消除硫的干扰，并在适宜浓度的高氯酸介质中，以氯化锶和氧化镧消除铝、磷、硅、钛、硫酸根及部分铁、锰等杂质的干扰，于原子吸收光谱仪波长422.7nm处，以空气-乙炔火焰测量钙的吸光度。

三、试剂和仪器准备

23. 原子吸收光谱法测定钨精矿中的钙操作

(1) 盐酸（AR，$1.19g/cm^3$）。

(2) 硝酸（GR，$1.42g/cm^3$）。

(3) 高氯酸（GR，$1.67g/cm^3$）。

(4) 氯化锶溶液（15%）：称取75g氯化锶（$SrCl_2 \cdot 6H_2O$）溶于水中并稀释至500mL，混匀。

(5) 氧化镧溶液（5%）：称取25g纯氧化镧（99.99%以上），置于250mL烧杯中，加入100mL盐酸（1+1），加热溶解完全，冷却，移入500mL容量瓶中，用水稀释至刻度，混匀。

(6) 二氧化锰（1.6%）：称取1.6g纯二氧化锰（99.99%以上），置于250mL烧杯中，加入10mL盐酸，加热溶解完全，蒸发至体积约为5mL，冷却，移入100mL容量瓶中，用水稀释至刻度，混匀。

(7) 铁溶液（1%）：称取1.0g纯铁（99.99%以上），置于250mL烧杯中，加入10mL盐酸，加热溶解完全，稍冷，加入3mL高氯酸，继续加热至冒浓白烟，冷却，移入100mL容量瓶中，用水稀释至刻度，混匀。

(8) 钙标准溶液：称取0.2497g纯碳酸钙（99.99%以上），置于250mL烧杯中，盖上表面皿，加入15mL盐酸（1+3），微热溶解完全，冷却，移入1000mL容量瓶中，用水稀释至刻度，混匀。此溶液1mL含100μg钙，储存于塑料瓶中。

移取0.00mL、1.50mL、3.00mL、6.00mL、9.00mL、12.00mL钙标准溶液，分别置于一组100mL容量瓶中，各加入2.0mL高氯酸、8.0mL氯化锶溶液、4.0mL氧化镧溶液、4.0mL二氧化锰溶液、4.0mL铁溶液，用水稀释至刻度，混匀，此标准工作溶液含钙分别为0μg/mL、1.5μg/mL、3.0μg/mL、6.0μg/mL、9.0μg/mL、12.0μg/mL。

(9) 原子吸收分光光度计；钙空心阴极灯。

四、分析步骤

称取0.1～0.2g（精确至0.0001g）样品于300mL烧杯中，加入50mL盐酸（$1.19g/cm^3$）置于沸水浴上加热分解50min，取下，稍冷，加入15mL硝酸（$1.42g/cm^3$）、4mL高氯酸（$1.67g/cm^3$），加热直至冒浓厚白烟，溶液体积约为2mL（勿蒸干），取下冷却，用水吹洗表面皿和烧杯壁，加入水至溶液体积约为30mL，煮沸使可溶性盐类溶解，加入8mL氯化锶溶液、4mL氧化镧溶液，冷却后，移入100mL容量瓶中，以水稀释至刻度，摇匀。澄清后，在空气-乙炔火焰原子吸收分光光度计波长 422.7nm 处，与标准系列同时，以二次水调零测量溶液吸光度。随同试样做空白实验。

五、分析结果的计算

按下式计算钙的百分含量：

$$Ca(\%)=\frac{(\rho-\rho_0)V\times10^{-6}}{m}\times100$$

式中　ρ——自工作曲线上查得试液中的 Ca 浓度，$\mu g/mL$；

　　　ρ_0——自工作曲线上查得空白溶液中的 Ca 浓度，$\mu g/mL$；

　　　V——试样溶液的体积，mL；

　　　m——称取试样质量，g。

六、注意事项

（1）样品分解时，加入盐酸后要摇散试样，水浴加热时应每隔 5min 摇动一次烧杯，以防止样品结底。

（2）钙属于易污染元素，因此应严格检查各种试剂的空白。

（3）对于含钙量大于 4% 的样品，应该采用 EDTA 容量法测定。

（4）钙的测定在空气-乙炔火焰中常受溶液中 PO_4^{3-}、SiO_3^{2-} 等阴离子的干扰，故应在标准及样品溶液中加入"释放剂"以克服干扰。常用的释放剂为锶盐和镧盐。

操作2：　ICP-AES 测定钨精矿中的砷

一、目的要求

1. 熟练掌握 ICP-AES 测定钨精矿中砷、钙、钡。

2. 熟悉 ICP-AES 光谱仪器的使用。

二、方法原理

试样用盐酸-氯酸钾、硝酸分解，控制适宜的酸度，于等离子体发射光谱仪 193.759nm 处测定砷的浓度。

三、仪器和试剂

（1）盐酸（AR，1.19g/cm³）。

（2）硝酸（AR，1.42g/cm³）。

（3）氯酸钾（AR）。

（4）硝酸（GR，5%）。

（5）硝酸（AR，5%）。

（6）盐酸（AR，5%）。

（7）等离子体发射光谱仪：Optima8000。

24. ICP-AES 测定钨精矿中的砷

仪器工作条件：载气流量 15L/min；辅助气流量 1.5L/min；雾化气流量 1.5L/min；蠕动泵转速 15r/min；积分时间 30s；读数 3 次。

标准点及观察方式的选择见表 3-4。

表 3-4　标准点及观察方式的选择

砷含量/%	标准浓度/(μg/mL)	观测方式
0.0010～0.5	0.2,1,5	轴向观测
0.5～2.0	0.2,1,5	轴向观测
2.0～5	1,5,10	轴向观测
5～10	1,5,10	径向衰减

（8）砷储备液：

称取 1.3203g 高纯三氧化二砷于 250mL 烧杯中，加 50mL 盐酸加热溶解，取下稍冷，移入 1000mL 聚乙烯容量瓶中，用 5％ 的盐酸稀释至刻度，摇匀。此溶液 1mL 含砷 1mg（记为砷储备液 A）。

吸取 10.0mL 砷储备液 A 到 100mL 容量瓶中，用 5％ 的硝酸稀释至刻度，摇匀。此溶液砷的浓度为 $100\mu g/mL$（记为砷储备液 B）。

（9）砷标准溶液：

吸取 10.0mL 砷储备液 B 到 100mL 容量瓶中，用 5％ 的硝酸稀释至刻度，摇匀。此溶液砷的浓度为 $10\mu g/mL$。

吸取 2.00mL 砷标准溶液（$10.00\mu g/mL$）到 100mL 容量瓶中，用 5％ 的硝酸稀释至刻度，摇匀。此溶液砷浓度为 $0.200\mu g/mL$。

吸取 10.0mL 砷标准溶液（$10.00\mu g/mL$）到 100mL 容量瓶中，用 5％ 的硝酸稀释至刻度，摇匀。此溶液砷浓度为 $1.00\mu g/mL$。

吸取 5.00mL 砷储备液 B 到 100mL 容量瓶中，用 5％ 的硝酸稀释至刻度，摇匀。此溶液砷浓度为 $5.00\mu g/mL$。

四、分析步骤

称取试样 0.1～0.5g（精确至 0.0001g）于 300mL 锥形瓶中，加 1g 氯酸钾摇匀样品，加 30mL 盐酸，盖上短颈漏斗于沸水浴中分解 30min，取下稍冷，再加入 15mL 硝酸分解至溶液约为 10mL，取下稍冷，吹 10mL 水，煮沸冷却，以 5％ 的硝酸定容至 100mL，过滤后测定（若定容体积有变化，相应的酸量应按比例调整，以控制酸度）。

五、结果计算

$$As（\%）=\rho VF/M\times 10^{-4}$$

式中　ρ——试样溶液上机测得的浓度（已自动减空白），$\mu g/mL$；

　　　　V——试液上机体积，mL；

　　　　F——试液稀释倍数。

六、注意事项

1. 氯酸钾的用量必须准确，若用量偏少，结果会偏低。

2. 水浴分解时间要足够。

干扰消除

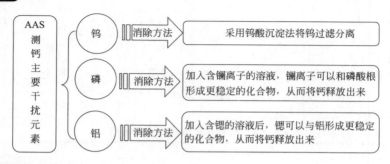

思考与交流

1. 钨精矿中杂质元素分析项目有哪些？

2. 原子吸收测定钨精矿中钙有哪些干扰？如何消除？

3. 钨精矿中砷的测定方法有哪些？

知识拓展

　　钨精矿中杂质元素的分析方法较多，如滴定法、重量法、分光光度法、原子吸收光谱法、原子荧光光谱法、电感耦合等离子体发射光谱法、电感耦合等离子体质谱法、X射线荧光光谱法等，都有应用。其中，应用最广的是原子吸收光谱法。原子吸收光谱分析具有速度快、干扰少、成本低等优点，特别是国产原子吸收光谱仪已经能完全满足日常分析需要，大大推进了原子吸收光谱法的普及和应用。近几年，电感耦合等离子体原子发射光谱法的也越来越普及，但国产仪器仍然和进口仪器存在一定差距，且分析成本较高，这些都限制了它的应用。

项目小结

　　钨在酸性条件（主要是硝酸介质）下形成钨酸沉淀。在碱性介质（氢氧化钠或者是氨水）中呈溶液存在。这是钨与杂质元素分离的分析基础。钨的检测，主要是两种方法：硫氰酸盐比色法（<10%），钨酸铵灼烧重量法（≥10%）。仪器分析法主要是ICP-AES/MS、XRF，但不及化学分析法普及。

　　钨精矿中杂质元素的测定方法，涵盖了大部分的无机分析检测方法。本项目以AAS测钙和ICP-AES测砷为例，详细阐述了方法原理、操作过程以及干扰消除。

练一练测一测

一、单选题

1. 硫氰酸钾比色法测定钨是基于（　　）价钨与硫氰酸钾进行显色反应。
A. +1　　　　　　B. +2　　　　　　C. +5　　　　　　D. +6

2. 硫氰酸钾比色法测定钨显色介质一般采用（　　）。
A. 盐酸　　　　　B. 硝酸　　　　　C. 磷酸　　　　　D. 氢氟酸

3. 钨矿石的熔融分解最常用的熔剂是（　　）。
A. 过氧化钠　　　B. 氢氧化钠　　　C. 硝酸钾　　　　D. 氢氧化钾

4. 硫氰酸盐比色法测定钨矿石中三氧化钨时，显色剂是（　　）。
A. 双氧水　　　　B. 硫氰酸钾　　　C. 钼酸铵　　　　D. 磺基水杨酸

5. 钨矿石熔融，用过氧化钠分解物料时，可选用（　　）。
A. 银坩埚　　　　B. 镍坩埚　　　　C. 铂金坩埚　　　D. 铁坩埚

6. 浸出液呈高锰酸盐紫红色或锰酸盐绿色，加少许（　　）使锰还原低价而沉淀与钨分离。
A. 氨水　　　　　B. 抗坏血酸　　　C. 硫酸肼　　　　D. EDTA

7. 钨的化学分析方法，目前唯一获得广泛应用的是（　　）。
A. 滴定法　　　　B. 重量法　　　　C. AAS　　　　　D. ICP-AES

8. 熔点最高的金属是（　　）。
A. 钨　　　　　　B. 铁　　　　　　C. 铜　　　　　　D. 钛

9. 钨酸铵灼烧重量法浓缩溶液体积一般加热至（　　）。
A. 5mL　　　　　B. 15mL　　　　　C. 50mL　　　　　D. 60mL

10. 以钨酸形态析出钨时，在（　　）介质中可沉淀完全。

A. 硝酸　　　　　　B. 氢氟酸　　　　　　C. 盐酸　　　　　　D. 磷酸

二、多选题

1. 钨酸沉淀具有胶体的性质，白色钨酸沉淀不完全。向溶液中加入（　　）则可使钨酸沉淀完全。

A. 辛克宁　　　　　B. 硝酸铵　　　　　　C. 盐酸　　　　　　D. 磷酸

2. 硫氰酸盐法是基于五价钨与硫氰酸钾形成黄绿色的配合物，通常用（　　）作还原剂。

A. 二氯化锡　　　　B. 三氯化钛　　　　　C. 抗坏血酸　　　　D. A 和 B

3. 钨酸铵灼烧重量法测定钨精矿中三氧化钨，用（　　）分解。

A. 氢氟酸　　　　　B. 盐酸　　　　　　　C. 磷酸　　　　　　D. 硝酸

4. （　　）可与钨生成稳定的配合物。

A. 柠檬酸　　　　　B. 硫氰酸盐　　　　　C. 草酸　　　　　　D. 酒石酸

5. 钨矿石的分解是利用钨矿石（　　）的化学特性。

A. 在盐酸溶液中形成微溶性的钨酸

B. 在碱性溶液中形成易溶性的钨酸盐

C. 氨可以溶解钨酸生成钨酸铵溶液

D. 盐酸可以分解难溶性的钨酸钙

参考答案

一、单选题

1. C；2. A；3. A；4. B；5. D；6. C；7. B；8. A；9. B；10. A

二、多选题

1. A、B；2. A、B；3. B、D；4. A、B、C、D；5. A、B、C、D

项目四
钴矿石分析

项目引导

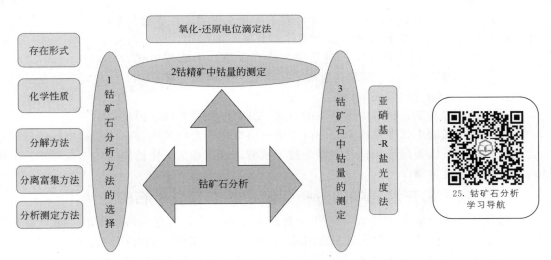

钴及其化合物是重要的工业生产原材料，广泛应用于化工、冶金、机械、军工等行业。钴矿石中钴的分析测定应根据其含量高低选用相应的分析方法。钴精矿中高含量的钴的测定通常用氧化还原电位滴定法，低含量钴的测定一般用亚硝基-R 盐光度法测定，两种分析方法适用范围不同。除了这些方法外还有其他分析方法在日常生产中也有应用，要注意使用条件。

自然界已知含钴矿物有 100 多种，但具有工业价值的矿物仅十余种。钴在地壳中的含量约 23×10^{-6}，多伴生于镍、铜、铁、铅、锌等矿床中。本任务对钴的化学性质、钴矿石的分解方法、钴的分析方法选用等进行了阐述。通过本任务的学习，知道钴的化学性质，能根据矿石的特性、分析项目的要求及干扰元素的分离等情况，选择适当的分解方法，学会基于被测试样中钴含量的高低不同以及对分析结果准确度的要求不同而选用适当的方法，能正确填写数据记录。

任务一　钴矿石分析方法选择

⚠️ 任务要求

1. 了解钴的物理化学性质。
2. 掌握钴样品的分解方法。
3. 掌握钴样品中低含量钴的分离和富集方法。
4. 正确选择钴的分析方法。

一、钴的性质

1. 物理性质

钴（Co）的原子序数是 27，原子量 58.93，密度 $8.9g/cm^3$，熔点 1495℃，沸点 2930℃，具有光泽的钢灰色，比较硬而脆。钴是铁磁性的，在硬度、抗拉强度、机械加工性能、热力学性质、电化学行为方面与铁和镍相类似，称为铁系元素。加热到 1150℃时磁性消失。

26. 钴的性质及钴的分析方法

2. 化学性质

钴的化合价为 +2 价和 +3 价。在常温下不和水作用，在潮湿的空气中也很稳定。一般情况下与氧、硫、氯等非金属不起作用，但在高温下发生氧化作用，与氧、硫、氯、溴等发生剧烈反应，生成相应化合物。在空气中加热至 300℃以上时氧化生成 CoO，在白热时燃烧成 Co_3O_4。氢还原法制成的细金属钴粉在空气中能自燃生成氧化钴。

由电极电势看出，钴是中等活泼的金属。其化学性质与铁、镍相似。

钴可溶于稀酸中，在发烟硝酸中因生成一层氧化膜而被钝化，在浓硝酸中反应激烈，在盐酸和硫酸中反应很缓慢，钴会缓慢地被氢氟酸、氨水和氢氧化钠侵蚀。钴在碱溶液中比铁稳定，钴是两性金属。

二、钴元素在地壳中的分布、赋存状态及其矿石的分类

钴在地壳中含量为 23×10^{-6}，很少有较大的钴矿床，明显比铁少得多，而且钴和铁的熔点不相上下，因此注定它比铁发现得晚。1735 年，瑞典的布朗特在煅烧钴矿时得到钴。

钴（Ⅱ）的化合物有氧化钴、氢氧化钴、氯化钴、硫酸钴、碳酸钴、草酸钴等；钴（Ⅲ）的化合物有氧化高钴；钴的配合物有氨配合物 $[Co(NH_3)_6]^{3+}$、氰配合物 $[Co(CN)_6]^{4-}$、硫氰配合物 $[Co(SCN)_4]^{2-}$、羰基配合物 $[Co(CO)_4]^{-}$、硝基配合物 $[Co(NO_3)_4]^{2-}$ 或亚硝基配合物 $[Co(NO_2)_6]^{3-}$。

钴在矿物中与砷和硫结合，主要矿物有：硫钴矿 Co_3S_4，含钴 57.99%；砷钴矿 $CoAs_2$，含钴 28.20%；辉砷钴矿 CoAsS，含钴 35.50%；硫铜钴矿 $CuCo_2S_4$，含钴 38.06%；钴黄铁矿（Fe，Co）S_2，含钴 32.94%；方钴矿 $CoAs_3$，含钴 20.77%；钴土矿 $CoMn_2O_5 \cdot 4H_2O$，含钴 18.37%；钴华 $Co(AsO_4)_3 \cdot 8H_2O$，含钴 9.51%；菱钴矿 $CoCO_3$，含钴 49.55%；赤矾 $CoSO_4$，含钴 20.97%。

单独的钴矿床一般为砷化钴、硫化钴和钴土矿三种，前两种的工业要求大体相同。硫化矿（包括砷化矿）中的钴边界品位为 0.02%，工业品位为 0.03%～0.06%；钴土矿中的钴边界品位为 0.30%，工业品位为 0.50%。

与钴共存的元素主要为铁和镍。矿石中的铜、镍作为伴生元素回收。对于伴生的其他元

素，也应查明含量及赋存状态以便考虑能否综合利用。

三、钴矿石的分解方法

钴矿试样一般可用盐酸和硝酸分解，必要时可用焦硫酸钾和碳酸钠熔融。如试样为硅酸盐时，可加氟化物或氢氟酸助溶。不被氢氟酸分解的含钴矿石，可以用过氧化钠或氢氧化钠—硝酸钾熔融。

砷钴矿试样需要用硝酸和硫酸加热到冒烟使其分解。当试样中含有大量硫或砷时，宜先灼烧除去大部分的硫或砷，然后再用盐酸或王水分解。

四、钴的分离富集方法

钴没有简便而选择性好的分离方法。目前常用的分离方法主要有氨水沉淀法、1-亚硝基-2-萘酚沉淀法、铜铁试剂沉淀法、萃取分离法、离子交换法等。

氨水沉淀法是在铵盐存在下，用氨水将溶液 pH 值调至 $8\sim9$，Hg^{2+}、Be^{2+}、Fe^{3+}、Al^{3+}、Cr（Ⅲ）、Bi^{3+}、Sb^{3+}、Sn^{4+}、Ti^{4+}、Zr^{4+}、Hf^{4+}、Th^{4+}、Mn^{4+}、Nb^{5+}、Ta^{5+}、U（Ⅵ）及稀土离子定量沉淀，Mn^{2+}、Fe^{2+}、Pb^{2+} 部分沉淀，Ca^{2+}、Sr^{2+}、Ba^{2+}、Mg^{2+}、Co^{2+}、Ag^+、Cu^{2+}、Cd^{2+}、Ni^{2+}、Zn^{2+} 留于溶液中。

在稀盐酸溶液中，用 1-亚硝基-2-萘酚沉淀钴，是较完全的，但不能用作分离方法。因铁、铜、铋、银、铬、锆、钛、钼、钒、锡和硝酸等都有干扰。铝、铍、铅、镉、锰、镍、汞、砷、锑、锌、钙、镁和磷则不干扰。用氧化锌可以沉淀铝、钛、钒、铬、铁、砷、锆、锡、钨、铀、磷和大部分铜、铝、硅。所以用 1-亚硝基-2-萘酚沉淀钴之前，常用氧化锌分离干扰元素。但用氧化锌沉淀分离干扰元素，常须沉淀二次或三次，这样就使 1-亚硝基-2-萘酚沉淀钴的方法失去优越性。

铜铁试剂在酸性溶液中，定量沉淀铁、钛、锆、钒（V）、铀（Ⅳ）、锡（Ⅳ）、铌和钽，可与铝、铬、锰、镍、钴、锌、镁和磷分离。铜铁试剂沉淀可用四氯化碳萃取除去。因铜铁试剂不影响 1-亚硝基-2-萘酚沉淀钴，故铜铁试剂分离可与 1-亚硝基-2-萘酚沉淀钴结合应用。

用亚硝酸钾使钴成亚硝酸钴钾沉淀，是一种较实用的分离钴的方法。虽然沉淀的溶解度较大，与大量镍的分离不完全，沉淀不能作为称量形式等都是缺点，但此方法选择性较高，能使几毫克钴与大量铁、铜、镍、铝、锑、铋、镉、铬、锰、铝、钛、锡、钨、铌、钽、钒、锌和锆等元素分离。砷的干扰可预先挥发除去。钙、锶、钡、铅可以硫酸盐形式除去。KNO_2 沉淀法是在乙酸溶液中，钴与 KNO_2 形成亚硝酸钴钾（$K_3[Co(NO_2)_6]$）沉淀，在酒石酸存在下，Ni、Cr、Al、Fe、Ti、Zr、Nb、Ta、W、Mo 等元素不干扰，Ca、Sr、Ba、Pb 干扰此法自 Ni 中分离的 Co，可以硫酸盐形式沉淀除去。沉淀并不纯净，可能夹带有钨、镍、铁等元素。

萃取分离钴的方法很多，但多数选择性不高。

用丙酮：水：盐酸＝34：4：2（体积比）混合溶液为展开剂，用纸色谱可使钴与铁、钛、铜、锰、锌、铬、镍、钒和铀等元素分离。此方法已应用于矿石分析。

1-亚硝基-2-萘酚萃取法是在 pH＝$3\sim7$ 介质中，钴与试剂形成橙红色配合物，用苯定量萃取，大量 Fe^{3+} 用氟化物掩蔽，加入柠檬酸盐可防止其他金属离子水解。在配合物形成后，再提高酸度，Ni、Cu、Cr、Fe 等配合物立即被破坏，而钴络合物仍稳定，从而提高萃取的选择性。该方法可用于痕量钴的萃取分离。钴的硫氰酸盐二安替比林络合物可被 MIBK 定量萃取。钴（Ⅱ）-PAN [1-（2-吡啶偶氮）-2-萘酚] 的配合物也能被三氯甲烷萃取。

介质为 HCl（3＋1）的试液通过强碱性阴离子交换柱，Cu、Zn、Fe 的氯阴离子被吸附于柱上，Ni、Mn、Cr 流出。然后用 HCl（1＋2）洗脱钴，Cu、Zn、Fe 仍留于柱上。

五、钴的测定方法

目前仍在用的测定钴的方法有容量法、极谱法、光度法、原子吸收光谱法和等离子体发射光谱法等。

矿石中钴的含量一般较低，经常应用比色法进行测定。钴的比色法很多，最常用的有亚硝基-R-盐（亚硝基红盐）和2-亚硝基-1-萘酚萃取比色法。其他有硫氰酸盐法、5-Cl-PAD-AB［2-（吡啶偶氮）-1,3-二氨基苯］光度法和PAR［4-（2-吡啶偶氮）间苯二酚］比色法、过氧化氢-EDTA比色法等。

亚硝基-R-盐（亚硝基红盐）比色法的优点是在一般情况下不需分离铁、铜、镍等元素而直接进行测定，简便、快速，准确度也较高。采用差示比色，可测定高含量钴。2-亚硝基-1-萘酚法由于经过萃取，有较高的灵敏度，适用于铜镍矿中钴的测定。硫氰酸盐法由于铜和铁的干扰，需要掩蔽或分离，目前应用较少。过氧化氢-EDTA比色法是在pH＝8的氨性溶液中，用过氧化氢将钴氧化至三价与EDTA生成紫红色络合物，借以比色测定高含量钴。10mgFe、12mgMn、5mgCu或Ni、1gMgSO$_4$及2gNaCl均不干扰钴的测定。

用三氯甲烷萃取钴与二安替比林甲烷-硫氰酸盐形成的三元络合物，使钴与大量铜、镍分离后，再用PAR比色法测定钴。此方法灵敏度较高，适用于组成复杂的试样或大量铜、镍存在下微克量钴的测定。

对高含量钴的测定宜采用容量法。容量法有EDTA法、电位滴定法和碘量法。EDTA法由于铜、镍、铁、铝、锌等共存离子的干扰，须用亚硝酸钴钾或其他方法将钴与干扰元素分离后再进行滴定。

1. 亚硝基-R-盐（亚硝基红盐）比色法

在pH＝5.5～7.0的醋酸盐缓冲溶液中，钴与亚硝基-R盐（1-亚硝基-2-萘酚-3，6-二磺酸钠）形成可溶性红色配合物。

2. 电位滴定法

在氨性溶液中，加入一定量的铁氰化钾，将钴（Ⅱ）氧化为钴（Ⅲ），过量的铁氰化钾用硫酸钴溶液滴定，按电位法确定终点。其反应式如下：

$$Co^{2+} + Fe(CN)_6^{3-} \longrightarrow Co^{3+} + Fe(CN)_6^{4-}$$

该方法适用于含1.0%以上钴的测定。

3. EDTA容量法

钴与EDTA形成中等稳定的配合物（lg K＝16.3），能在pH 4～10范围内应用不同的指示剂进行钴的配位滴定。

铁、铝、锰、镍、铜、铅、锌等金属离子干扰测定，因此必须将它们除去或掩蔽。对于只含铁、铜、钴等较单纯的试样，可用氟化物掩蔽铁、硫脲掩蔽铜而直接进行测定。多金属矿则应在乙酸介质中，用亚硝酸钾沉淀钴与其他干扰元素分离后，再进行测定。

常用的滴定方法有：以PAN［1-（2-吡啶偶氮）-2-萘酚］为指示剂，用铜盐溶液回滴；以二甲酚橙为指示剂，用EDTA标准溶液滴定被钴所置换出的EDTA-锌中的锌。

使用PAN作指示剂铜盐回滴法时，所加的EDTA量可根据钴量而稍微过量，这样终点更加明显。在常温下反应较慢，应在70℃至近沸状态下进行滴定。加入有机溶剂（甲醇、异丙醇等），可使终点颜色变化敏锐。

以二甲酚橙为指示剂，不能用EDTA标准溶液直接滴定。因为铁、铝、铜、钴和镍等能封闭二甲酚橙，虽然用三乙醇胺能掩蔽痕量的铁、铝，用邻菲啰啉能抑制铜、钴对二甲酚橙的封闭作用，但还不够理想，故改用置换滴定法，以克服这一缺点。

本方法适用于含0.5%以上钴的测定。

4. 原子吸收光谱法

每毫升溶液中含 10 mg 铁，9mg 镍，40mg 锡，3mg 银，0.8mg 铝，0.64mg 钒、铝、钛，0.6mg 铬，6.4mg 钠，0.4mg 钾，0.2mg 铜，0.16mg 锰，0.1mg 砷、锑，40μg 镁，80μg 锶、磷，80μg 钨，50μg 铅，48μg 钡，40μg 锌、镉、铋、钙，23μg 铍均不干扰测定。二氧化硅含量超过 40μg/mL 干扰测定，当加入高氯酸冒烟处理后，含量达 0.8 mg/mL 亦不干扰测定。小于 15％（体积分数）硝酸，小于 5％（体积分数）盐酸、硫酸不影响测定，高氯酸含量达 16％（体积分数）亦不影响测定。磷酸严重干扰测定。

方法灵敏度为 0.085μg/mL（1％吸收），最佳测定范围为 2～10μg/mL。

本方法适用于镍矿及铁矿中钴的测定。

5. 碘量法

钴（Ⅱ）在含有硝酸铵的氨性溶液（pH 9～10）中能被碘氧化成钴（Ⅲ），并与碘生成稳定的硝酸-碘五氨络钴的绿色沉淀。过量的碘以淀粉作指示剂，用亚砷酸钠标准溶液滴定。其反应式如下；

$$2Co^{2+} + 4NO_3^- + 10NH_3 + I_2 \longrightarrow 2[Co(NH_3)_5I](NO_3)_2 \downarrow$$

$$I_2 + AsO_3^{3-} + H_2O \longrightarrow AsO_4^{3-} + 2HI$$

铁、铝在氨性溶液中能生成氢氧化物沉淀且易吸附钴，同时铁的氢氧化物又影响终点的判断，加入柠檬酸铵-焦磷酸钠混合溶液可消除 100mg 以下铁、铝的干扰。2mg 锰影响测定，铜、镍、镉、锌在 100mg 以下不干扰。

本方法适用于 5％以上钴的测定。

6. ICP-AES

ICP-AES（等离子体发射光谱法）可以同时测定样品中多元素的含量。当氩气通过等离子体火炬时，经射频发生器所产生的交变电磁场使其电离、加速并与其他氩原子碰撞。这种链锁反应使更多的氩原子电离形成原子、离子、电子的粒子混合气体，即等离子体。等离子体火炬可达 6000～8000K 的高温。过滤或消解处理过的样品经进样器中的雾化器被雾化并由氩载气带入等离子体火炬中，气化的样品分子在等离子体火炬的高温下被原子化、电离、激发。不同元素的原子在激发或电离时发射出特征光谱，所以等离子体发射光谱可用来定性样品中存在的元素。特征光谱的强弱与样品中原子浓度有关，与标准溶液进行比较，即可定量测定样品中各元素的含量。

含钴矿样经过盐酸、硝酸分解后，在选定的测量条件下以 ICP-AES 测定溶液中的 Cu、Pb、Zn、Co、Ni 等元素的含量。

本方法适用于 0.10％～20.00％之间钴的测定。

💡 思考与交流

1. 如何分离和富集样品中的钴？
2. 钴的测定方法有哪些？

任务二　钴精矿中钴量的测定
——电位滴定法

❗ 任务要求

1. 掌握铁氰化钾氧化-还原电位滴定法测定钴的原理及操作方法。

2. 掌握电位滴定仪的使用方法。

 方法概述

钴矿石中含钴量根据矿床和矿种不同高低不均。对于高含量钴的测定，目前主要采用滴定法。常用的有 EDTA 滴定法和氧化还原电位滴定法。由于电位滴定法具有干扰因素少、快速、准确和容易掌握等优点，被广泛应用于测定高含量钴。

任务实施

操作：铁氰化钾氧化还原电位滴定法测定钴精矿中钴

一、方法原理

本方法是在氨性溶液中，加入一定量的铁氰化钾，将钴（Ⅱ）氧化为钴（Ⅲ），过量的铁氰化钾用硫酸钴溶液滴定，按电位法确定终点。其反应式如下：

27. 钴精矿中钴含量的测定操作

$$Co^{2+} + Fe(CN)_6^{3-} \longrightarrow Co^{3+} + Fe(CN)_6^{4-}$$

镍、锌、铜（Ⅱ）和砷（Ⅴ）对本方法无干扰。铁（Ⅱ）和砷（Ⅲ）干扰测定，可在分解试样时，氧化至高价而消除其影响。

二、仪器与试剂准备

（1）仪器：ZD-2 型自动电位滴定计（带双电极：铂电极、钨电极）。

（2）HCl（AR）。

（3）HNO_3（AR）。

（4）氯化铵（工业级，使用前先检验）。

（5）氨水-柠檬酸铵混合液：称取柠檬酸铵 50g 溶于水中，加氨水 350mL，用水定容至 1000mL，充分摇匀。

（6）铁氰化钾标准溶液：称取铁氰化钾 20g，溶于 1000mL 水中，干过滤，储存于棕色瓶中，备用。

28. 钴标准溶液的配制

（7）钴标准溶液（3.00mg/mL）：准确称取纯金属钴（≥99.98%）3.0000g 置于 200mL 烧杯中，吹入少量水，缓缓加入 15mL 硝酸（AR），停止剧烈反应后，加热完全溶解，加少量水煮沸，冷却，移入 1000mL 容量瓶中，以水稀释至刻度，混匀。

三、测定步骤

（1）样品处理。于干燥的称量瓶中，准确称取钴精矿样品 1g（精确至 0.0001g），用少量水转移样品于 150mL 烧杯中，滴加 10mL HCl、10mL HNO_3，盖上表面皿，于电炉上加热溶解完全后，取下稍冷，用水吹洗杯壁及表面皿，加热煮沸，冷却后移入 100mL 容量瓶中，以水定容，摇匀。

（2）铁氰化钾标准溶液的标定。准确移取铁氰化钾溶液 20.0mL，平行取三份，分别置于 250mL 烧杯中，加入 5g NH_4Cl，加入 80mL 氨水-柠檬酸铵混合溶液，放一枚塑料封闭的搅拌铁棒于烧杯中，将该烧杯置于电位滴定仪上，开动搅拌器，校正仪器的零点、终点后，开始进行滴定，用钴标准溶液滴定至突跃终点（零点 7.0，终点 9.5）。

按下式计算 K 值：

29. 铁氰化钾溶液
的标定操作

30. 钴精矿中钴含
量的测定操作

$$K = \frac{V}{V_1}$$

式中　V_1——加入铁氰化钾标准溶液的体积，mL；

　　　　V——滴定时消耗钴标准溶液的体积，mL。

（3）样品测定。用滴定管准确滴入一定量的铁氰化钾溶液（平行取三份），分别置于 250mL 烧杯中，加入 5g NH_4Cl，加入 80mL 氨水-柠檬酸铵混合溶液，放一枚塑料封闭的搅拌铁棒于烧杯中，将该烧杯置于电位滴定仪上，开动搅拌器，校正仪器的零点、终点后，准确平行移取上述样品处理好的溶液 10.0～20.0mL 于烧杯中，开始进行滴定，用钴标准溶液返滴定至突跃终点（零点 7.0，终点 9.5）。

当样品中锰含量较高时需测定锰量以扣除锰的干扰值，或采取分离及掩蔽措施消除锰的影响。

四、分析结果的计算

$$w(\text{Co}) = \frac{KV_1 - V_2}{m} \times 0.0030 \times 100\% - \text{Mn}\% \times 1.07$$

式中　$w(\text{Co})$——钴的质量分数，%；

　　　　V_1——加入铁氰化钾标准溶液的体积，mL；

　　　　V_2——滴定时消耗钴标准溶液的体积，mL；

　　　　K——每毫升铁氰化钾标准溶液相当于钴标准溶液的体积，K 值在 1.01～1.05；

　　　　m——称取试样的质量，g；

　　　1.07——钴与锰的原子量之比。

五、干扰及消除方法

1. 空气与铁的干扰与消除

空气中的氧能把钴（Ⅱ）氧化成钴（Ⅲ），大量铁的存在能加速这一反应。为防止生成大量氢氧化铁而吸附钴，须加入柠檬酸铵络合铁。一次加入过量的铁氰化钾，用返滴定法可消除空气的影响。

2. 锰的干扰与消除

锰（Ⅱ）在氨性溶液中被铁氰化钾氧化为锰（Ⅲ），因此当锰（Ⅱ）存在时，本方法测得的结果系钴、锰合量。应预先用硝酸-氯酸钾将锰分离后，再用电位滴定法测定钴。或在含氟化物的酸性溶液中，用高锰酸钾预先滴定锰（Ⅱ）为锰（Ⅲ），由于氟化物与锰（Ⅲ）生成稳定的络合物，所以反应能定量进行。然后再在氨性溶液中用铁氰化钾测定钴。

有的资料认为，可加入甘油和六偏磷酸钠以消除铁、空气中的氧及一定量锰的干扰，钴含量在 10mg 以上时，10mg 以下的锰不影响测定。

3. 有机物的干扰与消除

有机物对电位滴定有严重干扰，应在分解试样时，用高氯酸除去。

本方法适用于含 1% 以上钴的测定。

六、实验指南与安全提示

（1）二价锰在氨性溶液中被铁氰化钾氧化成三价锰，所以当二价锰存在时测定结果为钴锰合量，故必须减去锰的含量（锰含量在 0.1% 以上时应减锰，如低于 0.1% 可忽略不计）。

若试样中含锰，可按下述步骤将锰分离：称取 1～2g 试样，置于 250mL 烧杯中，加 15mL 盐酸，加热数分钟。加 10mL 硝酸，继续加热至试样完全分解并蒸至近干。然后加入 2～3mL 硝酸，蒸至近干后，加入 10mL 硝酸、1g 氯酸钾，煮沸 5min，用水冲洗杯壁，过滤，并用 0.5% 稀硝酸洗涤沉淀 8～10 次。将滤液蒸至小体积，加入 10mL 硫酸（1＋1），加热蒸至冒三氧化硫白烟，取下稍冷，加水并煮沸至可溶性盐类溶解，以下操作与分析手续相同。

（2）钴（Ⅱ）在氨性溶液中，温度高时会被空气中的氧所氧化，故滴定溶液温度应控制在 25℃ 以下。

（3）终点电位的确定：吸取一定量铁氰化钾标准溶液，用硝酸钴或硫酸钴溶液进行滴定。根据电位值与消耗硝酸钴或硫酸钴溶液的体积，画出滴定曲线，确定终点电位。每更换一批标准溶液或试剂时，须预先测定终点电位。

（4）环境温度超过 30℃，分析时加入 NH_4Cl、铁氰化钾溶液后应立即加入氨水-柠檬酸铵溶液进行样品分析滴定。NH_4Cl 起冷却溶液温度的作用，防止 Co^{2+} 氧化。

 知识拓展

电位滴定法

一、简述

电位滴定法是在滴定过程中通过测量电位变化以确定滴定终点的方法，和直接电位法相比，电位滴定法不需要准确测量电极电位值，因此，温度、液体接界电位的影响并不重要，其准确度优于直接电位法。普通滴定法是依靠指示剂颜色变化来指示滴定终点，如果待测溶液有颜色或浑浊时，终点的指示就比较困难，或者根本找不到合适的指示剂。电位滴定法是靠电极电位的突跃来指示滴定终点。在滴定到达终点前后，滴液中的待测离子浓度往往连续变化 n 个数量级，引起电位的突跃，被测成分的含量仍然通过消耗滴定剂的量来计算。电位滴定法还可用于浓度较稀的试液或滴定反应进行不够完全的情况，灵敏度和准确度高，并可实现自动化和连续测定，因此用途十分广泛。

使用不同的指示电极，电位滴定法可以进行酸碱滴定、氧化还原滴定、配位滴定和沉淀滴定。酸碱滴定时使用 pH 玻璃电极为指示电极；在氧化还原滴定中，可以用铂电极作指示电极；在配位滴定中，若用 EDTA 作滴定剂，可以用汞电极作指示电极；在沉淀滴定中，若用硝酸银滴定卤素离子可以用银电极作指示电极。在滴定过程中，随着滴定剂的不断加入，电极电位 E 不断发生变化，电极电位发生突跃时，说明滴定到达终点。用微分曲线比普通滴定曲线更容易确定滴定终点。

如果使用自动电位滴定仪，在滴定过程中可以自动绘出滴定曲线，自动找出滴定终点，自动给出体积，滴定快捷方便。

进行电位滴定时，被测溶液中插入一个参比电极、一个指示电极组成工作电池。随着滴定剂的加入，由于发生化学反应，被测离子浓度不断变化，指示电极的电位也相应地变化，在等当点附近发生电位的突跃。因此测量工作电池电动势的变化，可确定滴定终点。

二、电位滴定装置

包括滴定管、滴定池、指示电极、参比电极、计数仪表。图 4-1 是一种电位滴定装置。

三、电位滴定法确定滴定终点

1. $E\text{-}V$ 曲线法

以加入滴定剂的体积 V（mL）为横坐标、对应的电动势 E（mV）为纵坐标，绘制 $E\text{-}V$ 曲线，曲线上的拐点所对应的体积为滴定终点。

图 4-1　电位滴定装置

2. $\Delta E/\Delta V\text{-}V$ 曲线

曲线的一部分用外延法绘制，其最高点对应于滴定终点时所消耗滴定剂的体积。

3. $\Delta^2 E/\Delta V^2\text{-}V$ 曲线

以二阶微商值为纵坐标，加入滴定剂的体积为横坐标作图。$\Delta^2 E/\Delta V^2 = 0$ 所对应的体积即为滴定终点。

四、电极的选择

电位滴定法电极的选择见表 4-1。

表 4-1　电极的选择

测定方法	参比电极	指示电极
酸碱滴定	甘汞电极	玻璃电极、锑电极
沉淀滴定	甘汞电极、玻璃电极	银电极、硫化银薄膜电极等离子选择性电极
氧化还原滴定	甘汞电极、钨电极、玻璃电极	铂电极
络合滴定	甘汞电极	铂电极、汞电极、钙离子等离子选择性电极

五、电位滴定法的特点

电位滴定法比起用指示剂的容量分析法有许多优越的地方：可用于有色或浑浊的溶液的测定；在没有或缺乏指示剂的情况下，可用此方法解决；还可以用于浓度较稀的试液或滴定反应不够完全的情况；灵敏度和准确度高，并可实现自动化和连续测定，因此用途十分广泛。

思考与交流

1. 钴的电位滴定法实验中为什么采用加入铁氰化钾溶液，然后再用钴标准溶液滴定的方法？
2. 如果样品中含有少量 Mn^{2+}，应当如何处理？

任务三　钴矿石中钴量的测定
——亚硝基-R 盐光度法

任务要求

1. 掌握低含量钴样品处理方法，了解可见光光度法测定低含量钴的原理和适用范围。
2. 掌握分光光度计的正确操作。会制作标准工作曲线，能够通过工作曲线查找出所测定的样品中钴的含量，并正确计算测定结果。

方法概述

矿石中钴的含量一般较低，通常应用光度法进行测定。钴的光度法很多，最常用的有亚硝基-R盐（亚硝基红盐）和2-亚硝基-1-萘酚萃取光度法。亚硝基-R盐（亚硝基红盐）光度法的优点是在一般情况下不需分离铁、铜、镍等元素而直接进行测定，简便、快速，准确度也较高。

 任务实施

操作：亚硝基-R盐光度法测定钴矿石中钴量

一、方法原理

在pH 5.5～7.0的醋酸盐缓冲溶液中，钴与亚硝基-R盐（1-亚硝基-2-萘酚-3，6-二磺酸钠）形成可溶性红色配合物。铜、镍、铁（Ⅱ）均能与亚硝基-R盐形成有色配合物，但这些配合物在加硝酸煮沸时即被分解。当测定0.01～0.1mg时，可允许单独存在2mg镍、5mg铜、8mg铁（Ⅱ）、0.5mg铬（Ⅲ）、1mg铬（Ⅵ）。本方法可测定试样中0.001%～1.00%的钴。

31. 亚硝基-R盐光度法测定钴矿石中钴

二、试剂

(1) 硫酸溶液（1＋4）。

(2) 硝酸溶液（1＋1）。

(3) 氨水溶液（1＋1）。

(4) 三氯化铁溶液（2%，硫酸酸化）。

(5) 亚硝基-R盐溶液（0.2%，过滤备用）。

(6) 醋酸钠溶液（500g/L）。

(7) 钴标准储存溶液：称取0.5000g金属钴（99.95%），溶于10mL硝酸（1＋1）中，加10mL硫酸（1＋1），加热至冒三氧化硫浓烟，取下，冷却，用水吹洗表面皿和杯壁，加30mL水，煮沸，冷却后移入1000mL容量瓶中，用水稀释至刻度，混匀。此溶液含钴0.5mg/mL。

(8) 钴标准溶液：吸取50mL上述钴标准储存溶液于500mL容量瓶中，用水稀释至刻度，混匀。此溶液含钴50μg/mL。

三、分析步骤

称取0.20～0.50g（精确至0.0001g）试样于250mL烧杯中，加15mL盐酸，加热溶解数分钟，再加10mL硝酸（若硅酸盐含量高，应加2g左右的氟化铵），继续加热分解，加5mL浓硫酸，加热蒸至冒大量三氧化硫浓烟，取下冷却。用水吹洗表面皿及杯壁，加50mL水，煮沸溶解盐类，冷却后移入100mL容量瓶中，稀释至刻度，混匀。

32. 亚硝基-R盐光度法测定钴矿石中钴操作

吸取部分溶液（5～20mL）于100mL烧杯中，加水至20mL，加入2～3滴三氯化铁溶液，滴加氨水至铁开始出现沉淀，立即滴加硫酸溶液（1＋4）至沉淀刚好溶解，加水稀释至30mL，加10mL醋酸钠溶液，煮沸，准确加入10mL亚硝基-R盐溶液，继续煮沸2min，加10mL硝酸（1＋1），再煮沸1min，冷却后移入100mL容量瓶中，用水稀释至刻度，混匀，与分析样品同时做空白试验。以空白溶液为参比液，用 10mm 比色皿在波长 530nm 处测定溶液的吸光度。

　　工作曲线绘制：分别取钴标准溶液 0、50μg、100μg、150μg、200μg、250μg、300μg 于 100mL 烧杯中，用水调整至 20mL，加入 2～3 滴三氯化铁溶液，滴加氨水至铁开始出现沉淀，立即滴加硫酸溶液（1+4）至沉淀刚好溶解，加水稀释至 30mL，加 10mL 醋酸钠溶液，煮沸，准确加入 10mL 亚硝基-R 盐溶液，继续煮沸 2min，加 10mL 硝酸（1+1），再煮沸 1min，冷却后移入 100mL 容量瓶中，用水稀释至刻度，混匀。以空白溶液为参比液，用 10mm 比色皿在波长 530nm 处测定溶液的吸光度。

　　四、分析结果计算

　　测定结果按下式计算：

$$w(\text{Co}) = \frac{(m_1 - m_0)V \times 10^{-6}}{mV_1} \times 100\%$$

33. 亚硝基-R 盐光度法测定结果计算

式中　$w(\text{Co})$——钴的质量分数，%；

　　　　m——称取试样的质量，g；

　　　　m_1——从工作曲线上查得分取试液溶液中钴的质量，μg；

　　　　m_0——从工作曲线上查得空白溶液中钴的质量，μg；

　　　　V_1——分取试液溶液的体积，mL；

　　　　V——试液溶液的总体积，mL。

　　五、实验指南与安全提示

　　（1）对于铜、铅、锌矿的试样可用盐酸、硝酸分解，并加盐酸蒸干。对于硅含量高的试样亦可用硝酸-硫酸-氢氟酸在铂皿中低温加热溶解，待冒尽三氧化硫浓烟后，加少量盐酸和水溶解盐类。

　　（2）当试样中铜含量高时，可在 2%（体积分数）的硫酸酸度下，加 10mL 硫代硫酸钠（100g/L），放在电炉上加热煮沸形成海绵状铜，使溶液清亮，冷却，加水定容至 100mL。吸取部分澄清溶液。

　　（3）当存在少量铬时可加高氯酸蒸发至冒白烟，使铬（Ⅲ）氧化为铬（Ⅵ），然后分次加入少量已研细的氯化钠或盐酸，使铬呈氯乙酰（CrO_2Cl_2）气体状态除去。

　　（4）当测定溶液中的含镍量为 5～15mg 时，应加入 10mL 亚硝基-R 盐溶液（4g/L）；当含镍量为 15～30mg 时，应加入 15mL 亚硝基-R 盐溶液（4g/L）。

　　（5）显色溶液放置 24h，其吸光度仍无变化。

　　💡 知识拓展

钴

　　钴的拉丁文原意就是"地下恶魔"。数百年前，德国萨克森州有一个规模很大的银铜多金属矿床开采中心，矿工们发现一种外表似银的矿石，并试验炼出有价金属，结果十分糟糕，不但未能提炼出值钱的金属，而且发生二氧化硫等毒气中毒。人们把这件事说成是"地下恶魔"作祟。这个"地下恶魔"其实是辉钴矿。1753 年，瑞典化学家格·波朗特（G. Brandt）从辉钴矿中分离出浅玫色的灰色金属，制出金属钴。1780 年瑞典化学家伯格曼（T. Bergman）确定钴为元素。

　　自然界已知含钴矿物近百种，但没有单独的钴矿物，大多伴生于镍、铜、铁、铅、锌、银、锰等硫化物矿床中，且含钴量较低。全世界已探明钴金属储量 148 万吨。中国已探明钴金属储量仅 47 万吨，分布于全国 24 个省（区），其中主要有甘肃、青海、山东、云南、湖北、青海、河北和山西。这七个省的合计储量占全国总保有储量的 71％，其中以甘肃储量最多，占全国的 28％。此外，安徽、四川、新疆等省（区）也有一定的储量。

　　钴矿物的赋存状态复杂，矿石品位低，所以提取方法很多而且工艺复杂，回收率较低。钴矿的选矿一般是将钴矿石通过手选、重选、泡沫浮选，可提取到含钴 15％～25％ 的钴精矿。钴的冶炼一般先用火法将钴精矿、砷钴精矿、含钴硫化镍精矿、铜钴矿、钴硫精矿中的钴富集或转化为可溶性状态，然后再用湿法冶炼方法制成氯化钴溶液或硫酸钴溶液，再用化学沉淀和萃取等方法进一步使钴富集和提纯，最后得到钴化合物或金属钴。

　　金属钴主要用于制取合金。钴基合金是钴和铬、钨、铁、镍组中的一种或几种制成的合金的总称。含有一定量钴的刀具钢可以显著地提高钢的耐磨性和切削性能。含钴 50％ 以上的司太立特硬质合金即使加热到 1000℃ 也不会失去其原有的硬度，如今这种硬质合金已成为含金切削工具的最重要材料。钴是磁化一次就能保持磁性的少数金属之一。在热作用下，失去磁性的温度叫居里点，铁的居里点为 769℃，镍为 358℃，钴可达 1150℃。含有 60％ 钴的磁性钢比一般磁性钢的矫顽磁力提高 2.5 倍。在振动下，一般磁性钢失去差不多 1/3 的磁性，而钴钢仅失去 2％～3.5％ 的磁性。因而钴在磁性材料上的优势很明显。钴金属在电镀、玻璃、染色、医药医疗等方面也有广泛应用。用碳酸锂与氧化钴制成的钴酸锂是现代应用最普遍的高能电池正极材料。钴还可能用来制造核武器，一种理论上的原子弹或氢弹，装于钴壳内，爆炸后可使钴变成致命的放射性尘埃。

💡 思考与交流

　　1. 亚硝基-R 盐光度法测钴过程中要控制溶液的 pH 5.5～7.0，使用三氯化铁来调节，有什么好处？能否用酸碱指示剂来观察酸度调节过程？

　　2. 亚硝基-R 盐光度法测钴过程中加入显色剂亚硝基-R 盐时，其加入的体积是否必须准确？

💡 项目小结

　　钴的化合价为 +2 价和 +3 价，钴是两性金属。

　　通常钴精矿或钴化合物中高含量的钴的测定，目前主要采用滴定法。常用的有 EDTA 滴定法和氧化还原电位滴定法。由于电位滴定法具有干扰因素少、快速、准确和容易掌握等优点，氧化还原电位滴定法被广泛用于测定高含量钴。

　　钴矿石中低含量的钴常用亚硝基-R 盐光度法测定。亚硝基-R 盐（亚硝基红盐）比色法的优点是在一般情况下不需分离铁、铜、镍等元素而直接进行测定，简便、快速，准确度也较高。

💡 练一练测一测

一、填空题

　　1. 钴在元素周期表中与铁、镍属于同一副族，因此性质与铁相似，比如 Co_3O_4 同样具有（　　　）。

　　2. 钴与铁一样，都属于变价元素，常见的化合价有（　　　）和（　　　），对应的化合物

有 $CoCl_2$ 和 Co_2O_3。

3. 钴的测定方法包括亚硝基-R 盐光度法、（　　）、EDTA 容量法、（　　）及 ICP-AES。

4. 亚硝基-R 盐光度法适宜的 pH 值范围是（　　）。

5. 用亚硝基-R 盐光度法测定低含量的钴，一般情况下可以不分离铁、（　　）和镍等干扰元素。

6. 电位滴定法测定钴含量是基于（　　）反应。

7. 在钴的氧化还原反应中，Co^{2+} 在反应中起（　　）作用，$Fe(CN)_6^{3-}$ 在反应中起氧化作用。

8. 氧化还原滴定法需要用到两个电极来构成一个导电回路，通常选用（　　）电极作指示电极，（　　）电极作参比电极。

9. 亚硝基-R 盐光度法中，钴与显色剂所形成的溶液颜色可以稳定（　　）小时而不发生变化。

10. 配制钴标准溶液时，可用含钴 99.95％的金属钴与浓度为（　　）的硝酸反应，把钴溶解为硝酸钴。

二、选择题

1. 下列属于二价钴盐化合物的是（　　）。

A. $[Co(CN)_6]^{4-}$　B. $CoCl_2$　　C. $CoCO_3$　　D. $[Co(NH_3)_6]^{3+}$

2. 金属钴可以与（　　）起反应。

A. 氢氟酸　　　B. 硫酸　　　C. 盐酸　　　D. 硝酸

3. 离子交换法是将 Co^{2+} 与杂质分离的有效方法之一。比如将含有 Co^{2+}、Cu^{2+} 等离子的溶液通过（　　）交换柱就可以分开 Co^{2+} 与杂质元素。

A. 强碱性阴离子　B. 强酸性阴离子　C. 强碱性阳离子　D. 强酸性阳离子

4. 对含钴样品进行分离和富集，通常采用（　　）。

A. 草酸沉淀法　　　　　　　B. 氨水沉淀法

C. 亚硝酸钾钴分离法　　　　D. 铜铁试剂沉淀法

5. 测定 Co^{2+} 常用的比色法包括（　　）。

A. 邻菲罗啉光度法　　　　　B. 硫氰酸盐法

C. 过氧化氢-EDTA 比色法　　D. 亚硝基-R 盐光度法

6. 电位滴定装置包括（　　）。

A. 电位计　　　B. 酸式滴定管　　C. 搅拌装置　　D. 参比电极

7. 电位滴定曲线有（　　）。

A. $\Delta^2 E/\Delta V^2$-V 曲线　　　　　B. $\Delta E/\Delta V$-V 曲线

C. E-V 曲线　　　　　　　　D. pH-V 曲线

参考答案

一、

1. 铁磁性；2. +2，+3；3. 电位滴定法，原子吸收光度法；4.5.5～7.0；5. 铜；6. 氧化-还原；7. 还原；8. 铂，钨；9.24；10.68％

二、1. A、B、C；2. A、B、C、D；3. A、B、C、D；4. A、B、C、D；5. B、C、D；6. A、B、C、D；7. A、B、C

项目五
铜矿石分析

 项目引导

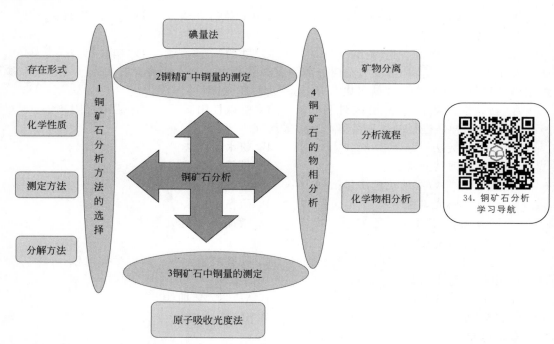

铜矿石属于有色金属矿石，矿石成分通常比较复杂。在实际工作中应根据试样中铜的含量及伴生元素情况，以及误差要求等因素选择合适的分离富集和测定方法。通过本任务学习，对铜的化学性质、铜矿石的分解方法、铜的分析方法选用有比较清楚的认识。对于不同品位的铜矿石中铜的测定，根据实际情况选择正确的分析方法。GB/T 3884.1—2012 规定了铜精矿中高含量的铜用碘量法测定，GB/T 14353.1—2010 规定了铜矿石中低含量铜用原子吸收分光光度法测定。通过铜的物相分析，可以比较清楚地知道不同形态的铜矿中铜是以什么结构存在于矿物之中的，为设计生产工艺流程提供依据。

任务一 铜矿石分析方法选择

任务要求

1. 了解铜的化学性质。
2. 掌握铜矿石试样的分解方法。
3. 清楚铜的分离和富集方法。
4. 能根据不同的铜矿样品选择正确的测定方法。

一、铜在自然界的存在

铜在自然界分布甚广，已发现的含铜矿物质有 280 多种。铜在地壳中的丰度为 0.01%。

铜以独立矿物、类质同象和吸附状态三种形式存在于自然界中，但主要以独立矿物形式存在，类质同象和吸附状态存在的铜工业价值不高。

在独立矿物中，铜常以硫化物、氧化物、碳酸盐、自然铜等形式赋存。其主要的工业矿物有：

35. 认识铜矿石

黄铜矿	$(CuFeS_2)$	含铜 34.6%（常与黄铁矿伴生）
斑铜矿	(Cu_5FeS_4)	含铜 63.3%
辉铜矿	(Cu_2S)	含铜 79.9%
黝铜矿	$(Cu_{12}Sb_4Sl_3)$	含铜 46.7%
孔雀石	$[CuCO_3 \cdot Cu(OH)_2]$	含铜 57.5%（常以蓝铜矿、褐铁矿等共生）
蓝铜矿	$[2CuCO_3 \cdot Cu(OH)_2]$	含铜 55.3%
黑铜矿	(CuO)	含铜 79.9%
赤铜矿	(Cu_2O)	含铜 88.8%
自然铜矿	(Cu)	含铜 100%

富铜矿的工业品位为铜含量>1%。但当伴生有用组分且冶炼时有用组分又可回收者，其工业品位要求有所降低。

铜属于亲硫元素，所以常与银、金、锌、镉、镓、铟、铊、硒、碲、铁、钴、镍、砷、汞、锗等元素伴生。在铜矿分析中，应注意对其伴生元素的综合分析和综合评价。

二、铜的分析化学性质

1. 铜的氧化还原性质

铜的价电子结构为 $3d^{10}4s^1$。在它的次外层有 18 个电子，由于有较多的电子处于离核较远的外层，所以对原子核的屏蔽效应就较小，原子核的有效核电荷就较多，铜原子对外层 s 电子的束缚力也就较强，因而铜是不活泼的金属元素。铜是变价元素（主要呈现 +1 价和 +2 价两种价态）因而具有氧化还原性质。铜的氧化还原性质在分析中的应用十分广泛，可用于分解铜矿石，分析掩蔽铜对其他元素的干扰，用氧化还原法测定铜等。

例如，铜不能溶于非氧化性的酸中，但利用其氧化还原性质，可用硝酸溶解铜，硝酸使铜氧化并把铜转移到溶液中，同时放出氮的氧化物。通常采用的测定铜的碘量法也是基于铜的原子价可变的特性。

又如，Cu^{2+} 与 $S_2O_3^{2-}$ 作用产生硫化亚铜沉淀，此反应可用于铜与其他元素的分离。在用碘量法测定铜前，为了使铜从试液中分离来，可加入 $Na_2S_2O_3$ 使铜沉淀为硫化亚铜析出，经灼烧转为氧化铜，然后用硝酸溶解，用盐酸赶硝酸，最后用碘量法测定铜。反应如下：

$$2Cu^{2+} + 2S_2O_3^{2-} + 2H_2O \longrightarrow Cu_2S\downarrow + S\downarrow + 4H^+ + 2SO_4^{2-}$$

$$2Cu^{2+} + 2S_2O_3^{2-} \longrightarrow Cu_2S\downarrow + 3SO_2\uparrow$$

2. 铜的配位性质

它的简单离子在水溶液中都以水合配位离子 $[Cu(H_2O)_4]^{2+}$ 的形式存在。铜离子能与许多具有未共用电子对的配位体（包括无机的和有机的）形成配合物。铜离子的配合性质，对于比色法测铜、配位滴定法测铜和对铜的分离、富集、掩蔽等，均具有十分重大的意义。

例如：利用 Cu^{2+} 与 CN^- 反应生成的 Cu^+ 的氰配合物 $[Cu(CN)_4]^{3-}$，而不被 KOH、H_2S 沉淀，可使铜与其他金属元素分离。在用 EDTA 配位滴定测定试样中的钙、镁时，就可用此配合物的生成来掩蔽 Cu^{2+}，从而消除 Cu^{2+} 的干扰。此反应的方程式如下：

$$2Cu^{2+} + 10CN^- \longrightarrow 2[Cu(CN)_4]^{3-} + (CN)_2$$

Cu^{2+} 与铜试剂（二乙氨基二硫代甲酸钠）在 pH 5～7 的溶液中生成棕黄色沉淀，可用于铜的比色测定，也可用于铜的分离。

Cu^{2+} 的氨配合物 $[Cu(NH_3)_4]^{2+}$ 的蓝色可用于比色测定铜。也可利用此配合物的生成，使铜与 Fe^{3+}、Al^{3+}、Cr^{3+} 等分离。

又如：Cu^{2+} 与二甲酚橙（XO）和邻菲罗啉（phen）反应生成异配位体配合物 Cu^{2+}-phen-XO。利用此反应可用二甲酚橙作 EDTA 法测铜的指示剂，而不被铜所僵化，因为上述异配位体在滴定终点能很快地被 EDTA 所取代，反应如下：

$$Cu^{2+}\text{-phen-XO} + EDTA \longrightarrow Cu^{2+}\text{-EDTA} + phen + XO$$

三、铜的测定方法

铜的测定方法很多。常用的有碘量法、极谱法及光度法、原子吸收分光光度法和电感耦合等离子体发射光谱法等。

（一）碘量法

碘量法是测定铜的经典方法，测定铜的范围较宽，对高含量铜的测定尤为适用，对组成比较复杂的样品也适用，故碘量法仍为目前测铜的常用方法之一。碘量法已经被列为铜精矿测定铜的国家标准方法。

用碘量法测定岩石矿物中的铜，根据消除干扰元素所加的试剂不同，可分为：氨分离-碘量法、碘氟法、六偏磷酸钠-碘量法、焦磷酸钠-磷酸三钠-碘量法、硫代硫酸钠-碘量法以及硫氰酸盐分离-碘量法等。

1. 氨分离-碘量法

试样经分解后，在铵盐的存在下，用过量氨水沉淀铁、锰等元素，铜与氨生成铜氨配合离子 $[Cu(NH_3)_4]^{2+}$，驱除过量的氨，在醋酸-硫酸介质中加入碘化钾，与 Cu^{2+} 作用生成碘化亚铜并析出等当量的碘，以淀粉作指示剂，用硫代硫酸钠溶液滴定至蓝色褪去，根据所消耗的硫代硫酸钠溶液的量，计算出铜的量。主要反应如下：

$$2Cu^{2+} + 4I^- \longrightarrow 2CuI\downarrow + I_2$$

$$I_2 + 2S_2O_3^{2-} \longrightarrow 2I^- + S_4O_6^{2-}$$

2. 碘氟法

该方法与氨分离-碘量法的区别在于用氟化物掩蔽 Fe^{3+} 的干扰，省去了铜与铁的分离步骤，因而是一个快速方法。

用氟化物掩蔽铁是在微酸性溶液（pH 2～4）中，使 Fe^{3+} 与 F^- 形成稳定的配合离子 $(FeF_6)^{3-}$ 而消除 Fe^{3+} 的影响。

　　F^- 能与试样中的钙、镁生成不溶性的氟化钙和氟化镁沉淀，此沉淀吸附铜而导致铜的测定结果偏低。实验证明，氟化镁沉淀对铜的吸附尤为严重。为了消除钙、镁的干扰，可在热时加入氟化钠，适当稀释，以增加氟化钙和氟化镁的溶解度。另外，加入硫氰酸盐使生成溶度积更小的硫氰化亚铜沉淀，可以减少氟化钙对铜的吸附。当镁含量高时，虽氟化镁对铜的吸附比氟化钙尤甚，但氟化镁沉淀是逐渐形成的，因此只要缩短放置时间（加入氟化钠后立即加入碘化钾，放置 1min 后滴定），即可克服氟化镁吸附的影响。在采取上述措施后，60mg 和 100mg 镁均不影响测定。

　　碘氟法测定铜的成败，在很大程度上取决于滴定时溶液的酸度。滴定时溶液的 pH 值应保持在 3.5 左右，否则不能得到满意的结果。

　　碘氟法适用于钙、镁含量较低，含铜在 0.5% 以上的岩矿试样中铜的测定；对于钙、镁含量高的试样，用此方法虽可测定，但条件不易掌握。此时最好采用六偏磷酸钠-碘量法。

3. 六偏磷酸钠-碘量法

　　六偏磷酸钠-碘量法测定铜与上述两方法的主要区别在于采用六偏磷酸钠掩蔽铁、钙、镁等的干扰。

　　六偏磷酸钠在 pH＝4 的醋酸-醋酸钠缓冲溶液中，能与 Fe^{3+}、Ca^{2+}、Mg^{2+} 形成稳定的配合物，而达到消除 Fe^{3+}、Ca^{2+}、Mg^{2+} 干扰的目的。它在测定条件下，可掩蔽 30mg 铁，60mg 钙和 30mg 镁，所以此方法能弥补碘氟法之不足，适用于含钙、镁较多，铁不太多，含铜在 0.5% 以上的岩矿试样中铜的测定，是一个简便快速的方法。

　　六偏磷酸钠虽可解决钙、镁的干扰问题，但它对铜也有一定的配合能力，会影响 Cu^{2+} 与 I^- 的反应。应在加入碘化钾之后立即加入硫氰酸盐，以免铜的结果偏低，并使反应尽快完全。

4. 焦磷酸钠-磷酸三钠-碘量法

　　焦磷酸钠-磷酸三钠-碘量法是对碘氟法和六偏磷酸钠法的改进。它用焦磷酸钠-磷酸三钠在 pH 2～3.3 的情况下掩蔽铁、铝、钙、镁等的干扰，既可避免氟化物对环境的污染，又具有碘氟法的准确度高、快速等优点，适用于一般矿石中铜的测定。

（二）铜试剂光度法

　　铜试剂（二乙基二硫代氨基甲酸钠）在 pH 5.7～9.2 的弱酸性或氨性溶液中，与 Cu^{2+} 作用生成棕黄色的铜盐沉淀，在稀溶液中生成胶体悬浮液，若预先加入保护胶，则生成棕黄色的胶体溶液，借以进行铜的光度法测定。反应如下：

$$2NC_2H_5C_2H_5CSNaS + Cu^{2+} \longrightarrow (NC_2H_5C_2H_5CSS)_2Cu + 2Na^+$$

　　在 pH 5.7～9.2 范围内，铜（Ⅱ）与显色剂所呈现的颜色比较稳定。有很多元素如铁、锰、铅、锌、钴、镍、锡、银、汞、铋、锑、铀、镉、铬等都有与铜试剂生成难溶的化合物，有的有颜色，有的没有颜色。消除这些干扰的方法，在一般的情况下可加氨水-氯化铵，使一些元素成氢氧化物沉淀与铜分离。在必要时或要求精确度高时，则可加入 EDTA 消除铁、钴、镍、锰、锌等元素的干扰，然后用乙酸乙酯萃取铜与铜试剂所生成的配合物，进行比色。一般采用沉淀分离、有机试剂萃取或 EDTA 掩蔽等方法分离干扰元素以消除干扰。各种分离方法均有各自特点，适用于不同试样的分析。

1. EDTA 掩蔽-铜试剂萃取比色法

　　EDTA 掩蔽-铜试剂萃取比色法是用 EDTA 消除铁、钴、镍、锰等元素的干扰，然后用乙酸乙酯萃取铜试剂-铜配合物，以目视或光电比色测定铜。

　　用乙酸丁酯等有机溶剂作萃取剂时，应注意严格控制试样的水相和有机相的体积与标准一致，否则由于乙酸丁酯等部分与水混溶会使有机相体积不等而影响结果。

EDTA 也能与铜生成可溶性配合物而阻碍显色，但当加入铜试剂后，铜就与铜试剂作用生成比铜-EDTA 更稳定的化合物（5％EDTA 加入 5mL 对测定无影响）。为了使 EDTA-铜完全转变为铜试剂-铜化合物使显色完全，在加入显色剂后必须放置 15min 后才能比色。同时，调节 pH 时氨水过量，若 pH＞9，则在大量 EDTA 存在下萃取率将降低。

EDTA 的加入量应是试样铁、锰、镍、钴总量的 10 倍。钨、钼等高价元素含量较高时，应适当增加柠檬酸盐的加入量，对铬矿样品增加铜试剂的加入量。

铋与铜试剂生成的沉淀也溶于有机溶剂，如溶于 $CHCl_3$ 呈黄色而干扰测定。其消除办法是：当铋量少于 1mg 时，可用 4mol/L 盐酸洗涤有机相除去；铋量较高时，可用氨水-氯化铵将铋沉淀分离。

本方法可测定试样中 0.001％～0.1％的铜。

2. 沉淀分离-铜试剂光度法

在 pH 5.7～9.2 范围内，铜（Ⅱ）与显色剂所呈现的颜色比较稳定。为消除其他元素的干扰，在小体积溶液中加入氨水-氯化铵使铁等干扰元素生成沉淀，铜形成铜氨配合物进入溶液中，过滤使铜与干扰元素分离，然后加入铜试剂进行光度法测定。

在 pH 9.0～9.2 的氨性溶液中显色 15min 后，颜色即稳定，并可保持 24h 不变。本方法适用于 0.001％～0.1％铜的测定。

（三）双环己酮草酰二腙光度法

试样用酸分解，在 pH 8.4～9.8 的氨性介质中，以柠檬酸铵为配位剂，铜与双环己酮草酰二腙生成蓝色配合物，在分光光度计上，于波长 610nm 处，测量吸光度。

在试样测试条件下，铜的含量在 0.2～4g/mL 符合比耳定律。存在柠檬酸盐时显色 10～30min 颜色达到最深，可稳定 5h 以上。

最适宜的酸度是 pH 8.4～9.8。pH＜6.5 时，形成无色配合物；pH＞10 时，试剂自身分解。

（四）极谱法

极谱法测定铜，目前生产上多采用氨底液极谱法。所谓氨底液极谱法即以氨水-氯化铵作支持电解质。常采用动物胶作极大抑制剂，亚硫酸钠作除氧剂，在此底液中，铜的半波电位是 −0.52V（第二波半波电位，对饱和甘汞电极）。

氨底液的优点是干扰元素很少。铜在此底液中产生两个还原波：

$$[Cu(NH_3)_4]^{2+} + e \longrightarrow [Cu(NH_3)_2]^+ + 2NH_3 \tag{1}$$

$$[Cu(NH_3)_2]^+ + e + Hg \longrightarrow Cu(Hg) + 2NH_3 \tag{2}$$

第一个波的半波电位（$E_{1/2}$）为 −0.26V，第二个的半波电极（$E_{1/2}$）为 −0.52V（对饱和甘汞电极），通常利用第二个波高进行铜的定量。镉、镍、锌等的起始电位在铜之后，不干扰。铁由于在此底液中生成氢氧化铁沉淀而不在电极上还原，不产生干扰。Cr^{6+} 因在铜的前面起波（$E_{1/2} = -0.20V$）而干扰，可在试样分解后加入盐酸蒸干几次，使 Cr^{6+} 还原为三价，以消除大部分铬的干扰。Co^{2+} 还原至 Co^+ 时的 $E_{1/2} = -0.3V$，与铜的 $E_{1/2} = -0.52V$ 相差较大，但当钴含量＞0.5％时就干扰了。铊的半波电位为 −0.49V，与铜波重合，当铊含量＞0.1％时，使结果偏高。钴、铊含量高时，可用硫代硫酸钠在 3％硫酸溶液中使铜沉淀为硫化亚铜而与干扰元素分离。氨底液法用于铜矿、铅锌矿和铁矿中铜的测定，测定范围为 0.01％～10％，用示波极谱法可测定 0.001％以上的铜。

随着极谱分析的发展，玻璃石墨电极正向扫描已成功地运用于铜的定量分析。铜在玻璃石墨电极上有两个还原波，第一个波是 $Cu^{2+} \rightarrow Cu^+$，第二个波是 $Cu^+ \rightarrow Cu0$，而第一波（用示波极谱仪测定，峰值电位 $E_p \approx 0.1V$）波形好，波高稳定，所以生产上用第一个波进行定量测定。据有的实验室实践得知，所选择的底液当氨水为 1.5mol/L，氯化铵为 0.5mol/L，亚硫酸钠为 1％～2％时，图形最好，波高最稳定。铜在 0～20mg/50mL 时，其波高与浓度成正比。在此底液中，镍的浓度＞5mg/50mL 时，干扰测定，波不成峰状，但对铜的波高无大影响。

（五）原子吸收分光光度法

用原子吸收分光光度法测铜，方法灵敏，简便快速，测定 2％～10％及 0.05％～2.2％铜时绝对误差分别为 0.13 及 0.03，特别适用于低含量铜的测定，当条件选择适当时，可测至十万分之一的铜。

由于不用型号仪器的性能不同，各实验室的条件也有差异，所以用原子吸收分光光度法测铜的最佳条件在各实验室也有所不同。

（六）　X 射线荧光分析法

当由 X 射线管或由放射性同位素放出的 X 射线或 γ 射线打在试样中的铜原子上时，铜被激发而放出具有一定特征（即能量）的 X 射线，即荧光，例如铜的 $K_{\alpha1}=8.04keV$。测定荧光的强度，就可知道铜的含量。

测量 X 射线的能量，通常可用两种方法：一种是利用 X 射线在晶体上的衍射，使用晶体分光光度计按特征 X 射线的波长来区分谱线，此即波长色散法；另一种是根据入射 X 射线经过探测器按能量区分不同特征辐射的谱线，此即能量色散法。在此，我们仅介绍能量色散法。

能量色散法测定铜的激发源：目前用钚-238 作激发源，激发效率较高。

探测器工作电压：通常可在不同高压下测量某一 X 射线能谱，分别求出它们的分辨率，选择能量分辨率最佳者的电压为工作电压。为了减少光电倍增管的噪声影响，电压应尽可能低些。

放大倍数的选择：当测铜的 K_{α} 线时，国产仪器放大 100 倍左右是合适的，可使特征 X 射线落在阀压的中部。

平衡滤片：测定铜，以钴镍滤片为最好。

道宽和阀压：在测量工作中，选择适当的道宽和阀压，消除其他元素对铜的 X 射线干扰，从而提高仪器的分辨率。

当待测元素附近无其他元素的特征 X 射线严重干扰时，可采用待测元素能谱线的全谱宽度为道宽值，使整个的谱线在道宽中间。当待测元素附近存在其他元素干扰时，可采用谱线半宽度法，即选择待测元素的谱线半宽度为道宽值，使能谱的主要部分落在道宽中间。

用该方法测定铜时，干扰元素有与铜相邻 3～5 号原子序数的元素，如铁、钴、镍、锌等。这是因为所使用的探测元件分辨率不高，不能将它们发出的 X 射线与铜的 X 射线相区分。其消除的办法是选择适当的阀压及道宽，选择适当的激发源和平衡性好的滤片。基质效应所造成的干扰在 X 射线荧光法中是很普遍和严重的。消除基质效应，迄今为止，还没有找到一种既方便又具有普遍意义的方法。现有的一些方法均具有局限性，只有在一定条件下才能得到较好的效果。例如同基质成分标准比较法，就要求该矿区同类型矿石有分析结果作比较标准，这对普查阶段就存在一定困难。又如，在钻片中加少量轻物质的办法，只能在干扰元素较单一时，有针对性地进行。因为钻片上增加了轻物质，必然减少滤片对铜特征 X 射线的计数率差值和改变对其他元素的平衡特性。

四、铜试样的分解

铜矿石分解方法可分为酸溶分解法和熔融分解法。单项分析多采用酸溶分解法。铜矿石化学系统分析常采用熔融法分解其基体中的各种矿物。

36. 岩石矿物试样
消化分解

1. 酸溶分解

一般铜矿试样可用王水分解。

对于含硫量较高的铜矿试样，用逆王水、盐酸-硝酸-硫酸、盐酸-硝酸-高氯酸或盐酸-硝酸-氯酸钾（或少许溴水）分解。

氧化矿或含硅高时用盐酸-硝酸-氢氟酸（或氟化铵）-高氯酸或盐酸-硝酸-氟化物-硫酸分解。

含碳较高时用盐酸-硝酸-硫酸-高氯酸分解，加热至无黑色残渣。

含铜硫化矿物易溶于硝酸、王水或逆王水中。常先用盐酸处理，分解试样中的氧化矿物，同时使硫、砷等元素逸出，同时加硝酸分解硫化矿物。若发现有残存不溶物，可加氢氟酸或氟化铵处理。为防止硫化矿物分解时大量单体硫析出而使测定结果偏低，可在加硝酸分解硫化矿之前，预先加入数滴溴水或氯酸钾溶液，使试样中硫化物氧化成硫酸盐，避免由于硝酸的作用而析出的单质硫包裹试样。如有少量单质硫析出，可加硫酸蒸发冒烟除去，使单体硫包裹的铜释出。

硫、砷及碳含量高的试样，亦可先将试样在 $500\sim550℃$ 灼烧后，再加酸分解，避免大量硫的析出。

对于含硅高的含铜氧化矿物如硅孔雀石、赤铜矿石等、可在用王水分解时，加入 $1\sim2g NH_4F$，并加硫酸或高氯酸加热至冒白烟，使试样完全分解。

2. 熔融分解

铜矿石化学分析系统常用碱性熔剂熔融。试样在热解石墨、银或镍坩埚中，用氢氧化钠（钾）、过氧化钠或过氧化钠和氢氧化钠熔融。

分析铜矿渣时，用酸性熔剂-焦硫酸钾在瓷坩埚中熔融。对酸不溶残渣也可用碳酸钠处理。由于铜矿石往往伴生有重金属元素，所以应注意试样不能直接在铂坩埚中熔融。

 **思考与交流**

1. 铜的分析测定方法有哪些？各种分析滴定方法的对象有什么不同之处？
2. 如何分解含铜的样品？

任务二　铜精矿中铜量的测定

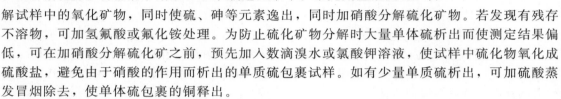 **任务要求**

1. 明白碘量法测定铜精矿中铜含量的原理。
2. 熟悉碘量法测定铜时的样品处理方法，正确消除干扰因素。
3. 进一步熟练滴定操作技术。

方法概述

铜矿石中的铜，其含量变化幅度较大，涉及的测定方法也较广泛。目前对高、中含量的铜的测定多采用碘量法。碘量法已被列为铜精矿测定铜的国家标准方法（GB/T 3884.1—2012）。铜精矿分析一般要求测定铜、金、银、硫、氧化镁、氟、铅、锌、镉、镍、砷、铋、锑、汞等项目。

任务实施

操作：　碘量法测定铜精矿中铜含量

一、测定原理

碘量法测定铜的依据是在弱酸性溶液中（pH＝3～4），Cu^{2+} 与过量的 KI 作用，生成 CuI 沉淀和 I_2，析出的 I_2 可以淀粉为指示剂，用 $Na_2S_2O_3$ 标准溶液滴定。有关反应如下：

$$2Cu^{2+}+4I^- \longrightarrow 2CuI+I_2$$

或

$$2Cu^{2+}+5I^- \longrightarrow 2CuI+I_3^-$$

$$I_2+2S_2O_3^{2-} \longrightarrow 2I^-+S_4O_6^{2-}$$

Cu^{2+} 与 I^- 之间的反应是可逆的，任何引起 Cu^{2+} 浓度减小（如形成配合物等）或引起 CuI 溶解度增大的因素均使反应不完全，加入过量 KI，可使 Cu^{2+} 的还原趋于完全。但是，CuI 沉淀强烈吸附 I_3^-，又会使结果偏低。通常使用的办法是在近终点时加入硫氰酸盐，将 CuI（$K_{sp}=1.1\times10^{-12}$）转化为溶解度更小的 CuSCN 沉淀（$K_{sp}=4.8\times10^{-15}$）。在沉淀的转化过程中，吸附的碘被释放出来，从而被 $Na_2S_2O_3$ 溶液滴定，使分析结果的准确度得到提高。即

37.碘量法测定铜精矿中铜含量原理

$$CuI+SCN^- \longrightarrow CuSCN+I^-$$

硫氰酸盐应在接近终点时加入，否则 SCN^- 会还原大量存在的 Cu^{2+}，致使测定结果偏低。溶液的 pH 值一般应控制在 3.0～4.0 之间。酸度过低，Cu^{2+} 易水解，使反应不完全，结果偏低，而且反应速率慢，终点拖长；酸度过高，则 I^- 被空气中的氧氧化为 I_2（Cu^{2+} 催化此反应），使结果偏高。

Fe^{3+} 能氧化 I^-，对测定有干扰，但可加入 NH_4HF_2 掩蔽。NH_4HF_2 是一种很好的缓冲溶液，因 HF 的 $K_\alpha=6.6\times10^{-4}$，故能使溶液的 pH 值保持在 3.0～4.0 之间。

二、仪器和试剂准备

（1）玻璃仪器：酸式滴定管、锥形瓶、容量瓶、烧杯。

（2）铜片（≥99.99%）：将铜片放入微沸的冰醋酸（1.05g/cm³）中，微沸 1min，取出用水和无水乙醇分别冲洗两次以上，在 100℃烘箱中烘 4min，冷却，置于磨口瓶中备用。

（3）溴水（AR）。

（4）氟化氢铵（AR）。

（5）盐酸（1.19g/cm³）。

（6）硝酸（1.42g/cm³）。

（7）硫酸（1.84g/cm³）。

（8）高氯酸（1.67g/cm³）。

（9）冰醋酸（1.05g/cm³）（1＋3）。

（10）硝酸（1＋1）。

（11）氟化氢铵饱和溶液（储存在乙烯瓶中）。

（12）乙酸铵溶液（300g/L）：称取 90g 乙酸铵，置于 400mL 烧杯中，加入 150mL 蒸

馏水和 100mL 冰醋酸，溶解后用水稀释至 300mL，混匀，此溶液 pH 值为 5。

（13）硫氰酸钾（100 g/L）：称取 10g 硫氰酸钾于 400mL 烧杯中，加 100mL 水溶解。

（14）淀粉溶液：称取 1g 可溶性淀粉，用少量水调成糊状，再用刚煮沸的蒸馏水稀释至 100mL，加热煮沸，冷却备用。

（15）三氯化铁（100g/L）。

（16）碘化钾（AR）。

（17）硫代硫酸钠（约 0.04mol/L）。

① 制备。称取 100 g 硫代硫酸钠（$Na_2S_2O_3 \cdot 5H_2O$）置于 1000mL 烧杯中，加入 500mL 无水碳酸钠（4g/L）溶液，移入 10L 棕色试剂瓶中，用煮沸并冷却的蒸馏水稀释至约 10L，加入 10mL 三氯甲烷，静止两周，使用时过滤，补加 1mL 三氯甲烷，摇匀，静置 2h。

38. 硫代硫酸钠标准溶液的配制与标定

② 标定。称取 0.080g（精确至 0.0001 g）处理过的纯铜三份，分别置于 500mL 锥形瓶中，加 10mL 硝酸（1+1），于电热板上低温加热至溶解，取下，用水吹洗杯壁。加入 5mL 硫酸（1+1），继续加热蒸至近干，取下稍冷，用约 40mL 蒸馏水冲洗杯壁，加热煮沸，使盐类完全溶解，取下，冷至室温。加 1mL 冰醋酸（1+3），加 3mL 氟化氢铵饱和溶液，加入 2~3g 碘化钾摇动溶解，立即用硫代硫酸钠标准溶液滴定至浅黄色，加入 2mL 淀粉溶液继续滴定至浅蓝色，加 5mL 硫氰酸钾溶液，激烈摇振至蓝色加深，再滴定至蓝色刚好消失为终点。随同标定做空白试验。

按下式计算硫代硫酸钠标准滴定溶液的滴定度：

$$T = \frac{m}{V - V_0}$$

式中　T——硫代硫酸钠标准溶液对铜的滴定度，g/mL；

　　　m——称取纯铜的质量，g；

　　　V——滴定纯铜所消耗的硫代硫酸钠标准溶液的体积，mL；

　　　V_0——滴定空白所消耗的硫代硫酸钠标准溶液的体积，mL。

三、测定步骤

精确称取 0.20g（精确至 0.0001g）铜精矿置于 300mL 锥形瓶中，用少量水润湿，加入 10mL 浓盐酸置于电热板上低温加热 3~5min 取下稍冷，加入 5mL 硝酸和 0.5~1mL 溴水，盖上表面皿，低温加热（若试料中含硅、碳较高时加 5~10mL 高氯酸），待试样完全分解，取下稍冷，用少量蒸馏水冲洗表面皿，继续加热蒸至近干，冷却。

39. 碘量法测定铜精矿中铜操作过程

用 30mL 水冲洗表面皿及杯壁，盖上表面皿，置于电热板上煮沸，使可溶性盐类完全溶解，取下冷却至室温，滴加乙酸铵溶液至红色不再加深为止，并过量 3~5mL，然后滴加氟化氢铵饱和溶液至红色消失并且过量 1mL，混匀。加入 2~3g 碘化钾摇动溶解，立即用硫代硫酸钠标准溶液滴定至浅黄色，加入 2mL 淀粉溶液继续滴定至浅蓝色，加 5mL 硫氰酸钾溶液，激烈摇振至蓝色加深，再滴定至蓝色刚好消失为终点。随同试样做空白试验。

若铁含量极少时，需补加 1mL 三氯化铁溶液。

如果铅、铋含量较高，需提前加入 2mL 淀粉溶液。

四、结果计算

按下式计算铜质量的百分含量：

$$w(\text{Cu}) = \frac{T(V-V_0)}{m} \times 100\%$$

式中　w（Cu）——铜的质量分数，%；

　　　　　T——硫代硫酸钠标准滴定溶液对铜的滴定度，g/mL；

　　　　　V——滴定试样溶液消耗硫代硫酸钠标准滴定溶液的体积，mL；

　　　　　V_0——滴定空白试样溶液所消耗硫代硫酸钠标准滴定溶液的体积，mL；

　　　　　m——称取试样的质量，g。

五、注意事项

（1）试样中碳含量较高时，需加 2mL 硫酸和 2～5mL 高氯酸，加热溶解至无黑色残渣，并蒸干。

（2）试样中含硅、碳较高时，加 0.5g 氟化氢铵和 5～10mL 高氯酸。

（3）试样中含砷、锑高时，需加入溴水，再加入硫酸冒烟处理。

（4）碘化钾的用量。由于 I^- 与 Cu^{2+} 的反应是一个可逆反应：

$$2Cu^{2+} + 4I^- \longrightarrow 2CuI\downarrow + I_2$$

故为使 Cu^{2+} 与 I^- 定量地反应，I^-（通常以 KI 形式加入）过量是十分必要的。实际分析中，一般加入 2g 左右的碘化钾即可使 Cu^{2+} 与 I^- 定量地反应。另外，由于过量 I^- 的存在，反应生成的碘能形成 I_3^-，可减少因碘的易挥发性所带来的误差。

（5）硫氰酸盐的作用。在测定铜的溶液中加入硫氰酸盐，使碘化亚铜变为溶解度更小的硫氰酸亚铜，反应如下：

$$CuI + SCN^- \longrightarrow CuSCN + I^-$$

① 可克服碘化亚铜对碘的吸附（铜含量高时，这种吸附是相当显著的），使终点清晰；

② 可使 I^- 与 Cu^{2+} 的反应进行得更完全；

③ 可增加碘离子浓度，减少碘化钾（价格昂贵）的加入量。

（6）硫氰酸盐的加入时间。当铜的含量较高时，可以接近终点时加入适量的硫氰酸钾溶液。过早加入会使结果偏低，因为铜可被 CNS^- 还原。反应如下：

$$6Cu^{2+} + 7CNS^- + 4H_2O \longrightarrow 6CuCNS + SO_4^{2-} + CN^- + 8H^+$$

（7）滴定时溶液的酸度。碘量法滴定铜可以在醋酸、硫酸或盐酸介质中进行，目前采用最多的还是在醋酸介质中进行，主要原因是在醋酸介质中比在硫酸或盐酸介质中较易控制测定所需的酸度。碘量法测定铜时，pH 值必须维持在 3.5～4 之间。

① 在碱性溶液中 I_2 与 $S_2O_3^{2-}$ 将发生下列反应：$S_2O_3^{2-} + 4I_2 + 10OH^- \longrightarrow 2SO_4^{2-} + 8I^- + 5H_2O$，而且 I_2 在碱性溶液中会发生歧化反应生成 I^- 和 IO_3^-，Cu^{2+} 也可能有水解副反应。

② 在强酸性溶液中 $Na_2S_2O_3$ 溶液会发生分解：$S_2O_3^{2-} + 2H^+ \longrightarrow SO_2 + S\downarrow + H_2O$。酸度太大，碘化物易被空气氧化而析出碘：$4I^- + 4H^+ + O_2 \longrightarrow 2I_2 + 2H_2O$。

③ 铜矿石中常含有 Fe、As、Sb 等金属，样品溶解后，溶液中的 Fe^{3+}、As（V）、Sb（V）等均能氧化 I^- 为 I_2，干扰 Cu^{2+} 的测定。As（V）、Sb（V）的氧化能力随酸度下降而下降，当 pH>3.5 时，其不能氧化 I^-。Fe^{3+} 的干扰可用 F^- 掩蔽。

（8）滴定时溶液的体积不能太大。化学反应速率与反应物的浓度有关。增大溶液体积，

就相当于降低 Cu^{2+} 与 I^- 的浓度，使反应速率变慢，碘化亚铜又形成二价铜盐，出现终点返回的现象，终点不明显。

（9）若亚硝酸根未除尽，可加少许尿素，煮沸数分钟。

（10）空白溶液和铁含量很低的试样，为了便于调节 pH，可加入数滴 100g/L $NH_4Fe(SO_4)_2$ 溶液。

💡 思考与交流

1. 碘量法测铜方法中加入 KI 的作用是什么？
2. 碘量法测铜方法中为什么要加入 NH_4SCN？为什么不能过早加入？
3. 在碘量法测铜方法中，若试样中含有铁，则加入何种试剂以消除铁对测定铜的干扰？

💡 知识拓展

一、$Na_2S_2O_3$ 标准溶液的配制

由于 $Na_2S_2O_3$ 不是基准物，因此不能直接配制标准溶液。配制好的 $Na_2S_2O_3$ 溶液不稳定，容易分解，这是因为在水中的微生物、CO_2、空气中的 O_2 作用下，发生下列反应：

$$Na_2S_2O_3 \xrightarrow{微生物} Na_2SO_3 + S\downarrow$$
$$S_2O_3^{2-} + CO_2 + H_2O \longrightarrow HSO_3^- + HCO_3^- + S\downarrow$$
$$2S_2O_3^{2-} + O_2 \longrightarrow 2SO_4^{2-} + 2S\downarrow$$

此外，水中微量的 Cu^{2+} 或 Fe^{3+} 也能促进 $Na_2S_2O_3$ 溶液的分解。

因此，配制 $Na_2S_2O_3$ 溶液时，需要用新煮沸（为了除去 CO_2 和杀死细菌）并冷却了的蒸馏水，加入少量 Na_2CO_3 使溶液呈弱碱性，以抑制细菌的生长。这样配制的溶液也不易长期保存，使用一段时间后要重新标定。如果发现溶液变浑浊或析出硫，也应该过滤后再标定或者另配溶液。

二、干扰元素及其消除办法

（1）三价铁离子。Fe^{3+} 的存在有显著干扰，因为它能氧化 I^-，析出碘，使结果偏高。为使碘量法测定铜在有铁存在下也能够进行，常把铁转变为不与碘化钾作用的络合物，一般是加入氟化钾（铵），此时，三价铁结合成为不与碘化钾起反应的络离子 FeF_6^{3-}。这是快速碘氟法的基础。

（2）亚砷酸及亚锑酸。在碘量法测定铜的条件下（pH＞3.5），AsO_3^{3-} 和 SbO_3^{3-} 等离子能被析出的 I_2 氧化，使结果偏低，甚至不放出 I_2，因而干扰测定。其反应如下：

$$AsO_3^{3-} + I_2 + H_2O \longrightarrow AsO_4^{3-} + 2I^- + 2H^+$$

五价的砷、锑在 pH＞3.5 的条件下对测定无干扰。因此可在分解试样时将三价砷和锑氧化为高价以消除其干扰。砷（Ⅲ）和锑加入溴水氧化，煮沸除去过量的溴。

（3）亚硝酸根有影响，可于溶液中加入尿素除去。

（4）碘化亚铜沉淀吸附碘，使测定结果偏低。加入硫氰酸铵和碘化亚铜作用，因硫氰化亚铜的溶解度比碘化亚铜的溶解度小，生成硫氰化亚铜，消除对碘的吸附。当铜含量很低时可不加硫氰酸铵。当铜的含量较高时，在滴定终点到达之前可加入适量的硫氰酸铵溶

液，使碘化亚铜转变为硫氰化亚铜。

$$CuI+SCN^-\longrightarrow CuSCN+I^-$$

滴定时，体积不能太大，否则碘化亚铜又形成二价铜盐，使溶液变蓝，终点不明显。

🔊 阅读材料

铜精矿知识简介

1. 概述

自然界中含铜矿物有 200 多种，其中具有经济价值的只有十几种，最常见的铜矿是硫化铜矿，例如：黄铜矿（$CuFeS_2$）、辉铜矿（Cu_2S）、铜蓝（CuS）等，目前世界上 80% 的铜来自此类矿石。铜精矿是将矿石粉碎球磨后，用药剂浮选分离捕集含铜矿物，使品位大大提高，供冶炼铜用。少数铜矿（如湖北大冶铜绿山矿）中，常常夹杂有孔雀石，这是一种含铜的碳酸盐矿物，色泽优美，经琢磨雕刻，可做成佩饰或项链等装饰品，属稀有宝石类，深受人们喜爱。

我国开采冶炼铜矿的历史悠久，可追溯到春秋时代，距今 2700 多年。大冶有色金属公司铜绿山矿在生产过程中发现的古铜矿遗址，经考古发掘，已清理出从西周至西汉千余年间不同结构、不同支护方式的竖井、斜井、盲井数百座，平巷百余条，以及一批春秋早期的炼铜鼓风竖炉，随同出土的还有大量用于采矿、选矿和冶炼的生产工具，在遗址旁近 2km² 的地表堆积着约 40 万吨以上的古代炼渣，经渣样分析，其铜含量小于 0.7%，它表明了我国古代采冶的规模和高超的技术水平。

我国现代化的大型炼铜采冶企业有：江西铜业有限公司、大冶有色金属公司（湖北）、铜陵有色金属公司（江苏）、白银有色金属公司（甘肃）、中条山有色金属公司（山西）以及云南冶炼厂、沈阳冶炼厂等。由于自采铜矿的品位和数量有限，不能满足生产的需要，因而对进口铜精矿的需求日益增大，与我国有过贸易往来的铜精矿生产国有：巴布亚新几内亚、菲律宾、印度尼西亚、澳大利亚、蒙古、摩洛哥、莫桑比克、南非、波兰、秘鲁、智利、墨西哥、美国、加拿大等。

2. 特性

进口硫化铜精矿一般为墨绿色到黄绿色，也有灰黑色，其中时有夹杂少许蓝色粉末。铜精矿是浮选产物，粒度较细，接近干燥的铜精矿在储运过程中易扬尘散失，也不适宜远洋运输，因此生产过程中常保持 10% 左右的水分。气温高时，硫化铜精矿易氧化，特别是远洋运输时间长，或在夏季交接货物时，氧化现象更为严重。验收这种铜精矿时，往往铜品位降低，收货重量增加。正是由于这种原因，铜精矿在贸易的交接过程中，是以总金属量来衡量的。用于品质分析的样品，应密封于铝箔袋中存放。实验证明，封存于纸袋或聚乙烯袋中的样品，放置干燥器中保存一个月，铜的百分含量明显降低，随着保存时间的延长，铜品位还会继续下降，而封存在铝箔袋中的样品，即使存放半年，铜含量也无明显变化。

从冶炼的角度来说，铜精矿中硫和铁的含量高些好，一般要求铜硫比为 1:1 左右，Fe>20%，Si<10%，这种矿在反射炉中造渣性能和流动性能都较好。对杂质元素 Cr、Hg、Pb、Zn、Bi、As、F、Cl 等含量要求愈低愈好，主要是为了满足冶炼的要求和对环境的保护。

3. 用途

铜精矿供炼铜用。从矿石冶炼得到的"羊角铜"即粗铜，经电解可得到纯度很高的电解铜。在冶炼和电解过程中，还可以从阳极泥、电解液、烟道灰和尾气中分别回收金、银、钯、铂、镉、铅、锌、铋、硒、碲、硫等元素或化合物，余热可发电。综合利用不仅可减少废液、废渣、废气对环境和空气的污染，同时变废为宝，提高了铜精矿的利用价值。

4. 化学成分

硫化铜精矿的主要成分是铜、铁、硫，主要贵金属有金、银，其他成分有硅、钙、镁、铅、锌、铝、锰、铋、锑、氟、氯等，因原矿产地和选矿水平不同，品质差异较大。

5. 进口规格

进口铜精矿以成交批中铜、金、银的纯金属量作为结算依据，一般铜含量在 $25\% \sim 45\%$，金含量在 $1 \sim 35g/t$，银含量在 $30 \sim 350g/t$ 范围内。当金含量小于 $1g/t$，银含量小于 $30g/t$ 时，金银二项不计价。经多年进口铜精矿实践，从价格和回收率来考虑，企业喜欢进口含铜量在 30% 左右，金银含量在不计价范围的铜精矿。对冶炼和环境有害的元素 F、Cl、Pb+Zn、As、Sb、Hg 要求在限量之下，超过限量则按规定罚款，超过最高限量时，该批货拒收。

6. 检验标准

铜精矿的检验，一般以 500t 作为一个副批，取代表性样品，制备水分测定样品和品质分析样品，按规定进行分析测定，以全部副批检验结果的加权平均值作为最终结果。发货人和收货人品质检验结果在误差范围内，该批货可顺利交接，若双方结果超出 0.3%，金的结果超出 $0.5g/t$，银的结果超出 $10 \sim 15g/t$，有可能引起仲裁。

我国铜精矿的技术条件标准和检验标准较为完整。YS/T 318—2007 是铜精矿技术条件标准，该标准将铜精矿原有的 15 个品级修订为五个品级；取制样方法和水分含量测定按 GB/T 14263—2010 进行，根据工作实践，有的铜精矿中金银含量特别高，GB/T 3884 规定了 Cu、Au、Ag、S、As、MgO、F、Pb、Zn、Cd 的检验方法。

任务三　铜矿石中铜量的测定

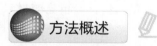

任务要求

1. 知道原子吸收分光光度法测定低含量铜的原理。
2. 能够正确分解样品。
3. 能够熟练控制和选择仪器的工作条件进行铜矿石中铜含量的测定。

方法概述

随着原子吸收光谱仪的普及，火焰原子吸收光谱法已普遍应用于低含量铜的测定，并被列为国家标准方法（GB/T 14353.1—2010）。原子吸收光度法测定的灵敏度与准确度在很大程度上取决于所用的仪器及其工作条件。

任务实施

操作： 原子吸收光谱法测定铜矿石中铜含量

一、实验原理

试样经酸分解后，在5％盐酸介质中，使用空气-乙炔火焰，于原子吸收分光光度计上、波长324.7nm处，测量铜的吸光度。

40. 原子吸收光谱法测定铜矿石中铜含量

41. 铜标准溶液配制

二、仪器和试剂准备

(1) 盐酸 (1.19g/cm^3)。

(2) 硝酸 (1.42g/cm^3)。

(3) 盐酸 (5+95)。

(4) 铜标准溶液A：称取1.0000 g金属铜 (99.99％) 于250mL烧杯中，加20mL硝酸 (1+1)，加热溶解后，冷却后加水溶解铜盐，用水洗去表面皿，移入1000mL容量瓶中，以水稀释至刻度，混匀，此溶液含铜1.000 mg/mL。

(5) 铜标准储备溶液B：准确吸取25.00mL铜标准溶液A于250mL容量瓶中，以盐酸 (5+95) 稀释至刻度，混匀。此溶液含铜100.0μg/mL。

(6) 铜标准溶液C：准确吸取50.00mL铜标准溶液B于250mL容量瓶中，以盐酸 (5+95) 稀释至刻度，混匀。此溶液含铜20.00μg/mL。

(7) 原子吸收分光光度计、铜元素空心阴极灯等。

三、分析步骤

1. 试样分解

按试料中含铜量范围，酌情准确称取0.10～0.50g（精确至0.0001g）试样于100mL烧杯中，加入适量水润湿，加入15mL浓盐酸，盖上表面皿，置于电热板上加热15～20min，以除去大部分硫化氢，加入浓硝酸5mL，继续加热至试料分解完全（如有黑色残渣应加入数滴氢氟酸或少量氟化铵助溶），用少量水洗去表面皿，蒸发至干。趁热加入5mL盐酸 (1+1) 溶解残渣，用水冲洗杯壁，继续加热至溶液清澈，冷却，移入50mL容量瓶中，用水稀释至刻度，摇匀。按试料中含铜量，从中准确分取溶液5～10mL，置入50mL容量瓶中，用盐酸 (5+95) 稀释至刻度，摇匀。

42. 原子吸收光度法测定铜矿石中铜操作

同时做空白试验。

2. 校准溶液系列配制

分取0.00mL、1.00mL、2.00mL、3.00mL、4.00mL、5.00mL、6.00mL铜标准溶

液 B 或 0.00mL、1.00mL、2.00mL、3.00mL、4.00mL、5.00mL 铜标准溶液 C（视试样中含铜量而定），分别置于一组 50mL 容量瓶中，加入 5mL 盐酸（1+1），用水稀释至刻度，混匀。

3. 测定

按仪器工作条件测定溶液中铜的吸光度。以铜量为横坐标、吸光度为纵坐标，绘制工作曲线。与此同时测定试样溶液的吸光度。

4. 仪器工作条件

仪器工作条件如表 5-1（仅供参考）。

表 5-1　仪器工作条件

波长/nm	灯电流/mA	光谱带宽/nm	燃烧器高度/mm	空气压力/MPa	乙炔压力/MPa
324.7	3	0.4	5	0.22	0.05

四、结果计算

铜量以质量分数计，按下式计算：

$$w(\text{Cu}) = \frac{(m - m_0)V \times 10^{-6}}{mV_1} \times 100\%$$

43. 原子吸收光度法测定铜矿石中铜结果计算

式中　$w(\text{Cu})$——铜的质量分数，%；

V——试样溶液的总体积，mL；

V_1——分取试样溶液的体积，mL；

m——从工作曲线中查得试液的铜量，μg；

m_0——从工作曲线中查得空白的铜量，μg；

m——称取的试样质量，g。

五、实验指南与安全提示

（1）仪器开、关机时必须严格遵守操作规程。空心阴极灯预热 30min，为了输送给放大系统足够的能量，必须在灯电流、狭缝、光电倍增管负高压三者之间进行合理的调试，以得到最佳选择，一般的灯电流的最佳值，要比理论值大一点。

（2）调节燃气和助燃气压力时，要注意静止状态和流动状态是不同的。一定在燃烧器点火的工作条件下调节，并且在测量过程中，经常检查设定值是否已经改变。如有变化，应随时校正，以保持在测量过程中条件的一致性。

（3）毛细管的长度增加会使吸喷试液的阻力增大，使试液提升量下降；试液放置高度相差 5cm，可导致吸喷试液量 10% 的变化，这对于精确测量有明显的影响。因此测量时，每个试样放置的位置高度要保持一致。

（4）温度升高，试液的黏度下降，其吸喷试液的提升量增加，同时使雾化效率增大。加热试样，可提高测量的灵敏度。为获得准确一致的测量，应保持试液的温度相同。一般是使试液在室温下放置一定时间，使其与室温达到平衡。

（5）当燃烧器缝口积有盐类或烧结物时，可使火焰变化不规则，呈锯齿状。应卸下燃烧头，用刀片刮去积淀的盐块，最好依次用稀盐酸和蒸馏水彻底清洗。

（6）乙炔钢瓶应与仪器分室放置并可靠固定。开启钢瓶时，阀门旋开不超过 1.5r，出口压力不低于 0.05MPa，防止丙酮溢出。

（7）空压机出气口水分离器要注意排水，防止设备锈蚀或将水压入仪器内。

知识拓展

一、原子吸收光谱分析中标准溶液的配制

标准溶液是原子吸收光谱法测定样品中待测元素含量时必不可少的，一般有以下几种配制方法。

1. 自行配制标准溶液（母液）

必须采用基准物质，通常用各元素合适的盐类来配制标准溶液，当没有合适的盐类可供使用时，可用相应的高纯金属丝、棒、屑。通常不使用海绵状金属或金属粉末，因为这两种状态的金属易引入污染物或容易氧化，纯度达不到要求。金属在使用前，一定要注意用酸清洗或者用砂纸打光，除去表面的污染物和氧化层。

例如，锌标准溶液的配制方法：

（1）称取 1.0000g 金属锌（除去表面氧化膜）于 300mL 烧杯中，加入 30～40mL 盐酸（1+1），使其完全溶解，加热煮沸几分钟，冷却后移入 1000mL 容量瓶中，以水稀释至刻度，混匀。此溶液 1mL 含有 1.000mg 锌。

（2）称取 1.2447g 氧化锌（预先在 900℃ 灼烧至恒重），于 300mL 烧杯中，加入 20mL 硫酸（0.05mol/L），使其完全溶解后移入 1000mL 容量瓶中，以水稀释至刻度，混匀。此溶液 1mL 含有 1.000mg 锌。

2. 采用国家认可资质单位（如国家标准物质中心等）生产的 $1000\mu g/mL$ 或 $500\mu g/mL$ 的有证标准溶液。分取逐步稀释（一般稀释 10～20 倍，否则误差比较大）。购买成品，比较方便，可以直接使用，有证书，质量可以保证。

3. 标准储备溶液、标准工作系列溶液必须用超纯水或蒸馏水配制。工作标准系列保存不要超过一周（给一定的酸度，保存时间可以长一些），浓度很低的标准溶液（$1\mu g/mL$ 以下）使用时间最好不要超过 2 天；母液的保存时间视不同元素稳定性而定，通常为 6 个月至 1 年。标准溶液浓度的变化速度与标准溶液本身元素的性质、浓度、介质、容器、保存条件均有关系（经常使用某一标准溶液，如果实验没有特殊要求，建议给较大酸度，可以长期使用，使用时间的长短，可以观察使用过程中标准溶液吸光度的变化，确定是否失效）。

4. 保存标准溶液的容器材质要根据不同元素及介质而定。无机储备溶液置于聚四氟乙烯容器中，保持必要酸度（10% 左右），保存在清洁、低温、阴暗的地方。容器必须洗净，对于不同容器采取的洗涤方法不同，通常将容器浸泡在 5% 的硝酸或盐酸溶液中。标准溶液要有专人保管，不允许乱拿乱放。

5. 标准溶液（储备溶液、标准工作系列）要标明溶液编号、名称、浓度、介质、配制日期、配制人。

二、原子吸收光谱仪检定和验收

仪器出厂前需经质检部门按专业标准或企业标准检定。实验室中的仪器也需经计量部门按检定规程定期检定后方可使用，了解和掌握仪器的检定验收技术尤为重要。这里介绍有关仪器主要技术指标的测试和检定方法。

（一）波长示值误差与重复性

谱线的理论波长与仪器波长机构读数的差值称为波长示值误差。商品仪器经过长途运输的振动，波长示值可能超差。按波长顺序如果始终是正误差或负误差，但差值不等，可以通过调整正弦机构来校正；若差值大致相等，则可调节波长鼓轮或数码轮来校正；若差值随波长变化而正负波动，则需重新调节光学系统。

专业标准和检定规程要求，波长示值误差应不大于 0.5nm，波长重复性应优于 0.3nm。

以汞空心阴极灯作光源，光谱通带为 0.2nm，选取五条谱线，逐一做三次单向（短波向长波）测量，以给出最大能量时的波长示值为测量值，然后按下式计算波长示值误差（$\Delta\lambda$）和重复性（$\delta\lambda$）：

$$\Delta\lambda = \frac{1}{3}\sum_1^3 \lambda_i - \lambda_r \qquad \delta\lambda = \lambda_{\max} - \lambda_{\min}$$

式中，λ_r 为汞（氖）谱线的波长理论值；λ_i 为汞（氖）谱线的波长测量值；$\lambda_{\max}$ 为某谱线三次测量值中的最大值；$\lambda_{\min}$ 为某谱线三次测量值中的最小值。

检定规程推荐使用汞和氖的谱线：253.7nm（汞），365.0nm（汞），435.8nm（汞），546.1nm（汞），以及 640.2nm（氖），724.5nm（氖）和 811.6nm（氖），从中选取 3～5 条谱线加以测试。

如果没有汞灯，可用砷灯（193.7nm）、锌灯（213.9nm）、镁灯（285.2nm）、铜灯（324.8nm）、钙灯（422.7nm）、钾灯（766.5nm）和铯灯（852.1nm）来校验波长示值误差和重复性。

（二）分辨率

仪器的分辨率，是鉴别仪器对共振吸收线与邻近的其他谱线分辨能力大小的一项重要技术指标。

能够清晰分辨镍元素 231.0nm、231.6nm、232.0nm 三条相邻的谱线，则该仪器的实际分辨率为 0.4nm；能够清晰分辨汞 265.2nm、265.4nm、265.5nm 三条谱线，该仪器的实际分辨率为 0.1nm；能清晰分辨锰 279.5nm、279.8nm 两条谱线，该仪器的实际分辨率为 0.3nm。

专业标准规定使用镍的三条谱线来测试分辨率。定量分辨率的标准，是以 232.0nm 的透射比作为 100%，231.6nm 和 232.0nm 两峰之间波谷的透射比应不大于 25%，232.0nm 谱线的长波处透射比不应大于 10%。

用镍灯作光源，光谱通带为 0.2nm，调出 232.0nm 谱线峰值波长位置，调节负高压，使透射比为 100%，然后缓慢调节波长选择鼓轮使波长逐渐变短，观测波谷波长（λ_1）处的透射比是否符合要求，将波长示值逐渐向增大方向变化，超过 232.0nm 波峰后，透射比将明显下降，观测长波处（λ_2）的透射比是否符合要求。必须注意的是，使用镍灯的 231.6nm 离子线强度必须小于 232.0nm 谱线的强度，否则测试结果受灯的质量影响太大。

检定规程规定用锰灯的 279.5nm 和 279.8nm 谱线来测试分辨率。点锰灯，光谱通带为 0.2nm，调节光电倍增管负高压，使 279.5nm 谱线的强度为 100；然后扫描测量锰双线，此时应能明显分辨出 279.5nm 和 279.8nm 两条谱线，且谱线间波谷的透射比不超过 40%。

（三）基线稳定性

基线稳定性是仪器的重要技术指标，它反映整机稳定性状况。基线稳定性分静态和动态两种。

1. 静态基线稳定性的测试

点亮合格的铜灯，光谱通带为 0.2mm，量程扩展 10 倍，待仪器和铜灯预热 30min 后，在原子化器未工作的状况下，测定 324.8nm 谱线的稳定性，30min 内吸光度最大漂移量不应大于 0.005，最大瞬时噪声不应超过 0.005。检定规程中对使用中的仪器有所放宽，这两项指标不应超过 0.0060。

2. 动态基线稳定性的测试

检定规程中规定，必须测试动态基线稳定性即点火基线稳定性。按测铜的最佳条件，点燃空气-乙炔火焰，吸喷去离子水，10min 后在吸喷去离子水的状况下，按上述方法测量 30min 内吸光度最大漂移量和瞬时噪声均不应超过 0.0060，而使用中的仪器不应超过 0.0080。

（四）灵敏度

灵敏度为吸光度随浓度的变化率 dA/dC，亦即校准曲线的斜率。原子吸收分析的灵敏度用特征浓度来表示，其定义为能产生 1% 吸收（吸光度 0.0044）时所对应的元素浓度。由于灵敏度为校准曲线的斜率，故特征浓度可用下式计算：

$$S = \frac{C \times 0.0044}{A}$$

式中，C 为测试溶液的浓度，$\mu g/mL$；A 为测试溶液的吸光度。

专业标准规定，Zn（213.9nm）、Mg（285.2nm）和 K（766.5nm）的特征浓度应分别不大于 $0.01\mu g/mL$、$0.004\mu g/mL$、$0.02\mu g/mL$。测试特征浓度所用的溶液浓度分别为 $0.2\mu g/mL$、$0.1\mu g/mL$、$0.5\mu g/mL$。

（五）精密度

精密度反映测量结果的重现性。根据误差理论，标准偏差能较好地反映测量过程的精密度。因此，原子吸收分析的精密度是用相对标准偏差 S_r 来度量的。

专业标准规定，吸喷锌标准溶液（$1\mu g/mL$）、镁标准溶液（$0.5\mu g/mL$）和钾标准溶液（$2g/mL$），分别平行测定 11 次，按下式计算相对标准偏差：

$$S_r = \frac{\sigma}{A} \times 100\%$$

式中，A 为吸光度平均值。

专业标准规定，测定这 3 种元素的精密度均不应大于 1%。

（六）检出限

检出限是原子吸收分光光度计最重要的技术指标。它反映了在测量中的总噪声电平大小，是灵敏度和稳定性的综合性指标。

检出限代表仪器所能检出元素的最低（极限）浓度。按 IUPAC 规定，元素的检出限定义为吸收信号相当于 3 倍噪声电平所对应的元素浓度，计算公式为：

$$D = \frac{C \times 3\sigma}{A}$$

式中，C 为试液浓度；$\overline{A}$ 为试液平均吸收值；σ 为噪声电平的标准偏差。

噪声电平是用空白溶液进行不少于 10 次的吸收值测定，计算噪声电平的标准偏差公式为：

$$\sigma = \sqrt{\frac{\sum_{i=1}^{n}(A_i - \overline{A})^2}{n-1}}$$

式中，通常 $n=11$ 就可以了，较精确计算可取 $n=20$；$\overline{A}$ 为空白吸收值 n 次平均值；A_i 为空白溶液吸收值。

对检出限的测试，应注意以下几个问题：

（1）试验溶液应为空白溶液或其浓度接近空白，通常取检出限的 2～10 倍。

（2）测量顺序应是空白和试液交替进行。

（3）仪器的标尺扩展通常开到适当大的程度。只有当信号的增加优先于噪声电平增大时，标尺扩展才是有效的。一般扩展 5～10 倍为宜。

（4）应在相同标尺扩展倍数下测试空白溶液和试验溶液。计算时，峰高的单位应取得一致。

专业标准采用锌（0.01μg/mL）、镁（0.005μg/mL）、钾（0.01μg/mL）标准溶液来测试检出限，平行测定 11 次，计算标准偏差。专业标准规定，锌、镁、钾的检出限分别为 0.002μg/mL、0.0008μg/mL、0.002μg/mL。

思考与交流

1. 原子吸收的背景有哪几种方法可以校正？
2. 使用原子吸收法测定元素含量时为什么要选择合适的仪器条件？
3. 样品的测定结果应如何换算为百分含量？

任务四　铜矿石物相分析

任务要求

1. 掌握不同形态的铜的化合物的分离方法。
2. 熟悉不同种类铜矿石的分离方法。
3. 掌握几种常见的铜矿石的物相分析方法。

一个矿床是否具有价值，不仅与元素的含量有关，更与元素的赋存状态有关。有时，某些元素的含量虽然很高，储量也很大，但由于矿物组成复杂，选矿冶炼都有困难，可能并没有工业价值，因此，在选矿和冶炼工艺的研究及生产实践中，物相分析的作用也特别突出，因为它不仅能够指示出原矿或原料中有用元素的各种矿物（或化合物）所占的比率，为制定选冶工艺方案提供依据，而且还能指示出尾矿或矿渣中有用元素损失的状态和含量，从而为资源综合利用提供依据。

一、物相分析简介

物相分析又称合理分析、组分分析或示物分析。

矿石的物相分析，就是确定矿石中各种矿物的组成或确定同一元素的不同化合物（矿物）的含量。它与一般的岩矿全分析不同，后者是确定各种元素的总含量，并不涉及这些元素的存在状态和它们在试样中的分布情况以及试样的物理和化学的特征。物相分析和元素分析是互为补充的。

物相分析是随着选矿和冶金工艺的研究发展起来的一门科学。它作为一门独立的分析方法，至今仅有 40 多年的历史，但是它的重要性使它迅速发展。

物相分析在对矿床进行综合评价、鉴定矿物和元素的赋存状态、选矿和冶金工艺的研究生产实践、分析化学的发展等方面，都起着十分重要的作用。

在对矿床进行综合评价时，仅仅测定矿石中各有用元素的总含量是不够的，因为一个矿床是否有价值，不仅与有用元素的含量有关，而且更重要的是与有用元素的赋存状态有关。有时，有用元素的含量虽然很高，储量也很大，但由于矿物组成的复杂性，选矿冶炼都困难，因而受技术条件的限制，并不一定有工业价值。例如，目前铜矿石中的铜是以硫化物或以结合氧化铜形式存在，而结合氧化铜中的铜是难以冶炼出来的。

在选矿和冶金工艺的研究及生产实践中，物相分析的作用特别突出，因为它能够指出原矿或原料中有用元素的各种矿物（或化合物）所占的百分率，提供制定选、冶方案和工艺条件的依据。例如，某铁矿中含铜在1%以上，原矿的化学物相分析结果表明，几乎所有的铜都与铁矿物以某种形式结合，这说明，直接用选矿的方法回收铜是不可能的。在火法冶金的工艺研究和实践中，在炼铜时，炉渣中常含有硫化亚铜、金属铜、硅酸铜和亚铁酸亚铜等化合物。炉渣的化学物相分析可知各种化合物的含量情况，冶金工艺人员可通过延长沉淀时间、减小炉渣黏度来降低机械损失，或通过改变炉内气氛克服化学损失。另外，化学物相法中的选择性溶剂也为湿法冶金开辟了广阔的前景。

物相分析的方法，可分为物理物相法和化学物相法两大类。物理物相法是根据各种矿物或化合物的物理性质（如折射率、密度、磁性、导电性、介电性、表面能等）的不同，借助于仪器分析的方法（如光谱法、X射线光谱法、热谱法、热分析法、重液离心分离法、电化学分析法、显微镜观察法等）对矿物的含量进行定量测量的方法。化学物相法，是基于各种矿物或化合物化学性质的不同，主要是在某些溶剂中的溶解度和溶解速度的不同，利用选择溶解的方法来测定各种矿物或化合物含量的方法。

物理物相法多用于定性分析，但在近代已向定量发展；化学物相法设备简单，目前在国内应用较为普遍。在实际工作中，也常将二者结合使用。

二、铜矿石的化学物相分析

铜矿石按其矿物的组成不同，可分为硫化铜矿、氧化铜矿和混合铜矿三大类。目前，世界上有80%的铜来自硫化铜矿。

在硫化铜矿石中，黄铜矿是最重要的原生硫化矿物，其次是斑铜矿、辉铜矿、方铜矿、硫砷铜矿等。在铜的次生硫化矿物中，最重要的是辉铜矿，其次是铜蓝和斑铜矿。

铜的氧化矿物有孔雀石、硅孔雀石、赤铜矿、碱式碳酸铜等。

根据铜矿物组成、化学性质和选矿工艺中的行为不同，在铜矿石物相分析中将某一些常见的铜矿物分为以下几组：

次生硫化铜，包括辉铜矿、铜蓝、斑铜矿；

原生硫化铜，包括黄铜矿、方黄铜矿等；

自由氧化铜，包括孔雀石、蓝铜矿、赤铜矿、黑铜矿等；

结合氧化铜，包括孔雀石、与脉石相结合的铜等。

铜矿石的化学物相分析方法是以选择某一溶剂为基础的，各铜矿物在不同溶剂中的大致溶解情况见表5-2。

表 5-2　各种溶剂对铜矿物的溶解作用（浸取率）　　　　　　单位：%

溶剂 矿物	粒度/目	含亚硫酸钠的 5%硫酸溶液	含亚硫酸钠的 3%硫酸溶液	固体碳酸铵	固体碳酸铵＋ 氨水溶液	过氧化氢-冰醋酸 混合液
自然铜	100	3	—	98	98	100
（Cu）	200	11	—	99	99	100
赤铜矿	100	58	—	84	98	—
（Cu$_2$O）	200	72	—	98	98	—
孔雀石	100	98	98	96	98	—
[CuCO$_3$·Cu(OH)$_2$]	200	98	—	97	97	—
蓝铜矿	100	99	100	97	97	—
[2CuCO$_3$·Cu(OH)$_2$]	200	—	—	95	98	—
辉铜矿	100	—	—	5.4	8.9	100
（Cu$_2$S）	200	1.9	0.6	9.2	13.5	100

续表

溶剂 矿物	粒度/目	含亚硫酸钠的 5％硫酸溶液	含亚硫酸钠的 3％硫酸溶液	固体碳酸铵	固体碳酸铵＋ 氨水溶液	过氧化氢-冰醋酸 混合液
斑铜矿	100	—	—	1.7	1.5	100
(Cu_3FeS_3)	200	1.6	0.0	3.2	3	10
黄铜矿	100	—	—	0.4	1.8	95
($CuFeS_2$)	200	3.4	0.0	1.9	1.7	98

铜矿物（100 目）在各种溶剂中的溶解情况为：

1. 用含亚硫酸钠的 5％硫酸溶液浸取 1h，铜的氧化矿物除赤铜矿（Cu_2O）溶解不完全外，孔雀石 [$CuCO_3 \cdot Cu(OH)_2$]、蓝铜矿 [$2CuCO_3 \cdot Cu(OH)_2$] 几乎全部溶解，而铜的硫化矿物黄铜矿（$CuFeS_2$）、斑铜矿（Cu_3FeS_3）和辉铜矿（Cu_2S）几乎不溶解。因此当试样中含自然铜、赤铜矿不高时，可用此溶剂浸取测定氧化铜。含亚硫酸钠的 3％硫酸溶液与含亚硫酸钠的 5％硫酸溶液溶解铜的氧化物，结果基本一致。但铜的硫化矿在 3％硫酸溶液中溶解得更少一些，因此，当试样中铜的硫化物含量高时，宜采用含亚硫酸钠的 3％硫酸溶液溶解。

2. 用固体碳酸铵浸取 2h，除赤铜矿不能全部溶解外，自然铜、孔雀石、蓝铜矿等几乎全部溶解，而辉铜矿、斑铜矿和黄铜矿则少量溶解。因此当试样中含自然铜、赤铜矿时，可用固体碳酸铵浸取氧化铜。但由于赤铜矿只被溶解 84％，而辉铜矿能够溶解 5％左右，所以测定的结果有较大的误差。

3. 用固体碳酸铵浸取 2h 后，再用氨水溶液浸取 0.5h，铜的氧化矿物几乎全部溶解，但辉铜矿也可溶解 10％左右。因此当试样中含自然铜、赤铜矿时，可用固体碳酸铵＋氨水溶液浸取氧化铜。但当试样中含辉铜矿高时，则误差较大。

4. 用过氧化氢-冰醋酸混合液浸取 1h，辉铜矿、斑铜矿、黄铜矿等含铜硫化物可全部溶解，此时，自然铜也全部溶解。因此，当试样中含自然铜时，必须先将自然铜浸出后，再浸取铜的硫化物。

在铜矿物的物相分析中，其他溶剂如含硫脲的 1mol/L 盐酸溶液浸取 3h，次生硫化铜可全部溶解，而原生硫化铜几乎不溶。或选择氰化钾作溶剂同样可使次生硫化铜溶解，而原生硫化铜不起反应。用硫酸铁-硫酸作溶剂时，可以使辉铜矿溶解一半，而赤铜矿、金属铜全部溶解。

铜矿石物相分析一般只要求测定氧化铜总量和硫化铜总量。对矿物组成比较复杂的矿石则要求分别测定自由氧化铜（包括蓝铜矿、孔雀石、赤铜矿、黑铜矿等）、结合氧化铜（包括硅孔雀石，与脉石结合的铜，与铁、锰结合的铜）、次生硫化铜（包括辉铜矿、铜蓝、斑铜矿等）和原生硫化铜。硫酸铜的存在对浮选有影响，因此，该相的测定有时是必不可少的。自然铜、硅孔雀石、辉铜矿、斑铜矿等矿物的单相测定，只有在特别需要时才进行。传统物相分析一般在试样中加入不同溶剂，连续浸取各种相态的铜，然后通过测定铜的含量。下面介绍一般铜矿石物相分析。

三、铜矿物的分离

1. 硫酸铜的分离

在含铜的矿物中，能溶于水的仅硫酸盐一种。借此特性，可用水浸取，使铜的硫酸盐与其他铜矿物分离。如果试样中含有其他的硫化物（如闪锌矿）、盐基性氧化物（如氧化钙、氧化镁、三氧化二铝等）以及还原性金属铁时，将导致硫酸铜的浸取不完全或者完全不能浸出。用水浸取的方法虽然有此缺点，由于其操作简便快速，特别在配合选矿浮选实验时，仅需测定水溶性铜盐的情况下，可普遍采用。

对于用水不能完全浸出的试样，可用黑药钠盐（二乙基二硫代磷酸钠）水溶液作为硫酸铜的选择性溶剂。黑药钠盐与硫酸铜反应生成不溶于水的黑药铜盐，然后用有机试剂（如苯）将黑药铜盐萃取出来。此方法避免了蒸馏水浸取产生的干扰，这是因为黑药铜盐的形成速度要比铜离子与硫化锌、金属氧化物，以及如前所述的许多干扰物的反应速率快。黑药钠盐法测胆矾的结果较为准确。由于这一方法操作较烦琐，除特殊要求，一般不用。

2. 自由氧化铜的分离

分离自由氧化铜的溶剂较多，对于矿物组成不同的矿石常选用不同的溶剂，经常采用的有酸性溶剂和碱性溶剂两大类。

（1）酸性溶剂。

含有亚硫酸钠的稀硫酸溶液是氧化铜矿物的良好溶剂，在 1g Na_2SO_3 的 H_2SO_4 溶液（5+95）中，孔雀石、蓝铜矿全溶，赤铜矿只溶解一半，自然铜和硫化铜矿不溶。同时溶解与方解石、白云石、锰结合的氧化铜。

稀硫酸溶液中亚硫酸钠的引入是为了保持二氧化硫的还原气氛，避免硫化铜的溶解。当溶液中有三价铁存在时，由于亚硫酸钠本身不能还原三价铁到二价铁，所以会引起硫化铜的溶解；溶液中三价铁的质量越多，硫化铜溶解的量也就越大。

用含有 3.0g Na_2SO_3 的 H_2SO_4 溶液（0.25mol/L）浸取自由氧化铜，由于酸度的下降和亚硫酸钠用量的增加，溶液中三价铁的质量下降，得到较为准确的自由氧化铜测定结果。

以 EDTA-TTHA（三乙四胺六乙酸）-氯化铵（pH=3）作自由氧化铜的溶剂时，孔雀石、蓝铜矿、赤铜矿全溶，辉铜矿溶解率为 3%。

（2）碱性溶剂。

pH=10 的乙二胺溶液（30g/L），加入适量的氯化铵和亚硫酸钠，在规定的条件下，孔雀石、蓝铜矿、赤铜矿溶解，硅孔雀石少量溶解，硫化铜、与白云岩结合的铜不溶解。乙二胺对铜离子的配位能力较强，对钙、镁、铁的配位能力则较弱，因此在乙二胺溶液中白云石等脉石矿物溶解度很小，从而达到自由氧化铜与结合氧化铜分离的目的。需要指出的是，不同地区的辉铜矿有时会有不同程度溶解。

用碳酸铵-氢氧化铵溶液在室温浸取 1h，铜的氧化物几乎全部溶解，同时溶出的还有自然铜。与铁结合的氧化铜不溶，辉铜矿的溶解可达 10%，甚至更大。因此，当试样实属氧化矿，自然铜含量又很低，则碳酸铵-氢氧化铵溶液可作为自由氧化铜的选择性溶剂；否则会引起较大的误差。

3. 结合氧化铜的分离

要浸取这一部分的氧化铜，首先要了解试样中氧化铜是与什么矿物相结合，即是与钙镁的碳酸盐（方解石、白云石）结合，与铁矿物、铁锰结核等矿物结合，还是与硅铝酸盐（高岭土、黏土）、石英等矿物结合，然后决定分离结合氧化铜的溶剂。

与钙镁的碳酸盐结合，可用含亚硫酸钠的硫酸溶液（5+95）。

与硅铝酸盐、石英等矿物结合，用含氟化氢铵和亚硫酸钠的硫酸溶液（5+95）浸取。

与铁矿物、铁锰结核等矿物结合，用盐酸（1+9）-$SnCl_2$（10g/L）溶液浸取。

盐酸-氯化亚锡法只适用于氧化矿。含亚硫酸钠，用氟化氢铵的稀硫酸溶液浸取时，虽然也有三价铁对硫化铜矿的干扰，但由于氟化物的引入，减少了对硫化铜矿的影响。一般情况下，含亚硫酸钠、氟化氢铵的稀硫酸溶液仍是总氧化铜的选择性溶剂。

为准确测定次生硫化铜矿，可在浸取自由氧化铜后，用中性硝酸银溶液先浸取次生硫化铜，再用含亚硫酸钠、氟化氢铵的稀硫酸溶液浸取结合氧化铜。

4. 次生硫化铜的分离

（1）硫脲法。

硫脲与铜在酸性介质中形成配合物，以含 10g/L 硫脲的 1mol/L HCl 溶液为溶剂，在规定的条件下，辉铜矿、斑铜矿、铜蓝溶解，黄铜矿不溶。一般来说，硫脲用量愈多，酸度愈大，处理时间愈长，试样的粒度愈细，溶解的速率愈快，反之则慢。根据矿区不同，可选择最低试剂用量和最短处理时间。

（2）银盐法。

银盐浸取法可以在酸性、中性、氨性溶液中进行。

在酸性溶液中进行的条件为：试样经分离氧化铜后，以含硝酸银（20g/L）的（1+99）HNO_3（H_2SO_4）在室温下浸取 1h；此时，辉铜矿、铜蓝、斑铜矿溶解 98% 左右，黄铜矿溶解 2% 左右。引入铁盐溶液（10g/L），斑铜矿的溶解更趋于完全。

在中性溶液中进行的条件为：$AgNO_3$ 溶液（15g/L），室温浸取 0.5h，再用乙二胺溶液（15g/L）浸取 45min。

在氨性溶液中进行的条件为：$AgNO_3$（20g/L）-NH_4OH 溶液（4mol/L），室温浸取 60min。

5. 原生硫化铜的分离

留在最后残渣中进行铜的测定。

四、铜矿物的分析流程

1. 分析流程 I

本分析流程适用于一般铜矿石分析，不适用于含有赤铜矿、自然铜的试样。

（1）自由氧化铜的测定。称取 0.5～1.0g（精确至 0.0001g，称样量根据试样中铜的含量而定）试样置于 250mL 锥形瓶中，加入 3g Na_2SO_3 和 60mL H_2SO_4（0.25mol/L），室温振荡 30min。过滤，滤液用硫代硫酸钠分离铜后，测定铜，即为自由氧化铜的铜。

44. 自由氧化铜的测定

（2）结合氧化铜的测定。将上面的残渣放回原锥形瓶中，加入 1g Na_2SO_3、2g NH_4HF_2 和 100mL H_2SO_4（5+95），室温振荡 1h。过滤，滤液同自由氧化铜一样分离测定铜，即为结合氧化铜的铜。

（3）次生硫化铜的测定。将上面的残渣放回原锥形瓶中，加入 10g 硫脲和 100mL HCl（0.5mol/L），室温振荡 3h。过滤，滤液以酚酞为指示剂，用 NaOH 溶液（120g/L）中和至红色，过量 5mL，煮沸 20min，陈化 1h 后过滤，滤液测定铜，即为次生硫化铜的铜。

（4）原生硫化铜的测定。将残渣低温灰化后，用盐酸-硝酸溶解，进行铜的测定，测得铜为原生硫化铜的铜。

2. 分析流程 II

本分析流程不适用于硅孔雀石高的试样。

（1）自由氧化铜的测定。称取 0.5～1.0g（精确至 0.0001g，称样量根据试样中铜的含量而定）试样置于 250mL 锥形瓶中，加入 100mL 乙二胺溶液（30g/L，用盐酸调节，精密 pH 试纸试验，使 pH 值为 10）、5g NH_4Cl 和 5g Na_2SO_3，室温振荡 1h。过滤，用水洗涤，滤液用硝酸-硫酸处理，用适当的方法测定铜，即为自由氧化铜的铜。

45. 次生硫化铜的测定

（2）次生硫化铜的测定。将上述残渣放入 250mL 烧杯中，加入 100mL $AgNO_3$ 溶液（10g/L）（用稀氢氧化钠溶液滴定至开始出现稳定的水解产物为止，过滤备用），于沸水浴中浸取 30min，过滤。二次滤液合并，同上面一样用硝酸-硫酸处理，用适当的方法测定铜，即为次生硫化铜的铜。

（3）结合氧化铜的测定。将上述残渣放回 250mL 烧杯中，加入 100mL H_2SO_4（5＋95）、1g Na_2SO_3 和 5g NH_4HF_2 于沸水浴中浸取 1h。过滤，滤液用硫代硫酸钠分离铜后，测定铜即为结合氧化铜的铜。

对富含褐铁矿的铜矿，可用 50mL HCl（1＋9），加入 0.25g $SnCl_2$·$2H_2O$ 和 0.5g NH_4HF_2，于沸水浴中浸取 15min，过滤。滤液分离铜后，即为结合氧化铜的铜（氯化亚锡用量与褐铁矿含量有关，褐铁矿含量高时，应增加氯化亚锡的用量）。

（4）原生硫化铜的测定。将以上残渣低温灰化后，用盐酸-硝酸溶解，进行铜的测定，测得铜即为原生硫化铜的铜。

3. 分析流程Ⅲ

本分析流程适用于以辉铜矿为主，并含赤铜矿的试样。

试剂：

① 自由氧化铜浸取液：称取 15g EDTA 二钠盐和 20g NH_4Cl，用水溶解；称取 10g TTHA（三乙四胺六乙酸）用水加热溶解，趁热与上述溶液混合，并加水稀释至 1000mL。

② 次生硫化铜浸取液：称取 10g $AgNO_3$、20g $Fe(NO_3)_3$，用水溶解，加入 10mL H_2SO_4（1＋1），并加水稀释至 1000mL。

（1）硫酸铜的分析。称取 0.1～0.5g 试样（精确至 0.0001g，称样量随试样中铜的含量而定）至于 250mL 塑料瓶中，加 50mL 水，室温振荡 30min。用中速滤纸过滤，用水洗涤塑料瓶及沉淀各 5 次，滤液用 100mL 容量瓶承接，加入 3mL HNO_3，用水稀释至刻度，摇匀。用原子吸收光谱法测定硫酸铜中的铜。

（2）自由氧化铜的测定。将分离硫酸铜后的残渣连同滤纸，移入原塑料瓶中，加入自由氧化铜浸取液 50mL，室温下振荡 30min。用中速滤纸过滤，滤液用 100mL 容量瓶承接，加入 3mL HNO_3，用水稀释至刻度，摇匀。用原子吸收光谱法测定自由氧化铜中的铜。

（3）结合氧化铜的分析。将分离自由氧化铜的残渣连同滤纸移入原瓶中，加入 50mL H_2SO_4（5＋95）-Na_2SO_3（40g/L）-NH_4HF_2（40g/L）浸取液，室温振荡 1h。用中速滤纸过滤，滤液用 100mL 容量瓶承接，加入 3mL HNO_3，用水稀释至刻度，摇匀。用原子吸收光谱法测定结合氧化铜中的铜。

（4）次生硫化铜的测定。将分离结合氧化铜的残渣连同滤纸移入原瓶中，加入 50mL 次生硫化铜浸取液，室温振荡 1h。用中速滤纸过滤，滤液用 100mL 容量瓶承接，加入 3mL HNO_3，用水稀释至刻度，摇匀。用原子吸收光谱法测定次生硫化铜中的铜。

（5）原生硫化铜的测定。将分离次生硫化铜后的残渣移入瓷坩埚中，置于高温炉中，从低温开始升温，于 600℃灰化 30min，取出，冷却。移入 100mL 烧杯中，用少量水润湿，加入 15mL HCl 和 5mL HNO_3，于电热板上加热溶解，蒸发至湿盐状，加入 3mL HNO_3 和 10mL 水，加热溶解盐类。冷却，移入 100mL 容量瓶中，用水稀释至刻度，摇匀。用原子吸收光谱法测定原生硫化铜中的铜。

五、实验指南

1. 在铜的几乎所有氧化矿石中，铜的氧化物均有一部分以某种形态与脉石相结合，或以机械方式成为脉石中极细分散的铜矿物的包裹体，或以化学方式成为类质同象或成吸附性杂质，这部分与脉石结合在一起的细分散氧化铜矿物的颗粒不能再碎样时被破碎，所以无论用机械方法把矿石粉碎到技术上可能达到的最大磨细度，或是用化学方法（不使脉石有部分破坏），都不能把这部分铜分离出来，这种铜统称结合氧化铜。另外，以其他形式存在于铁和锰的氧化物和氢氧化物中的铜也属于结合氧化铜，它们都属于难选矿物。

2. 在物相分析中，最广泛应用的选择性溶剂类型有水及酸（包括混酸）、碱和盐溶液，其中酸和盐溶液具有较普遍的意义。但应注意，在用酸作溶剂时，由于矿石中不与酸作用的组分很少，而且组成矿石的各种矿物与酸反应的差别也很小，所以必须注意正确选择处理条件和浓度，这往往是物相分析能否成功的关键。

3. 对组成较简单的铜矿石，通常只测定氧化铜、次生硫化铜、原生硫化铜。对组成较复杂的矿石，还需测定自由氧化亚铜和结合氧化铜的含量。硫酸铜矿物在大多数情况下存在于矿石中的量是极少的，但由于其易溶于水的性质，对浮选过程有很大的影响，所以测定它的含量也是有意义的。

💡 思考与交流

1. 化学物相分析的目的是什么？
2. 化学物相分析是根据什么原理进行的？

💡 项目小结

铜是常见的金属元素，有两种不同的化合价，利用这一性质可以氧化还原滴定法测定高含量的铜。铜有不同的配位化合物，根据这个性质可以选择合适的分离富集方法将 Cu^{2+} 与其他元素分离。

不同品位的铜矿石中铜的测定要根据实际情况选择正确的分析方法，常量分析时用碘量法，低含量铜的测定用原子吸收分光光度法或其他仪器分析方法。

对不同存在形式的铜进行物相分析有助于设计生产工艺流程，提高铜的利用率。

💡 练一练测一测

一、填空题

1. 铜有两种可变化合价，分别是（   ）价和（   ）价。
2. 酸分解铜使用盐酸、（   ）和高氯酸等几种酸。
3. 在一定条件下，+2 价的铜离子可以将 I^- 氧化为（   ），自身被还原为 +1 价。
4. 铜试剂光度法是在 pH 值为 5.7～9.2 的弱酸或氨性溶液中，与铜离子作用生成（   ）色的配合物。
5. 碘量法是用（   ）作指示剂，硫代硫酸钠作滴定剂。
6. 用氟化物掩蔽铁是在 pH＝（   ）的微酸性介质中进行，Fe^{3+} 与 F^- 生成稳定的配合物 FeF_6^{3-}。
7. 铜试样中含砷、锑较高时，需加入（   ），再加入硫酸冒烟处理。
8. 自行配制标准溶液必须采用基准物质，通常用各元素合适的盐类来配制标准溶液，当没有合适的盐类可供使用时，可用相应的高纯金属丝、（   ）、（   ）。

二、判断题

1. 含硫较高的铜试样可用逆王水或者盐酸-硝酸-硫酸混合酸分解。（   ）
2. 用碘量法测定铜时，需要预先把 Cu^{2+} 转化为 Cu_2S 沉淀才能进行滴定。（   ）
3. 对于用酸难溶解的铜矿渣，可用碳酸钠高温熔融的方式分解试样。（   ）
4. 对含硅高的铜氧化物如孔雀石、赤铜石等，可在用王水分解时，加 1～2g NH_4F，并加硫酸或高氯酸加热至冒烟，使试样完全分解。（   ）

5. 硫代硫酸钠溶液在酸性条件下会被微生物分解，需要加入碳酸钠或三氯甲烷。（ ）

6. 在碘量法测定铜的操作中，AsO_3^{3-} 和 SbO_3^{3-} 会对测定结果产生正干扰。（   ）

7. 氨分离碘量法是指样品先用氨水将铁、锰离子沉淀为氢氧化物，而铜与氨生成铜氨配离子 $[Cu(NH_3)_4^{2+}]$。（ ）

8. 配制 1% 的淀粉溶液时，需要用热水将淀粉完全溶解。（   ）

9. 铜矿石中铜含量高时宜用碘量法测定，铜含量很低时可选用原子吸收分光光度法。（ ）

10. 原子吸收分光光度法中，通常使用铜标准溶液来检定仪器的稳定性。（   ）

三、选择题

1. 根据铜矿物组成、化学性质和选矿工艺中的行为不同，在铜矿石物相分析中将某一些常见的铜矿物分为（   ）。
A. 次生硫化铜　　　B. 自由氧化铜　　　C. 原生硫化铜　　　D. 结合氧化铜

2. Cu^{2+} 可与很多配位体生成配合物，如（   ）。
A. NH_3　　　B. 铜试剂　　　C. CN^-　　　D. 二甲酚橙

3. Cu^{2+} 与铜试剂进行显色反应的条件是（   ）。
A. pH=1.0~2.0　B. pH=9.0~10.0　C. pH=5.0~7.0　D. pH=3.0~4.0

4. 滴定碘法中 $S_2O_3^{2-}$ 与 I_2 反应必须在中性或弱酸性条件进行，其原因是（   ）。
A. 碱性溶液中会吸收 CO_2 引起 $Na_2S_2O_3$ 分解
B. 强碱性溶液中 I_2 与 $Na_2S_2O_3$ 会发生副反应
C. 强碱性溶液中 I_2 易挥发
D. 强酸性溶液不但 $Na_2S_2O_3$ 会分解，而且 I^- 也容易被空气中氧所氧化

5. 原子吸收分光光度法测定铜需要选择的仪器条件包括（   ）。
A. 燃助比　　　B. 狭缝宽度　　　C. 灯电流　　　D. 燃烧器高度

6. 在物相分析中，最广泛应用的选择性溶剂类型有（   ），其中酸和盐溶液具有较普遍的意义。
A. 盐　　　B. 水　　　C. 碱　　　D. 酸

四、简答题

1. 原子吸收光度法的背景有哪些方法可以校正？
2. 用硫代硫酸钠溶液滴定铜为什么不在强酸性溶液中进行？

参考答案

一、1. +1，+2；2. 硫酸；3. 0价；4. 棕；5. 淀粉；6. 3~4；7. 硝酸；8. 金属棒、金属屑

二、1.√　2.×　3.√　4.√　5.√　6.√　7.√　8.√　9.√　10.√

三、1. A、B、C、D；2. A、B、C、D；3. C；4. B、C；5. A、B、C、D；6. A、B、C、D

四、1. 答：①用邻近非吸收线扣除背景；②用氘灯校正背景；③用自吸收方法校正背景。

2. 答：在强酸性溶液中 $Na_2S_2O_3$ 溶液会发生分解：
$$S_2O_3^{2-}+2H^+\longrightarrow SO_2+S\downarrow+H_2O$$
酸度太大，碘化物易被空气氧化而析出碘：
$$4I^-+4H^++O_2\longrightarrow 2I_2+2H_2O$$

项目六
稀土元素分析

项目引导

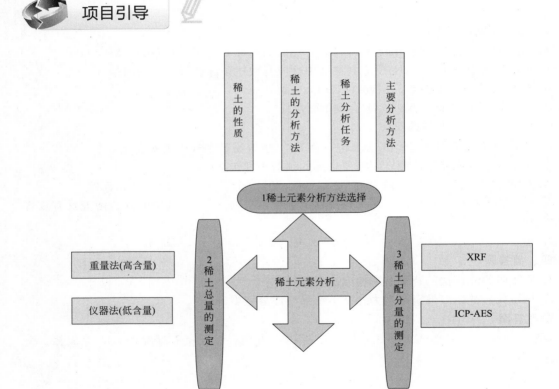

任务一 稀土元素分析方法选择

任务要求

1. 知道稀土元素的化学性质，能根据矿石的特性、分析项目的要求及干扰元素的分离等情况选择适当的分析方法。

2. 学会稀土总量和稀土配分的测定方法。

一、稀土元素在地壳中的分布、赋存状态及稀土矿石的分类

稀土元素在地壳中的总质量分数为 0.0153%，含量最大的是铈（占 0.0046%），其次是钇、钕、镧等。含量最小的是钷，然后是铥、镥、铽、铕、钬、铒、镱等。稀土元素在地壳中主要呈三种状态存在：

（1）呈单独的稀土矿物存在于矿石中，如独居石、氟碳铈矿、磷钇矿等。

（2）呈类质同象置换矿物中的钙、锶、钡、锰、锆、钍等组分存在于造岩矿物和其他金属矿物及非金属矿物中，如萤石、磷灰石、钛铀矿等。

（3）呈离子形态吸附于某些矿物晶粒表面或晶层间，如稀土离子吸附于黏土矿物、云母类矿物的晶粒表面或晶层间形成离子吸附型稀土矿床。

离子吸附型稀土矿是我国独有的具有重要工业价值的稀土矿。离子吸附型稀土矿中约 75%～95% 的稀土元素以离子状态吸附于高岭土和云母中，其余约 10% 的稀土元素以矿物相（氟碳铈矿、独居石、磷钇矿等）、类质同象（云母、长石、萤石等）和固体分散相（石英等）的形态存在。离子吸附型稀土矿中的稀土氧化物含量一般为 0.1% 左右，有的可高达 0.3% 以上。根据离子吸附型稀土矿中稀土元素的配分值可将其分为下列类型：富钇重稀土矿、富铕中钇轻稀土矿、中钇重稀土矿、富镧钕轻稀土矿、中钇轻稀土矿、无选择配分稀土矿。离子吸附型稀土矿不用经过选矿，用 NaCl、$(NH_4)_2SO_4$、NH_4Cl 等溶液渗浸就可以将稀土元素提取到溶液中，再将溶液中的稀土转化成草酸盐或碳酸盐，最后灼烧得到稀土氧化物。

二、稀土元素的分析化学性质

（一）稀土元素的化学性质简述

稀土元素位于元素周期表的第ⅢB族，包括钪（Sc）、钇（Y）和镧系元素（Ln）共 17 个元素。Ln 又包括镧（La）、铈（Ce）、镨（Pr）、钕（Nd）、钷（Pm）、钐（Sm）、铕（Eu）、钆（Gd）、铽（Tb）、镝（Dy）、钬（Ho）、铒（Er）、铥（Tm）、镱（Yb）和镥（Lu）。它们的原子序数分别为 21、39 和 57～71。其中，镧、铈、镨、钕、钷、钐、铕为轻稀土，钆、铽、镝、钬、铒、铥、镱、镥、钇为重稀土。稀土元素是典型的金属元素，其金属活泼性仅次于碱金属和碱土金属，近似于铝。稀土金属在空气中不稳定，与潮湿空气接触会被氧化而变色，因此需要保存在煤油中。稀土金属能分解水，在冷水中作用缓慢，在热水中作用较快，放出氢气。稀土金属与碱不起作用。

46. 稀土矿石的分类及其性质

（二）稀土元素主要化合物的性质

1. 稀土氧化物

在稀土分析化学中，稀土氧化物是一类非常重要的化合物。各种稀土元素标准溶液基本上是用高纯的稀土氧化物配制而成的。稀土氢氧化物、草酸盐、碳酸盐、硝酸盐及稀土金属在空气中灼烧均可获得稀土氧化物。经灼烧后，多数稀土元素生成三价氧化物，铈为四价氧化物 CeO_2，镨为 Pr_6O_{11}，铽为 Tb_4O_7。稀土氧化物不溶于水和碱性溶液，能溶于无机酸（氢氟酸和磷酸除外）。

2. 稀土草酸盐

稀土草酸盐的溶解度较小，这是草酸盐重量法测定稀土总量的基础。随着原子序数的增大，稀土草酸盐的溶解度增大，因此当用重量法测定时重稀土元素较轻稀土的误差大。在 800～900℃ 灼烧稀土草酸盐可使其完全转化为稀土氧化物。

3. 稀土氢氧化物

一般情况下，稀土氢氧化物为胶状沉淀。不同稀土氢氧化物开始沉淀的 pH 不同，并且随原子序数的增加而降低，碱性越来越弱。稀土氢氧化物主要用于稀土元素与铜、锌、镍、钙、镁等元素的分离。

4. 稀土卤化物

稀土卤化物中，氟化物难溶，可用于稀土元素的分离与富集。其他卤化物在水中有较大溶解度并且易潮解。稀土氟化物可以溶解于 H_2SO_4 或 $HNO_3\text{-}HClO_4$ 中。

三、稀土矿石的分解方法

1. 酸分解法

由于稀土矿物的多样性与复杂性，它们的分解方法各不相同。大部分稀土矿物均能为硫酸或酸性溶剂分解，如硅铍钇矿、铈硅石等可以用盐酸分解，而独居石、磷钇矿等用浓盐酸分解不完全，而必须采用热硫酸分解。对难溶的稀土铌钽酸盐类矿物则可用氢氟酸和酸性硫酸盐分解。

密闭或微波消解是分解稀土矿石的非常有效的方法，该方法具有速度快、分解完全、空白低、损失小等优点。微波消解一般使用硝酸＋氢氟酸。

2. 碱熔分解法

碱熔分解法几乎适用于所有的稀土矿，该方法一般使用过氧化钠或氢氧化钠（或氢氧化钠加少许过氧化钠）。其优点是熔融时间短，水浸取后可借以分离磷酸根、硅酸根、铝酸根和氟离子等阴离子，简化了以后的分析过程。

3. 离子型稀土矿的盐浸取法

离子型稀土矿的送检样品除了通过化学法提取并经其他处理过程得到的混合稀土氧化物外，也有一部分是稀土原矿。离子型稀土原矿一般要求测定离子相稀土总量和全相（离子相和矿物相等）稀土总量，测定的全相稀土总量样品分解方法与其他稀土矿的方法相同。而离子相稀土总量的测定有其特有的样品处理方法——盐浸法。

用于离子型稀土矿浸出的浸矿剂为各种电解质溶液，浸矿过程为离子交换过程，遵循离子交换的一般规律。盐浸法的实质是用一定浓度的盐溶液作为浸矿剂（实为解吸剂）使吸附于矿土中的稀土阳离子解吸，进而转入浸出液中。适当浓度的各种电解质（酸、碱、盐）溶液均可作为离子型稀土矿的浸矿剂。常用的浸矿剂有：氯化铵、氯化钠、硫酸铵、盐酸、硫酸等。

影响浸出率的主要因素是浸矿剂的类型、浓度和 pH 值。稀土浸出率随浸矿剂浓度的增加而增加。但此时非稀土杂质的浸出率也相应增加，因此必须通过实验选择合适的浸矿剂浓度。

稀土离子在水中水解的 pH 值约 $6\sim7.5$。因此，稀土浸出液的 pH 值必须小于 6。pH 值太低，浸矿剂的酸度太高，此时虽可获得较高的稀土浸出率，但非稀土杂质的浸出率也相应提高，有可能对后续的测定产生干扰；相反，浸出液的 pH 值太高，稀土离子会水解析出沉淀，使浸出率下降。一般浸出液的 pH 值控制在 $4.5\sim5.5$ 范围可获得比较理想的结果。

在稀土分析中，综合考虑稀土浸出率、杂质浸出率、浸出液 pH 值的控制难易等因素，一般选择 2% 的硫酸铵作为离子型稀土矿的浸矿剂。

四、稀土元素的分离富集方法

稀土元素的主要分离富集方法见表 6-1。

表 6-1 稀土元素的主要分离富集方法

分离富集方法	分离条件	主要应用
草酸盐沉淀法	pH 1.5~2.5	稀土元素与铁、铝、铬、锰、镍、锆、铪和铀等的分离
氢氧化物沉淀法	氨性介质或氢氧化钠介质	氨水分离法主要用于稀土与钙、镁、钡、铜、镍、钨、钼、锌等的分离。氢氧化钠分离法可以分离稀土与铝、铍、钒、钨、钼、砷等
氟化物沉淀法	3%HCl 和 10%HF	稀土与铌、钽、钛、锆、铀和铁等的分离
六亚甲基四胺沉淀分离法	pH 5.0~5.5	稀土与钍的分离

五、稀土元素的分析方法

稀土分析的主要任务是稀土总量的测定、混合稀土中单一稀土元素含量的测定及铈组稀土量或钇组稀土量的测定。由于稀土元素的化学性质十分相似，因此稀土分析是无机分析中最困难和最复杂的课题之一。为了测量各种含量范围、不同形态的稀土元素总量和各种单一稀土元素，几乎采用了所有的分析手段。下面介绍稀土分析最常用的分析方法。

（一）化学分析法

稀土元素的化学分析法包括重量法和滴定法，主要用于稀土总量的测定。

1. 重量法

重量法用于稀土含量大于 5%的试样的分析，是测定稀土总量的古老的、经典的分析方法。该方法虽然流程长、操作烦琐，但其准确度和精密度均优于其他方法，因此国内外常量稀土总量的仲裁分析或标准分析方法均采用重量法。

能用作稀土沉淀剂的有草酸、二苯基羟乙酸、肉桂酸、苦杏仁酸等。草酸盐重量法因其具有准确度高、沉淀易于过滤等优点而被广泛采用。该方法是将稀土草酸盐沉淀，沉淀灼烧成稀土氧化物进行称量。

2. 滴定法

滴定分析法测定稀土主要是基于氧化还原反应和配位反应。对于稀土矿物原料分析、稀土冶金的流程控制和某些稀土材料分析，配位滴定法常用于测定稀土总量。氧化还原滴定法常用于测定铈、铕等变价元素。单一稀土的滴定法的测定范围和精密度与重量法相当，而操作步骤比重量法简单，常用于组分较简单的试样中稀土总量的测定。对于混合稀土总量的测定来说，由于试样的稀土配分不清楚或多变，给标准溶液的标定带来困难，并由此而造成误差。因此，混合稀土总量的滴定法主要用于生产过程的控制分析。稀土元素的氧化还原滴定法主要用于 Ce^{4+}、Eu^{2+} 的测定，由于其他稀土元素和其他不变价元素不干扰测定，因此该方法具有较好的选择性。

总铈的氧化还原滴定法的一般程序是先将 Ce^{3+} 氧化成 Ce^{4+}，然后用标准还原滴定剂滴定 Ce^{4+}。Ce^{3+} 的氧化常用的氧化剂有过硫酸铵、高氯酸、高锰酸钾。滴定 Ce^{4+} 常用的还原剂是 Fe^{2+}，最常用的指示剂是邻菲罗啉和苯代邻氨基苯甲酸或两者的混合物。也有用硝基邻菲罗啉和邻菲罗啉与 2,2'-联吡啶混合指示剂。由于上述指示剂本身具有氧化还原性，因此应注意扣除指示剂的空白值。铕的氧化还原滴定一般是在盐酸介质中用锌汞齐将 Eu^{3+} 还原成 Eu^{2+}，在二氧化碳或其他惰性气氛中用 Fe^{3+} 将 Eu^{2+} 定量氧化成 Eu^{3+}，再用重铬酸钾滴定所产生的 Fe^{2+}；或用 $FeCl_3$ 直接滴定 Eu^{2+}。也有人用重铬酸钾定量将 Eu^{2+} 氧化成 Eu^{3+}，再用 Fe^{2+} 滴定剩余的重铬酸钾。在上述这些方法中，Eu^{3+} 的定量还原是影响结果的关键。此外，控制好锌粒的大小及纯度，掌握好溶液流经锌柱的流速才能得到理想的结果。

稀土元素的配位滴定是用氨羧络合剂为滴定剂，它与三价稀土离子形成一定组成的稳定配合物。稀土元素的 EDTA 配合物较稳定，其 lgK 值在 15~19 之间，形成稀土配合物的稳定常数彼此相差不大，一般只能滴定稀土总量。

二甲酚橙、偶氮胂Ⅲ、偶氮胂Ⅰ、铬黑 T、紫脲酸铵、PAN、PAR、亚甲基蓝、溴邻苯三酚和一些混合指示剂都可作为配位滴定法测定稀土元素的指示剂。其中最常用的是二甲酚橙，滴定的适宜酸度是 pH 5～6。

（二）仪器分析法

稀土元素的仪器分析方法主要有可见分光光度法、电感耦合等离子体原子发射光谱法（ICP-AES）、电感耦合等离子体质谱法（ICP-MS）、X 射线荧光光谱法（XRF）。各自的应用情况见表 6-2。

表 6-2　仪器分析法在稀土元素测定中的应用

分析方法	应用情况	方法优点	方法缺点
可见分光光度法	主要用于稀土总量的测定，也可用于铈组稀土和钇组稀土的测定及部分单一稀土的测定	设备简单、操作方便、易于掌握	测定单一稀土的选择性差。由于各单一稀土对某一种显色剂来说灵敏度是各不相同的，因此存在"统一标准"的难题
ICP-AES	用于矿石中微量稀土的测定，混合稀土氧化物稀土配分的测定，高纯稀土产品纯度的测定	灵敏度高，基体效应低，容易建立分析方法，线性范围宽，精密度和重现性好，可用于单一稀土的测定	谱线干扰严重，测定痕量稀土元素灵敏度不够，不适合 99.99％ 以上高纯稀土产品纯度的测定。设备昂贵，不利于普及
ICP-MS	用于矿石中痕量、微量稀土元素的测定以及高纯稀土产品纯度的测定	检出限低，可用于单一稀土元素的测定，且单个稀土元素的灵敏度相当，方法的精密度和重现性好	存在质谱干扰，特别是高纯稀土产品中基体对部分稀土杂质的质谱干扰，导致有些稀土元素不能直接测定，必须采取分离手段；不适合于高含量稀土元素的测定。设备昂贵，不利于普及
XRF	用于矿石中稀土元素的测定，混合稀土中稀土配分的测定，稀土产品纯度的测定	谱线简单、干扰少、适合高含量稀土的测定，是测定混合稀土中稀土配分的最佳方法	基体效应严重，对样品制备技术要求较高，检出限较 ICP-AES 和 ICP-MS 高。设备昂贵，不利于普及

六、稀土矿物的分析任务及其分析方法的选择

稀土矿物的分析任务主要有两个方面：稀土总量的测定和各单一稀土含量的测定。样品主要有以下几类：稀土原矿，稀土精矿，稀土氧化物，稀土渣，草酸稀土，碳酸稀土，氯化稀土，氟化稀土等。

对于稀土原矿，样品处理方法可以采用碱熔、复合酸溶或微波消解，测定方法主要有分光光度法，ICP-AES，ICP-MS，XRF，INAA（中子活化法）。分光光度法一般只能测定稀土总量、铈组稀土或钇组稀土，而不能对单一稀土测定。而其他几种方法可以方便地测定各单一稀土含量，将各单一稀土含量加和后即稀土总量。其中以 ICP-MS 和 INAA 的灵敏度最高，ICP-AES 居中，XRF 次之。ICP-MS 和 INAA 虽然有很好的分析性能，但因仪器设备昂贵，运行成本高，现在还很难普及，特别是在中小型企业中未能广泛应用。XRF 的缺点是灵敏度差，对痕量稀土元素的测定比较困难。相比之下，ICP-AES 在稀土分析领域获得了非常广泛的应用，在国内已经越来越普及。该方法具有灵敏度高，容易建立方法，分析速度快等优点。但其对痕量稀土的测定还必须采取一定的富集方法。值得一提的是，对于我国特有的南方离子型稀土矿，检测项目还包括离子相稀土含量的测定和全相（离子相和矿物相）稀土含量的测定。

稀土精矿、稀土氧化物、草酸稀土、碳酸稀土、氯化稀土、氟化稀土中稀土总量的测定基本上采用草酸盐重量法。滴定法在混合稀土总量的测定中并不普及。稀土精矿可采用碱熔或酸溶法分解试样，应视样品性质而定。草酸稀土和碳酸稀土一般应先于 900℃ 马弗炉中灼烧成氧化物后再进行分析，稀土氧化物用盐酸、硝酸即可完全分解。氯化稀土可直接用盐酸分解，而氟化稀土则必须加高氯酸冒烟处理方能完全为酸所分解。高含量稀土矿物中稀土配分量的测定是一项非常重要的项目，目前能用于稀土配分测定的是 ICP-AES 和 XRF。XRF

测定稀土配分具有准确、快速和直接分析的特点，被人们作为标准分析方法和仲裁方法。ICP-AES 测定稀土配分具有制样简单、分析速度快、线性范围宽等优点，已经获得了越来越广泛的应用，成为一种可以与 XRF 相媲美的一种重要的分析技术。

综上所述，对于稀土矿物中稀土元素的测定，应综合考虑样品性质、稀土含量范围、分析目的、分析成本等各方面因素，结合实验室的自身条件，选择合适的分析方法。

 思考与交流

1. 稀土的主要性质是什么？
2. 稀土矿的主要分解方法有哪些？
3. 稀土总量的主要测定方法是什么？

任务二　稀土总量的测定

任务要求

1. 掌握草酸盐重量法测定稀土总量的测定原理及操作。
2. 掌握比色法测定稀土总量的测定原理及操作。

方法概述

常用的稀土总量的测定方法主要有两种：

草酸盐重量法是测定稀土总量的经典方法，该方法对常量稀土的测定虽然比较费事，但其准确度和精密度均超过其他方法，因此被广泛采用。

PMBP-萃取分离-偶氮胂Ⅲ光度法具有成本低、结果稳定、易于普及的特点。

任务实施

操作 1：草酸盐重量法

一、目的要求

1. 掌握草酸盐重量法测定稀土总量的方法原理。
2. 掌握草酸盐重量法测定稀土总量的操作方法。

二、方法原理

草酸盐重量法测定稀土是利用草酸盐沉淀分离稀土，然后将稀土草酸盐于 950℃灼烧成稀土氧化物进行称量测定。

三、仪器和试剂准备

（1）玻璃仪器：烧杯，漏斗。

（2）瓷坩埚。

（3）马弗炉。

（4）氯化铵。

（5）硝酸（1.42g/cm³）；（H1）。

（6）高氯酸（1.67g/cm³）。

（7）盐酸洗液：10mL 盐酸，加水稀释至 500mL。

47. 草酸盐重量法测定稀土总量

（8）氨水（1+1）。

（9）过氧化氢（30%）。

（10）氯化铵洗液（2%）：用氨水调 pH 值为 10。

（11）浓盐酸（1.19g/cm³）；（1+1）；（1+4）；（2+98）；0.225mol/L。

（12）草酸溶液（5%）；草酸洗液（1%）。

（13）间甲酚紫指示剂（0.1%）、乙醇溶液。

四、分析步骤

称取 0.25g（精确至 0.0001g）样品置于 300mL 烧杯中，加 5mL 水，4mL 浓盐酸，1mL 过氧化氢（30%），5mL 高氯酸（1.67g/cm³）[含铈高的试料加入 10mL 硝酸（1+1）溶解]，加热至溶解完全。继续加热至冒高氯酸白烟，并蒸至 1mL 左右。取下，稍冷后，加入 10mL 浓盐酸，10mL 水，加热使盐类溶解至清。用定量慢速滤纸过滤，滤液接收于 300mL 烧杯中，用盐酸洗液（2+98）洗涤烧杯和滤纸 5～6 次，弃去滤纸。

滤液加水至约 150mL，加 2g 氯化铵，加热至沸，取下，加氨水（1+1）至氢氧化物沉淀析出。加 15～20 滴过氧化氢，并加 20mL 氨水（1+1），加热至沸，取下，冷至室温。此溶液 pH 值大于 9。用慢速滤纸过滤，用 pH=10 的氯化铵溶液洗涤烧杯 2～3 次，洗沉淀 7～8 次。

将沉淀连同滤纸放入原烧杯中，加 10mL 盐酸，加热将滤纸煮烂、溶解沉淀。加水至约 80mL，加热至沸，加 4 滴间甲酚紫指示剂，取下。加 100mL 热的 5% 草酸溶液，用氨水（1+1）调节 pH 值约 1.8，溶液由深粉色变为浅粉色。在电热板上保温 2h，取下，静置 4h 或过夜，用慢速滤纸过滤。用 1% 草酸洗液洗烧杯 3～5 次，用小块滤纸擦净烧杯，放入沉淀中，洗沉淀 8～10 次。

将沉淀连同滤纸置于已恒重的瓷坩埚中，低温灰化后，置于 950℃ 马弗炉中灼烧 40min，取出，放入干燥器中冷却 30min，称重，重复操作至恒重。随同试样做空白试验。

五、结果计算

$$w[RE_2O_3(T)] = \frac{m_1 - m_0}{m} \times 100\%$$

式中　　$w[RE_2O_3(T)]$——稀土氧化物总量的质量分数，%；

m_1——试样溶液中稀土氧化物的质量，g；

m_0——试样空白溶液中稀土氧化物的质量，g；

m——称取试样质量，g。

48. 草酸盐重量法测定稀土总量操作

六、注意事项

（1）稀土草酸盐的溶解度对测定的影响。轻稀土草酸盐的溶解度较重稀土草酸盐的溶解度小，如 1L 水可溶解镧、铈、镨、钕、钐的草酸盐约 0.4～0.7mg，而钇、镱草酸盐则为 1.0mg、3.3mg。因此，对于重稀土试样，草酸盐重量法的测定结果容易偏低。

（2）草酸根活度对稀土草酸盐沉淀的影响。稀土草酸盐的溶解度不是很小，因此进行稀土草酸盐沉淀分离时，稀土含量不宜太低，溶液体积不宜过大，同时应使溶液保持合适的草酸根活度。综合考虑同离子效应和盐效应，各种稀土草酸盐的溶解度在草酸根活度为 $\lg a_{C_2O_4^{2-}} = -3.5～5.5$ 时最小。

（3）温度、搅拌和陈化时间对稀土草酸盐沉淀的影响。草酸沉淀稀土一般适宜在 70～80℃ 进行，这样有利于杂质元素的分离。沉淀完全后应加热煮沸 1～2min，但煮沸时间不宜太久，否则会使钇有损失。添加草酸时应充分搅拌，尤其在稀土浓度大时更应该注意慢慢地加入草酸和充分搅拌，否则沉淀容易聚成块状而包藏杂质，且难以洗涤。在加入草酸后搅拌 3min 可减少稀土损失。对 100mg 以上的稀土沉淀一般陈化 2h 以上就可以，小于 100mg 的稀土沉淀放置 4h 或过夜。当有较高的钙、铁共存时，陈化时间过长会引起它们的共沉淀而导致结果偏高。

（4）铵盐及其他共存元素对稀土沉淀的影响。铵盐对铈组稀土草酸盐沉淀影响不大，但对钇组稀土沉淀有显著影响。因为当有铵盐存在时钇组稀土能与草酸生成（NH_3）$RE(C_2O_4)$ 配合物而使结果偏低。因此，在沉淀钇组稀土时，不宜用草酸铵作沉淀剂，也不要在调节酸度时引进大量铵离子。少量钡、镁和碱金属对分离没有干扰，但其含量与稀土相当时就会出现共沉淀，尤其是钙的干扰最严重。如果稀土量在 200mg 以上，可在酸度较高的条件下用草酸沉淀稀土，以减少碱土金属的共沉淀。少量的铁、铝、镍、钴、锰、铬、锆、铪、钽、铌、铀、钒、钨、钼可被分离，但大量的铍、铝、铁、铬、钒、锆、钼、钨会使稀土沉淀不完全，且随着这些元素在溶液中浓度的增大，稀土草酸盐的沉淀率随之降低，特别是锆、铁、钒、铝的影响更加明显。

（5）介质对稀土草酸盐沉淀的影响。盐酸和硝酸是常用的沉淀稀土的介质，而最常用的是盐酸，因为稀土草酸盐在盐酸中的溶解度小于在硝酸中的溶解度。而在硫酸中，部分稀土会形成硫酸盐沉淀，不利于下一步灼烧成氧化物。当沉淀稀土时，加入乙醇、丙酮等可以提高沉淀率，缩短陈化时间。加入适量六亚甲基四胺，能增大结晶粒度，易于过滤。

（6）稀土草酸盐转化成氧化物的温度。大多数稀土草酸盐在 400～800℃ 开始分解并最后转化成氧化物。在定量分析时，一般将稀土草酸盐在 900～1000℃ 灼烧 1h，以确保完全转化为稀土氧化物。

（7）氨水必须不含碳酸根，否则钙分离不完全。不含碳酸根的氨水的处理方法如下：用两个塑料杯分别装入浓氨水及水各半杯，同时放入密闭容器内，一天后水吸收氨，即成为无碳酸根氨水。

操作 2： PMBP-萃取分离-偶氮胂 Ⅲ 光度法

一、目的要求

1. 掌握比色法测定稀土总量的方法原理。

2. 掌握比色法测定稀土总量的操作方法。

二、方法原理

试样采用碱熔分解，萃取分离后进行比色测定。

三、仪器和试剂准备

（1）可见分光光度计。

（2）过氧化钠。

（3）三乙醇胺。

（4）盐酸。

（5）氨水。

（6）1-苯基-3-甲基-苯基酰吡唑酮（PMBP）-苯溶液（0.01mol/L）：称取 2.78g PMBP 溶于 1000mL 苯中。

（7）乙酸-乙酸钠缓冲液（pH＝5.5）：称取 164g 无水乙酸钠（或 272g 结晶乙酸钠），溶解后过滤，加入 16mL 冰醋酸，用水稀释至 1000mL。以精密 pH 试纸检查，必要时用盐酸（5＋95）或氢氧化钠溶液调节 pH。

（8）甲酸-8-羟基喹啉反萃取液（pH＝2.4～2.8）：称取 0.15g 8-羟基喹啉，溶于 1000mL 甲酸（1＋99）中。用精密 pH 试纸检查。

（9）偶氮胂Ⅲ溶液（1g/L），过滤后使用。

（10）抗坏血酸溶液（50g/L）。

（11）磺基水杨酸溶液（400g/L）。

（12）六亚甲基四胺溶液（200g/L）。

（13）稀土氧化物标准储备溶液（$c_{RE_2O_3(T)}=200.0\mu g/mL$）：称取 0.1000g 提纯的稀土氧化物或按稀土元素比例配制的铈、镧、钇氧化物（850℃灼烧 1h），加 5mL 盐酸及数滴 H_2O_2，加热溶解，冷却后，移入 500mL 容量瓶中，用水稀释至刻度，混匀。

（14）稀土氧化物标准溶液（$c_{RE_2O_3(T)}=5.0\mu g/mL$）：用稀土氧化物标准储备溶液稀释制得。

（15）混合指示剂溶液：取 0.15g 溴甲酚绿和 0.05g 甲基红，溶于 30mL 乙醇中，再加 70mL 水，混匀。

（16）强碱性阴离子树脂：水洗至中性，用盐酸（1+9）浸泡 2h，再用水洗至中性，用 NH_4Ac 溶液（150g/L）浸泡过夜，水洗至中性备用。

（17）校准曲线：移取 0.00mL、1.00mL、2.00mL、4.00mL、6.00mL、8.00mL、10.00mL 稀土氧化物标准溶液，分别置于一组分液漏斗中，用水补至 10mL，加入 1mL 抗坏血酸溶液、1mL 磺基水杨酸溶液及 2 滴混合指示剂，混匀。用氨水（1+4）调节至溶液刚变绿色（有铁存在时是紫色），再用盐酸（5+95）调至紫色，此时 pH 值约为 5（必要时可用精密 pH 试纸检查）。加入 3mL 乙酸-乙酸钠缓冲溶液，15mL PMBP-苯溶液，萃取 1min，放置分层后，弃去水相。再加入 3mL 缓冲溶液，稍摇动洗涤一次，水相弃去，用水洗分液漏斗颈。于有机相中，准确加入 15mL 甲酸-8-羟基喹啉反萃取液，萃取 1min，分层后，水相放入干燥的 25mL 比色管中。有机相可回收使用。于比色管中准确加入 1mL 偶氮胂Ⅲ溶液，混匀。用 3cm 比色皿，以试剂空白溶液作参比，于分光光度计波长 660nm 处测量其吸光度，绘制校准曲线。

四、分析步骤

称取 0.1~0.5g（精确至 0.0001g）试样，置于刚玉坩埚内，加 3~4g 过氧化钠，拌匀，再覆盖一薄层过氧化钠。在 700℃熔融 5~10min，冷却，放入预先盛有 80mL 三乙醇胺（5+95）溶液的烧杯中，用水洗坩埚（如氢氧化物沉淀太少，加入约含 10mg 的 $MgCl_2$ 溶液作载体），加热煮沸 10min 以除去过氧化氢。用水稀释至 120mL，搅匀。冷却后用中速定性滤纸过滤，用 NaOH 溶液（10g/L）洗涤烧杯及沉淀 6~8 次。以数毫升热的盐酸（1+1）溶解沉淀，冷却后，移入 50mL 容量瓶，用水洗涤烧杯并稀释至刻度，混匀。

分取 10.0mL 试液，置于分液漏斗中，按校准曲线的测定步骤进行测定。

五、结果计算

按下式计算稀土氧化物总量：

$$w[RE_2O_3(T)]=\frac{(m_1-m_0)V\times10^{-6}}{mV_1}\times100\%$$

式中　$w[RE_2O_3(T)]$——稀土氧化物总量的质量分数，%；

　　　　m_1——从校准曲线上查得分取试样溶液中稀土氧化物的质量，μg；

　　　　m_0——从校准曲线上查得分取试样空白中稀土氧化物的质量，μg；

　　　　V_1——分取试样溶液体积，mL；

　　　　V——试样溶液总体积，mL；

　　　　m——称取试样的质量，g。

六、注意事项

（1）PMBP-苯萃取稀土适宜的酸度为 pH 5.5。稀土元素由于"镧系收缩"，离子半径从镧到镥逐渐变小，故镧系元素的碱性由镧到镥逐渐减弱。pH<5，铈组稀土萃取不完全，而钇组稀土可完全萃取；pH>5，铈组能萃取完全，而钇组有所偏低。增加 PMBP 浓度有利于提高稀土元素的萃取率。浓度太大，反萃时大量 PMBP 被带下来，给以后操作增加困难。

（2）稀土氧化物能吸收空气中的二氧化碳和水分，氧化钕和氧化镧吸收作用最强。铈及钇组氧化物吸收作用最弱，氧化钇能吸收氨，故必须于 850℃灼烧 1h 除去上述杂质，并在干燥器中冷却后称取。

（3）硫化矿须预先在高温炉中灼烧将硫除去。如试样中含铁量不高，又能用酸分解时可用王水或高氯酸分解，含硅高的可滴加少量氢氟酸。

（4）磷酸根的存在能抑制稀土-PMBP 配合物的形成，使萃取不完全，0.5～1mg 五氧化二磷即有干扰，可在萃取前用强碱性阴离子树脂将磷静态吸附除去，处理后 60mg 以下磷酸根不干扰（将稀土沉淀为草酸盐或氟化物也可使磷酸根分离）。除磷酸根操作：于原烧杯中加入一小片刚果红试纸，用氨水（1＋1）调节至刚变为红紫色，加 2mL 冰醋酸、2～3g 强碱性阴离子树脂。混匀后，加入 15mL 六亚甲基四胺溶液，过滤入 50mL 容量瓶中，用水洗净并稀释至刻度，混匀。

（5）对含磷高的试样，也可用 PMBP-丙酮代替 PMBP-苯。

（6）铅与偶氮胂Ⅲ生成有色配合物，少量存在便干扰稀土测定，使结果偏高。可在萃取前加入 2mL 铜试剂（20g/L）使之与铅配位，以消除铅的影响。在反萃取稀土后的有机相中，再用盐酸（1＋1）将钍反萃，利用此性质可连续测定钍。

💡 干扰消除

一、草酸盐重量法的主要干扰和消除

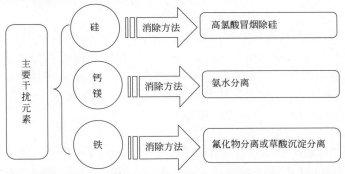

二、 PMBP-萃取分离-偶氮胂Ⅲ光度法的主要干扰和消除

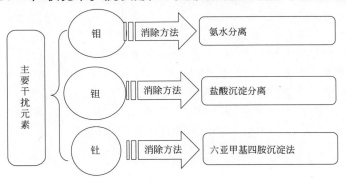

💡 思考与交流

1. 稀土总量的测定方法有哪些？
2. 草酸盐沉淀法的原理是什么？

💡 知识拓展

草酸盐重量法测定各类稀土样品中稀土总量的样品处理技术

在实际测定中，还有各种样品需要测定稀土总量，如稀土金属、氧化稀土、氢氧化稀土、氟化稀土、稀土精矿、稀土硅铁合金、钕铁硼等，这些样品中稀土总量的测定一般都采用草酸盐重量法，所不同的是样品的前处理技术。根据样品性质和杂质的不同，处理方法有一定的区别。其具体处理方法如下：

1. 稀土金属

称取 1g（精确至 0.0001g）样品置于 300mL 烧杯中，加入 20mL 水，10mL 盐酸（1+1），低温加热至溶解完全，蒸发至 1mL 左右。加入 20mL 水，加热使盐类溶解。过滤，滤液接收于 100mL 容量瓶中，用盐酸洗液（2+98）洗涤烧杯和滤纸 5～6 次，弃去滤纸。用水稀释滤液至刻度，混匀。移取 20mL 试液于 300mL 烧杯中。以下按分析方法中的氨水分离和草酸沉淀进行测定。

2. 氧化稀土、氢氧化稀土

称取 0.25g（精确至 0.0001g）样品置于 300mL 烧杯中，加入 20mL 水，5mL 盐酸（1+1）[含铈高的试料加入 5mL 硝酸（1+1）溶解] 及 1mL 过氧化氢（30%），低温加热至溶解完全，蒸发至 1mL 左右。加入 20mL 水，加热使盐类溶解至清。过滤，滤液接收于 300mL 烧杯中，用盐酸洗液（2+98）洗涤烧杯和滤纸 5～6 次，弃去滤纸。以下按分析方法中的氨水分离和草酸沉淀进行测定。

3. 氟化稀土

称取 0.4g（精确至 0.0001g）样品置于 200mL 烧杯中，加 10mL 硝酸（1+1）、1mL 过氧化氢（30%）及 5mL 高氯酸（1.67g/cm³），低温加热至冒高氯酸烟，待试料完全溶解，蒸发至 1mL 左右取下，稍冷。加 5mL 浓盐酸，20mL 水，加热使盐类溶解至清。过滤，滤液接收于 300mL 烧杯中，用盐酸洗液（2+98）洗涤烧杯和滤纸 5～6 次，弃去滤纸。以下按分析方法中的氨水分离和草酸沉淀进行测定。

4. 稀土精矿

称取约 0.3g（精确至 0.0001g）试样于预先盛有 3g 氢氧化钠（事先烘去水分）的镍坩埚中，加入约 3g 过氧化钠，加盖，先在电炉上烘烤，然后放入 750℃ 马弗炉中熔融，取出冷却。将坩埚置于 400mL 烧杯中，加 150mL 温水，加热浸取，待剧烈作用停止后，洗出坩埚和盖，将溶液煮沸 2min，取下，冷却至室温。用慢速滤纸过滤，以氢氧化钠洗液洗烧杯 2～3 次，洗沉淀 5～6 次。

将沉淀连同滤纸放入原烧杯中，加 20mL 浓盐酸及 10～15 滴过氧化氢，将滤纸搅碎，加热溶解沉淀。溶液及纸浆移入 250mL 塑料烧杯中，加热水至约 100mL，在不断搅拌下加入 15mL 氢氟酸，在 60℃ 水浴中保温 30～40min。每隔 10min 搅拌一次，取下冷却到室温，用慢速滤纸过滤，以氢氟酸-盐酸洗液洗涤烧杯 2～3 次，洗涤沉淀 8～10 次（用小块滤纸擦净塑料烧杯内壁放入沉淀中），用水洗沉淀两次。

将沉淀连同滤纸放入原玻璃烧杯中，加 25mL 硝酸及 5mL 高氯酸，盖上表面皿，加热破坏滤纸和溶解沉淀。待剧烈作用停止后继续加热冒烟并蒸至体积约为 2～3mL，取下，放冷。加 5mL 浓盐酸，20mL 水，加热使盐类溶解至清。过滤，滤液接收于 300mL 烧杯中，用盐酸洗液（2＋98）洗涤烧杯和滤纸 5～6 次，弃去滤纸。以下按分析方法中的氨水分离和草酸沉淀进行测定。

5. 稀土硅铁合金、稀土镁硅铁合金

称取 0.3g（精确至 0.0001g）样品置于干燥黄金皿中，缓缓滴加 5mL 浓硝酸，5mL 氢氟酸，待试料溶解反应平静后，加 3～5mL 高氯酸，加热至冒高氯酸烟，取下稍冷，用水冲洗皿壁，继续加热至高氯酸大烟冒尽。取下冷却，加 20mL 盐酸（1＋1）于黄金皿中，加热溶解盐类并转移至 300mL 烧杯中，用带胶皮头的玻璃棒将皿擦净，用水分次冲洗皿壁。以下按分析方法中的氨水分离和草酸沉淀进行测定。在无黄金皿时也可采用聚四氟乙烯烧杯替代。

6. 钕铁硼

称取 0.3g（精确至 0.0001g）样品置于 300mL 锥形瓶中，加 10mL 硫磷混酸（1＋1），置于高温电炉上加热，中间摇动几次使试样分解完全，继续加热使硫酸烟与溶液分层，并腾空至瓶口。取下，冷却（用手可摸），用热水吹洗器壁，加 20mL 热水，摇匀（必要时，在电炉上加热）。立即将溶液移入 250mL 塑料烧杯中，补加热水至约 100mL。在热的试液中加入少许纸浆，在不断搅拌下加入 15mL 氢氟酸，于沸水浴中保温 30～40min，每隔 10min 搅拌一次。取下，冷却至室温，用定量慢速滤纸过滤。用氢氟酸洗液（2＋98）洗塑料烧杯 3～4 次，洗沉淀和滤纸 10～12 次。将沉淀和滤纸置于 400mL 烧杯中，加入 30mL 硝酸，5mL 高氯酸，加热使沉淀和滤纸溶解完全，继续加热至冒高氯酸白烟，并蒸至近干。取下，冷却后，加入 10mL 盐酸，10mL 热水，加热使盐类溶解至清。用定量慢速滤纸过滤，滤液接收于 300mL 烧杯中，用盐酸洗液（2＋98）洗涤烧杯和滤纸 5～6 次，弃去滤纸。以下按分析方法中的氨水分离和草酸沉淀进行测定。

任务三　稀土配分量的测定

——ICP-AES

 任务要求

1. 掌握 ICP-AES 测定稀土配分的方法。
2. 熟悉等离子体发射光谱仪的操作。

 方法概述

稀土配分的测定主要有 ICP-AES 和 XRF，两种方法各有优缺点。ICP-AES 应用更广。

任务实施

操作： ICP-AES 测定稀土配分量

一、目的要求

（1）熟练掌握 ICP-AES 测定稀土配分。

（2）熟悉等离子体发射光谱仪的使用。

二、方法原理

49. 稀土配分
的测定

试样用盐酸、过氧化氢分解，定容后，在仪器的测定条件下测定各稀土元素的含量并计算配分。

三、仪器和试剂准备

（1）氧化镧 $[w(\text{REO})>99.5\%，\text{La}_2\text{O}_3/\text{REO}>99.99\%]$。

（2）氧化铈 $[w(\text{REO})>99.5\%，\text{Ce}_2\text{O}_3/\text{REO}>99.99\%]$。

（3）氧化镨 $[w(\text{REO})>99.5\%，\text{Pr}_2\text{O}_3/\text{REO}>99.99\%]$。

（4）氧化钕 $[w(\text{REO})>99.5\%，\text{Nd}_2\text{O}_3/\text{REO}>99.99\%]$。

（5）氧化钐 $[w(\text{REO})>99.5\%，\text{Sm}_2\text{O}_3/\text{REO}>99.99\%]$。

（6）过氧化氢（30%）。

（7）盐酸（$1.19\text{g}/\text{cm}^3$）。

（8）盐酸（1+1）。

（9）盐酸（1+19）。

（10）硝酸（1+1）。

（11）氧化铕标准储存溶液：称取 0.1000g 经 950℃灼烧 1h 的氧化铕 $[w(\text{REO})>99.5\%，\text{Eu}_2\text{O}_3/\text{REO}>99.99\%]$，置于 100mL 烧杯中，加入 10mL 盐酸，低温加热溶解后，取下冷却至室温。移入 100mL 容量瓶中，用水稀释至刻度，混匀。此溶液 1mL 含 1mg 氧化铕。

（12）氧化钆标准储存溶液：称取 0.1000g 经 950℃灼烧 1h 的氧化钆 $[w(\text{REO})>99.5\%，\text{Gd}_2\text{O}_3/\text{REO}>99.99\%]$，置于 100mL 烧杯中，加入 10mL 盐酸，低温加热溶解后，取下冷却至室温。移入 100mL 容量瓶中，用水稀释至刻度，混匀。此溶液 1mL 含 1mg 氧化钆。

（13）氧化铽标准储存溶液：称取 0.1000g 经 950℃灼烧 1h 的氧化铽 $[w(\text{REO})>99.5\%，\text{Tb}_2\text{O}_3/\text{REO}>99.99\%]$，置于 100mL 烧杯中，加入 10mL 盐酸，低温加热溶解后，取下冷却至室温。移入 100mL 容量瓶中，用水稀释至刻度，混匀。此溶液 1mL 含 1mg 氧化铽。

（14）氧化镝标准储存溶液：称取 0.1000g 经 950℃灼烧 1h 的氧化镝 $[w(\text{REO})>99.5\%，\text{Dy}_2\text{O}_3/\text{REO}>99.99\%]$，置于 100mL 烧杯中，加入 10mL 盐酸，低温加热溶解后，取下冷却至室温。移入 100mL 容量瓶中，用水稀释至刻度，混匀。此溶液 1mL 含 1mg 氧化镝。

（15）氧化钬标准储存溶液：称取 0.1000g 经 950℃灼烧 1h 的氧化钬 $[w(\text{REO})>99.5\%，\text{Ho}_2\text{O}_3/\text{REO}>99.99\%]$，置于 100mL 烧杯中，加入 10mL 盐酸，低温加热溶解后，取下冷却至室温。移入 100mL 容量瓶中，用水稀释至刻度，混匀。此溶液 1mL 含 1mg 氧化钬。

（16）氧化铒标准储存溶液：称取 0.1000g 经 950℃灼烧 1h 的氧化铒 $[w(REO)>99.5\%，Er_2O_3/REO>99.99\%]$，置于 100mL 烧杯中，加入 10mL 盐酸，低温加热溶解后，取下冷却至室温。移入 100mL 容量瓶中，用水稀释至刻度，混匀。此溶液 1mL 含 1mg 氧化铒。

（17）氧化铥标准储存溶液：称取 0.1000g 经 950℃灼烧 1h 的氧化铥 $[w(REO)>99.5\%，Tm_2O_3/REO>99.99\%]$，置于 100mL 烧杯中，加入 10mL 盐酸，低温加热溶解后，取下冷却至室温。移入 100mL 容量瓶中，用水稀释至刻度，混匀。此溶液 1mL 含 1mg 氧化铥。

（18）氧化镱标准储存溶液：称取 0.1000g 经 950℃灼烧 1h 的氧化镱 $[w(REO)>99.5\%，Yb_2O_3/REO>99.99\%]$，置于 100mL 烧杯中，加入 10mL 盐酸，低温加热溶解后，取下冷却至室温。移入 100mL 容量瓶中，用水稀释至刻度，混匀。此溶液 1mL 含 1mg 氧化镱。

（19）氧化镥标准储存溶液：称取 0.1000g 经 950℃灼烧 1h 的氧化镥 $[w(REO)>99.5\%，Lu_2O_3/REO>99.99\%]$，置于 100mL 烧杯中，加入 10mL 盐酸，低温加热溶解后，取下冷却至室温。移入 100mL 容量瓶中，用水稀释至刻度，混匀。此溶液 1mL 含 1mg 氧化镥。

（20）氧化钇标准储存溶液：称取 0.1000g 经 950℃灼烧 1h 的氧化钇 $[w(REO)>99.5\%，Y_2O_3/REO>99.99\%]$，置于 100mL 烧杯中，加入 10mL 盐酸，低温加热溶解后，取下冷却至室温。移入 100mL 容量瓶中，用水稀释至刻度，混匀。此溶液 1mL 含 1mg 氧化钇。

（21）混合稀土标准溶液：分别移取 5.00mL 各稀土氧化物标准储存溶液，置于 100mL 容量瓶中，加入 10mL 盐酸，用水稀释至刻度，混匀。此溶液 1mL 含各单一稀土氧化物分别为 50.0μg。

（22）标准系列溶液的制备：按表 6-3 准确称取氧化镧、氧化铈、氧化镨、氧化钕和氧化钐（经 950℃灼烧 1h），置于 4 个 200mL 烧杯中，并按照顺序分别移取 4.00mL、8.00mL、12.00mL、16.00mL 混合稀土标准溶液（21）于各烧杯中，加入 20mL 硝酸，低温加热，滴加过氧化氢助溶，试料完全溶解后，加热蒸发至近干。冷却，移入 1L 容量瓶中，以盐酸稀释至刻度，混匀，待测。标准系列溶液浓度见表 6-4。

表 6-3　标准系列溶液制备称取量

标准溶液号	称取量/mg				
	氧化镧	氧化铈	氧化镨	氧化钕	氧化钐
1	20.0	60.0	8.0	10.0	4.0
2	40.0	80.0	16.0	20.0	8.0
3	60.0	100.0	24.0	30.0	12.0
4	80.0	120.0	32.0	40.0	16.0

表 6-4　标准系列溶液浓度

标准溶液号	各稀土氧化物浓度/(μg/mL)														
	氧化镧	氧化铈	氧化镨	氧化钕	氧化钐	氧化铕	氧化钆	氧化铽	氧化镝	氧化钬	氧化铒	氧化铥	氧化镱	氧化镥	氧化钇
1	20	60	8	10	4	0.2	0.2	0.2	0.2	0.2	0.2	0.2	0.2	0.2	0.2
2	40	80	16	20	8	0.4	0.4	0.4	0.4	0.4	0.4	0.4	0.4	0.4	0.4
3	60	100	24	30	12	0.6	0.6	0.6	0.6	0.6	0.6	0.6	0.6	0.6	0.6
4	80	120	32	40	16	0.8	0.8	0.8	0.8	0.8	0.8	0.8	0.8	0.8	0.8

（23）电感耦合等离子体原子发射光谱仪（单道扫描型）。

四、试样制备

氯化稀土试样：将试样破碎，迅速置于称量瓶中，立即称量。

碳酸轻稀土试样：试样开封后立即称量。

五、分析步骤

50. 稀土配分的
测定操作

称取 2.00g 试样，精确至 0.0001g。将试料置于 200mL 烧杯中，加 10mL 浓盐酸（$1.19g/cm^3$），加热至完全溶解（必要时滴加过氧化氢助溶），蒸发至约 5mL，冷却后移入 500mL 容量瓶中，用水稀释至刻度，混匀。按照试料中所含氧化稀土总量，分取一定体积溶液于 50mL 容量瓶中，以盐酸（1+19）稀释至刻度，混匀，使得试液中氧化稀土总量约为 0.2g/L，待测。

将分析试液与标准系列溶液同时进行氩等离子体光谱测定。各元素分析线见表 6-5。

表 6-5　各元素分析线

元素	分析线/nm	元素	分析线/nm
La	398.852,408.672	Dy	353.170
Ce	413.765	Ho	341.646,339.898
Pr	418.948	Er	337.276,326.478
Nd	401.225,406.109	Tm	313.126,346.220
Sm	443.432,428.079	Yb	328.937
Eu	412.970	Lu	261.542
Gd	310.050,335.048	Y	371.029
Tb	332.440		

六、注意事项

（1）由于稀土元素谱线复杂，对仪器分辨率要求较高，因此，目前单道扫描型等离子体发射光谱仪是在稀土分析领域唯一获得广泛应用的一类仪器。

（2）单道扫描型仪器在分析前需要对每条谱线进行寻峰，因此必须配制一定浓度的寻峰液，通常将所需测量的元素配制成混合寻峰液，每种元素的浓度一般为 $5\sim10\mu g/L$。

寻峰时，若某元素的谱峰偏离较大时，必须对该元素重新进行寻峰。若用混合寻峰液仍不能寻找到所需要的谱峰，则可以用单一元素的寻峰液进行寻峰操作，一般都能获得满意结果。

（3）ICP-AES 测定稀土配分时，标准溶液和实际样品的配分必须接近，因此分析过程中遇到配分变化比较大的样品，必须采用与该样品配分接近的标准溶液进行重新校准测定。

（4）在 ICP 仪器上测量的样品应确保无沉淀或悬浮物，必要时应过滤，一些颗粒很细的胶体溶液应离心分离，以免发生雾化器堵塞。过高盐分的样品应适当稀释后才能测定。

（5）测定批量样品时，在测定下个样品前须用稀酸或去离子水清洗进样系统，并注意清洗足够的时间，以免污染下一个样品。仪器测量一定时间测定一些已知浓度的质量控制样品进行中间检查，检查测量结果是否在给定的范围，如测量结果误差较大，应根据情况重新作工作曲线或停机检查。

（6）在使用仪器的过程中，最重要的是注意安全，避免发生人身、设备事故。同时，严格按照仪器操作规程操作。使用 ICP 时，要特别注意点火时应确保冷却水水温、氩气压力正常，蠕动泵泵管安装正确，矩管和线圈干燥才能点火。

（7）分析时应注意检查仪器的性能。一般仪器需预热稳定，测定样品前首先应注意检查仪器的灵敏度和精密度，可查看某标准溶液的信号强度和多次测定相对标准偏差是否满足要求。

（8）在测定过程中，若等离子体颜色与气氛异常，要立即关闭等离子体炬，查找污染的原因并处理后再点火测定。如果是新换气瓶后焰炬出现异常，一般是氩气的纯度不够高，应重新换成高纯的氩气，然后点火测定。

💡 思考与交流

1. 稀土配分测定有哪些方法？
2. ICP-AES 测定稀土配分具有哪些优点？

💡 知识拓展

ICP-AES 与 XRF 测定稀土配分量的比较

长期以来，XRF 是人们所公认的测定混合稀土试样中稀土配分的理想分析方法，它具有快速、准确、多元素同时测定和不用进行化学前处理等优点。基于 ICP-AES 分析混合稀土中稀土配分，具有简便、快速、精密度高、线性范围宽等优点，它在混合稀土试样分析中的应用日益广泛，成为一种可以与 XRF 相媲美的重要分析技术。

1. XRF

XRF 是一种高精密度的分析方法，影响分析精密度的因素主要是样品制备、仪器稳定性和计数的统计涨落。计数的统计涨落通过电子技术和测量方法的改进可得到有效的控制，所以样品制备则成为影响分析精密度的主要因素。表 6-6 列出几种混合稀土氧化物的样品制备方法的比较。

表 6-6　制样方法比较

方法		检出限/%		RSD/%	速度/(min/个)	适用范围	主要优点
		Ce Lal	Y Ka				
压片法	φ23mm	0.006	0.002	0.50	3	含量范围变化不大的混合稀土氧化物、高纯氧化物中杂质分析	简便、快速
	φ15mm	0.010	0.005				
稀释法(1+9)		0.01	0.004	0.80	12	含量变化范围大的混合稀土氧化物分析	适用性广
熔融法(1+9)		0.008	0.003	0.50	20	特殊样品分析和标准化样品制备	消除矿物学效应
溶液滤纸片法		0.020	0.008	1.00	2(不包括晾干)	中控分析	样品易于制备；消除矿物学效应和基体效应

2. ICP-AES

ICP-AES 测定稀土配分的主要问题是光谱干扰和基体效应。为了降低光谱干扰和基体效应，往往采取稀释试样的方法。一般选取 0.1~1.0mg/mL 的进样浓度，可以满足灵敏度的要求。采取稀释试样的好处是：①稀土间的谱线干扰可以降低到最低程度；②可以消除因基体不同引起的非光谱干扰效应；③不必采取基体匹配的方法来配制标准溶液系列，用同一工作曲线即可分析化学组成广泛变化的不同类型的试样。

另外，正确选择分析线是 ICP-AES 测定混合稀土配分的关键。对于来源不同的混合稀土试样，分析线的选择应有所不同；在分析灵敏度满足要求的前提下，根据仪器条件，可以选用灵敏线或次灵敏线。一般情况不使用内标。表 6-7 列出了不同混合稀土分析时采用的分析线，供参考使用。

表 6-7 混合稀土试样分析时选择的分析线

待测元素	分析线/nm	待测元素	分析线/nm	待测元素	分析线/nm
La	338.091,370.582	Ce	413.765,394.275	Pr	405.654,396.526
Nd	378.425,375.250	Sm	370.842,341.852	Eu	393.051,412.974
Gd	341.874,348.262	Tb	356.174,356.898	Dy	353.170,342.945
Ho	341.646,342.163	Er	337.271,341.083	Tm	353.621,339.750
Yb	346.437,356.033	Lu	350.747,350.739	Y	371.030,357.143

项目小结

草酸盐重量法和比色法测定稀土总量是两种经典方法，方法结果稳定，不需要昂贵的仪器，容易普及。

稀土配分的测定方法主要有 ICP-AES、ICP-MS、XRF。其中，ICP-MS 主要用于微量稀土配分的测定；ICP-AES 测定范围较宽，方法灵活，是最常用的配分测定方法；XRF 是国家标准规定的分析方法，稳定可靠。

练一练测一测

一、单选题

1. 稀土元素共（　　）。

A. 15 个　　　　　　B. 17 个　　　　　　C. 14 个　　　　　　D. 18 个

2. （　　）几乎适用于所有的稀土矿的分解。

A. 酸溶法　　　　B. 碱熔法　　　　C. 微波消解法　　　　D. 盐浸法

3. 在测定高含量的稀土总量时，可使用（　　）进行测定。

A. 酸碱滴定法　　B. 氧化还原滴定法　　C. 配位滴定法　　　D. 沉淀滴定法

4. 稀土与钍分离可采用（　　）。

A. 草酸盐沉淀法　　　　　　　　　B. 六亚甲基四胺沉淀法

C. 氟化物沉淀法　　　　　　　　　D. 氨水沉淀法

5. 随着原子序数的增大，稀土草酸盐的溶解度（　　）。

A. 增大　　　　　　B. 减小　　　　　　C. 不变　　　　　　D. 以上都不对

6. 在定量分析时，一般将稀土草酸盐于（　　）灼烧 1h，以确保完全转化为稀土氧化物。

A. 950℃　　　　　　B. 800℃　　　　　　C. 750℃　　　　　　D. 1000℃

7. 稀土元素是典型的（　　）元素。

A. 金属　　　　　　B. 非金属　　　　　　C. 半金属　　　　　　D. 以上都不对

8. 稀土元素（　　）可用氧化还原滴定法进行测定。

A. 铈　　　　　　　B. 钛　　　　　　　C. 镝　　　　　　　D. 镧

二、多选题

1. ICP-AES 测定离子型稀土矿中离子相稀土总量，常用（　　）作浸提剂。

A. 硫酸铵　　　　　B. 氯化钠　　　　　C. 氯化铵　　　　　D. 硝酸铵

2. 草酸盐重量法测定稀土，加入氨水后过滤沉淀，稀土与（　　）分离。

A. 钙　　　　　　　B. 锌　　　　　　　C. 铜　　　　　　　D. 镁

3. 草酸盐重量法中草酸盐沉淀可以使稀土与（　　）分离。

A. 铁　　　　　　　B. 铝　　　　　　　C. 镁　　　　　　　D. 钙

4. 测定稀土配分的方法有（　　）。

A. 重量法

B. 电感耦合等离子体质谱法（ICP-MS）

C. 电感耦合等离子体原子发射光谱法（ICP-AES）

D. X 射线荧光光谱法（XRF）

参考答案

一、单选题

1. B　　2. B　　3. C　　4. B　　5. A　　6. A　　7. A　8. A

二、多选题

1. A、B、C、D　　　2. A、B、C、D　　　3. A、B　　　4. B、C、D

项目七
贵金属元素分析

 项目引导

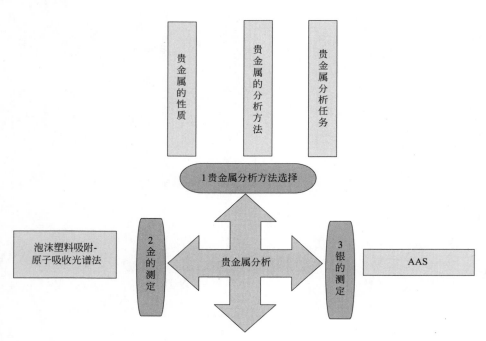

任务一　贵金属分析方法选择

任务要求

1. 加深对贵金属元素性质的了解，能根据矿石的特性、分析项目的要求及干扰元素的分离等情况正确选择分离和富集方法。

2. 学会基于被测试样中贵金属元素含量的不同以及对分析结果准确度的要求不同而选用适当的分析方法。

一、贵金属在地壳中的分布、赋存状态及其矿石的分类

贵金属元素是指金、银和铂族（铑、钌、钯、锇、铱、铂）共八种元素，在元素周期表中位于第五、六周期的第Ⅷ族和第ⅠB族中。镧系收缩使得第二过渡元素（钌、铑、钯、银）与第三过渡元素（锇、铱、铂、金）的化学性质相差很小，因此贵金属元素的化学性质十分相近。

铂族元素按其密度不同，分为轻重两组。钌、铑、钯为轻族；锇、铱、铂为重族。

金在自然界大都以自然金形式存在，也能和银、铜和铂族元素形成天然合金。根据最新研究成果，金的地壳丰度值仅为 1ng/g。金矿床中伴生的有用矿产很多。在脉金矿或其他原生金矿床中，常伴生有银、铜、铅、锌、锑、铋和钇等；在砂金矿床中，常伴生有金红石、钛铁矿、白钨矿、独居石和刚玉等矿物。此外，在有色金属矿床中，也常常伴生金。金的边界品位一般为 1g/t。一般自然金里的金含量大于 80%，还有少量的铜、铋、银、铂、锑等元素。

银在地壳中的平均含量为 $1 \times 10^{-5}\%$，在自然界多以硫化物形式存在，单独存在的辉银矿（Ag_2S）很少遇见，而且主要伴生在铜矿、铅锌矿、铜铅锌矿等多金属硫化物矿床和金矿床中。在开采和提炼铜、铅、锌、镍和金这些主要组分时，可顺便回收银。一般含银品位达到 5～10g/t 即有工业价值。

铂族元素在自然界分布量很低，铂在地壳中的平均丰度仅为 $5 \times 10^{-7}\%$，钯为 $5 \times 10^{-6}\%$。它们和铁、钴、镍在周期表上同属第Ⅷ族，因此也与铁、钴、镍一样，具有亲硫性。铂族元素常与铁元素共生，它们主要富集在与超基性岩和基性岩有关的铜镍矿床、铬铁矿床和砂矿床内。铜镍矿床中所含铂族元素以铂、钯为主，其次是铑、钌、锇、铱。铬铁矿中所含铂族元素以锇、钌、铱为主。铂族元素之间，以及它们与铁、钴、镍、铜、金、银、汞、锡、铅等元素之间能构成金属互化物。在自然界存在自然铂和自然钯。自然铂含铂量为 84%～98%，其余为铁，以及少量钯、铱、镍、铜等。自然钯含钯量为 86.2%～100%，同时含有少量铂、铱、铑等。自然钌很少见，我国广东省发现的自然钌中含有 91.1%～100% 的钌。铂族元素还可以与非金属性较强的第ⅥA族元素氧、硫、硒、碲及第ⅤA族元素砷、锑、铋等组成不同类型的化合物。目前已知的铂族元素矿物有 120 多种。在一些普通金属矿物（如黄铜矿、磁黄铁矿、镍黄铁矿、黄铁矿、铬铁矿等）以及普通非金属矿物（如橄榄石、蛇纹石、透辉石等）中也可能含有微量铂族元素。

铂族元素的共同特性是具有优良的抗腐蚀性、稳定的热电性、高的抗电火花蚀耗性、高温抗氧化性以及良好的催化作用，故在工业上应用很广泛，特别是在国防、化工、石油精炼、电子工业上属于不可缺少的重要原料。

二、贵金属的分析化学性质

（一）化学性质

1. 金

金具有很高的化学稳定性，即使在高温条件下也不与氧发生化学作用，这大概就是在自然界中能够以自然金、甚至以微小金颗粒存在的重要原因。金与单一的盐酸、硫酸、硝酸和强碱均不发生化学反应。金能够溶解在盐酸和硝酸的混合酸中，其中在王水中的溶解速率是最快的。用于分析化学中的金标准溶液通常就是以王水溶解纯金来制备，但需要用盐酸反复蒸发除去多余的硝酸或氮氧化合物。在有氧化剂存在的盐酸中，如 H_2O_2、$KMnO_4$、$KClO_3$、$KBrO_3$、KNO_3 和溴水等，金也能够很好地溶解，这主要是盐酸与氧化剂相互作用产生新生态的氯气同金发生反应所致。

2. 银

银有较高的化学稳定性，常温下不与氧发生化学作用，在自然界同样能够以单质形态存在。当与其他物质发生化学反应时，通常形成正一价的银化合物。在某些条件下也可生成二价化合物，例如 AgO 和 AgF_2，但这些化合物不稳定。

金属银易溶于硝酸生成硝酸银，也易溶于热的浓硫酸生成硫酸银，而不溶于冷的稀硫酸中。银在盐酸和王水中并不会很快溶解，原因在于初始反应生成的 Ag^+ 以 $AgCl$ 沉淀沉积在金属表面而形成一层灰黑色的保护膜，阻止了银的进一步溶解。但是如果在浓盐酸中加入少量的硝酸，银的溶解是比较快的。这是因为形成的 $AgCl$ 又生成可溶性的 $AgCl_2^-$ 络离子。这一反应对含银的贵金属合金材料试样的溶解是很有用的。银与硫接触时，会生成黑色硫化银；与游离卤作用生成相应的卤化物。银饰品在空气中长久放置或佩戴后失去光泽常常与其表面上硫化物及其氯化物的形成有关。在有氧存在时，银溶解于碱金属氰化物而生成 $Ag(CN)_2^-$ 配离子。银在氧化剂参与下，如有 Fe^{3+} 时也能溶于酸性硫脲溶液而形成复盐。

3. 铂族金属

铂族金属在常温条件下是十分稳定的，不被空气腐蚀，也不易与单一酸、碱和很多活泼的非金属单质反应。但是在一定的条件下，它们可溶于酸，并同碱、氧气和氯气相互作用。铂族金属的反应活性在很大程度上依赖于它们的分散性，以及同其他元素即合金化的元素形成中间金属化合物的能力。

就溶解能力而言，铂族金属粉末较海绵状的易于溶解，而块状金属的溶解是非常缓慢的。除钯外，铂族金属既不溶于盐酸也不溶于硝酸。钯与硝酸反应生成 $Pd(NO_3)_2$。海绵锇粉与浓硝酸在加热条件下反应生成易挥发的 OsO_4。钯、海绵铑与浓硫酸反应，生成相应的 $PdSO_4$、$Rh_2(SO_4)_3$。锇与热的浓硫酸反应生成 OsO_4 或 OsO_2。铂、铱、钌不与硫酸反应。王水是溶解铂、钯的最好溶剂。但王水不能溶解铑、铱、锇和钌，只有当它们为高分散的粉末和加热条件下可部分溶解。在有氧化剂存在的盐酸溶液中（如 H_2O_2、Cl_2 等），于封管的压力条件下，所有的铂族金属都能够很好溶解。

通常，碱溶液对铂族金属没有腐蚀作用，但当加入氧化剂时则有较强的相互作用。如 OsO_4 就能够在碱溶液中用氯酸盐氧化金属锇来获得。在氧化剂存在条件下，粉末状铂族金属与碱高温熔融，反应产物可溶于水（对于 Os 和 Ru）、盐酸、溴酸和盐酸与硝酸的混合物中，由此可将难溶的铂族金属转化为可溶性盐类。高温熔融时，常用的混合熔剂有 $NaOH+NaNO_3$（或 $NaClO_3$）、$K_2CO_3+KNO_3$、$BaO_2+Ba(NO_3)_2$、$NaOH+Na_2O_2$ 和 Na_2O_2 等。利用硝酸盐存在下的 NaOH 或 KOH 的熔融、利用 Na_2O_2 的熔融以及利用 BaO_2 的高温烧结方法通常被认为是将铂族金属如铑、铱、锇、钌转化成可溶性化合物的方便途径。

在碱金属氯化物存在下，铂族金属的氯化作用同样是将其转化成可溶性化合物的最有效途径之一。

（二）贵金属分析中常用的化合物和配合物

1. 贵金属的卤化物和卤配合物

贵金属的卤化物或卤配合物是贵金属分析中最重要的一类化合物，尤其是它们的氯化物或氯配合物。因为贵金属分析中大多数标准溶液的制备主要来自这些物质；铂族金属与游离氯反应，即氯化作用，被广泛用于分解这些金属；更重要的是在铂族金属的整个分析化学中几乎都是基于在卤配合物水溶液中所发生的反应，包括分离和测定它们的方法。

铂族金属配合物种类繁多，能与其配位的除卤素外，还有含 O、S、N、P、C、As 等的配位基团，常见的有 F^-、Cl^-、Br^-、I^-、H_2O、OH^-、CO_3^{2-}、SO_4^{2-}、NO_2^-、S_2^-、

SCN^-、NH_3、NO、NO_2、PH_3、PF_3、PCl_3、PBr_3、$AsCl_3$、CO、CN^- 和多种含 S、N、P 的有机基团。贵金属的简单化合物在分析上的重要性远不如其配合物。对于金或银虽然形成某些稳定配合物，但无论其种类或数量都无法与铂族金属相比拟。

2. 贵金属氧化物

金、银的氧化物在分析上并不重要。金的氧化物有 Au_2O_3、Au_2O，后者很不稳定，与水接触分解为 Au_2O_3 和 Au。用硝酸汞、乙酸盐、酒石酸盐等还原剂还原 Au（Ⅲ）可得到 Au_2O。Au（Ⅲ）与氢氧化钠作用时，生成 $Au(OH)_3$ 沉淀。通常，$Au(OH)_3$ 以胶体形态存在，所形成的胶粒直径一般为 $80\sim200nm$。

向银溶液中小心加入氨溶液时可形成白色的氢氧化银。当与碱作用时则有棕色的氧化银析出。氧化银呈碱性，能微溶于碱并生成 $[Ag(OH)_2]^-$，在 300℃ 条件下分解为 Ag 和 O_2。

铂族金属及其化合物在空气中灼烧可形成各种组分的氧化物。由于许多氧化物不稳定，或者稳定的温度范围比较窄，或者某些氧化物具有挥发性，因此在用某些分析方法测定时要十分注意。例如，一些采用重量法的测定须在保护气氛围中灼烧成金属后称重。Os（Ⅷ）、Ru（Ⅷ）的氧化物易挥发，这也是与其他贵金属分离的最好方法。铂族金属对氧的亲和力顺序依次为：$Pt<Pd<Ir<Ru<Os$。铂的亲和力最弱，但粉末状的铂能很好与氧结合。贵金属的氧化物在溶液中多呈水合氧化物形式存在。

3. 贵金属的硫化物

形成硫化物是贵金属元素的共性，但难易程度不同。其中 IrS 生成较难，而 PdS、Ag_2S 较容易形成。贵金属硫化物均不溶于水，其溶解度按下列顺序依次减小：Ir_2S_3、Rh_2S_3、PtS_2、RuS_2、OsS_2、PdS、Au_2S_3、Ag_2S。在贵金属的氯化物或氯配合物（银为硝酸盐）溶液中，通入 H_2S 气体或加入 Na_2S 溶液可得到相应的硫化物沉淀。

4. 贵金属的硝酸盐和亚硝酸盐化合物或配合物

在贵金属的硝酸盐中，$AgNO_3$ 是最重要的化合物。分析中所用的银标准溶液都是以 $AgNO_3$ 为初始基准材料配制的。其他贵金属的硝酸盐及硝基配合物不稳定，易水解，在分析中较少应用。铂族金属的亚硝基配合物是一类十分重要的配合物。铂族金属的氯配合物与 $NaNO_2$ 在加热条件下反应，生成相应的亚硝基配合物。这些配合物很稳定，在 pH $8\sim10$ 的条件下煮沸也不会发生水解。利用这种性质可进行贵、贱金属的分离。

三、贵金属矿石矿物的取样和制样

含有贵金属元素的样品在分析之前必须具备两个条件：①样品应是均匀的；②样品应具有代表性。否则，无论分析方法的准确度如何高或分析人员的操作如何认真，获得的分析结果往往是毫无意义的。此外，随着科学技术的发展，贵金属资源被广泛应用于各工业部门和技术领域，由于贵金属资源逐渐减少，供需矛盾日渐突出，其价格日趋昂贵，因此对分析结果准确性的要求比其他金属要高。

贵金属矿石矿物的取样、加工是为了得到具有较好代表性和均匀性的样品，使所测试样品中贵金属的含量能够较真实地反映原矿的情况，避免因取样而带来的误差。贵金属在自然界中的赋存状态很复杂，又由于贵金属元素的含量较低，故分析试样的取样量必须满足两个因素：①分析要求的精度；②试样的均匀程度，即取出的少量试样中待测元素的平均含量要与整个分析试样中的平均含量一致。实际上贵金属元素在矿石中的分布并不均匀，往往集中在少数矿物颗粒中，要达到取出的试样与总试样完全一致的要求是很难做到的。因此，只能在满足所要求的分析误差范围内进行取样，增加取样量，分析误差可能会减小。试样中贵金属矿物的破碎粒度与取样量有很大关系，粒度愈大，试样愈不均匀，取样量也应愈大，因此加工矿物试样时应尽可能磨细。为了达到一定的测量精度，除满足上述取样量的条件外，还应满足测定方法的灵敏度。

一般的矿样，可按常规方法取样、制样。金多以自然金的形式存在于矿石矿物中，它的粒度变化较大，大的可达千克以上，而微小颗粒甚至在显微镜下都难以分辨。金的延展性很好，它的破碎速度比脉石的破碎速度慢，因此对未过筛的和残留在筛缝中的样品部分绝对不能弃之，此部分大多含有自然金。金矿石的取样与加工一般按切乔特经验公式进行。对于比较均匀的样品，K 取值为 0.05；一般金矿石样品，K 取值为 0.6~1.5。

对于较难加工的金矿石，在棒磨之前加一次盘磨碎样并磨至 0.154mm（100 目），因为棒磨机的作用是用钢棒冲击和挤压岩石再磨细金粒，能满足一般金粒较细的试样所需的破碎粒度。含有较粗金粒的试样，用棒磨机只能使金粒压成片状或带状，达不到破碎的目的。而盘磨机是利用搓压的作用力使石英等硬度较大的物料搓压金粒来达到破碎的目的。

在金矿样的加工过程中，应注意以下几个方面：

① 如果矿样质量在 1kg 以下，碎样时应磨至 0.074mm（200 目）。一半作分析用，一半作副样。如果矿样质量在 1kg 以上，按加工流程进行破碎，作基本分析的样品质量不应少于 500~600g。

② 若样品中含有明金时，应增设 0.18mm（80 目）过筛和筛上收金的过程。

③ 对于 1：200000 区域化探水系沉淀物样品，应将原分析样混匀后分取 40g，用盘磨粉碎至 0.074mm（200 目），混匀后作为金的测定样。

④ 在过筛和缩分过程中，任何时间都不能弃去筛上物和损失样品。

⑤ 所使用的各种设备每加工完一个样品后必须彻底清扫干净，并认真检查在缝隙等处有无金粒残留。

⑥ 矿样经棒磨机粉碎至 0.074mm（200 目）后，送分析之前必须再进行混匀，以防止因金的密度大在放置时间过久或运送过程中金下沉而导致样品不均匀。

由于金在矿石中的不均匀性，要制取有代表性、供分析用的矿样，应尽可能地增大矿石取样量。在磨样过程中，对分离出粗粒的金应分别处理。其他贵金属矿样的取样与加工要比金矿石的容易。

为了获得准确的分析结果，在贵金属试样分析之前，取样与样品的加工，试样的分解将是整个分析工作中的重要环节。另外，由于在大多数的分析方法中，分析结果常常是通过与已知标准物质的含量，包括标准溶液和标准样品进行比较获得的，因此，准确的分析结果同样也依赖于贵金属标准溶液的准确制备。

四、贵金属矿样的样品处理技术

贵金属矿石矿物的分解有其特殊性，是分析化学中的难题之一，因为多数贵金属具有很强的抗酸、碱腐蚀的特点，常用的无机溶剂和分解技术难以分解。

含铑、铱和钌等的试样，在常温、常压，甚至较高温度、压力下用王水也难以分解。

砂铂矿多由超镁铁质-超基性岩体中的铬-铂矿风化次生而成，其密度及硬度极高，化学惰性极强，在高温、高压条件下溶解也较慢。

锇铱矿是以锇和铱为主的天然合金，晶格类型的差别较大（铱为等轴晶系，锇为六方晶系）。含锇高时称为铱锇矿，呈钢灰色至亮青铜色；含铱高时称为锇铱矿，呈明亮锡白色。它们的密度都很大，性脆且硬，含铱、钌高时磁性均较强，锇高时相反。化学性质也都很稳定，于王水中长时间煮沸难以被分解。

为了分解这些难溶物料，需要引入一些特殊的技术，如焙烧预处理方法、碱熔法、酸分解法等。

（一）焙烧预处理方法

贵金属在矿石中除以自然金、自然铂等形式存在外，还以各种金属互化物形式存在，并常伴生在硫化铜镍矿和其他硫化矿中。用王水分解此类矿样时，由于硫的氧化不完全，易产生单质硫，并吸附金、铂、钯等，使测定结果偏低，尤其对金的吸附严重，故需要先进行焙烧处理，使硫氧化为 SO_2 而挥发。焙烧温度的控制是很重要的，温度过低，分解不完全；温度过高，会烧结成块，影响分析测定。常用的焙烧温度为 $600\sim700℃$。焙烧时间与试样量和矿石种类有关，一般在 $1\sim2h$。不同硫化矿的焙烧分解情况不同，其中黄铁矿最易分解，其次是黄铜矿，最难分解的是方铅矿。以下是几种贵金属矿石的焙烧处理方法。

含砷金矿的焙烧：先将矿石置于高温炉中，升温至 $400℃$ 恒温 $2h$，使大部分砷分解、挥发，继续升温至 $650℃$，使硫和剩余的少量砷完全挥发。于矿石中加入 NH_4NO_3、$Mg(NO_3)_2$ 等助燃剂，可提高焙烧效率，缩短焙烧时间。如果金矿中砷的含量在 0.2% 以上，且砷含量比金含量高 800 倍的条件下焙烧时，会生成砷和金的一种易挥发的低沸点化合物而使金损失，故此时的焙烧温度应控制在 $650℃$ 以下。当金矿石中硅含量较高时，加入一定量 NH_4HF_2 可分解二氧化硅。

含银硫化矿的焙烧：先将矿石置于高温炉中，升温至 $650℃$，恒温 $2h$，使硫完全挥发。当矿石中硅含量较高时，由于焙烧过程中生成难溶的硅酸银，即使加入 NH_4HF_2，也使测定结果严重偏低。为此，用酸分解焙烧试样时，加入 HF 以分解硅酸银，可获得满意的结果。

含铂族元素硫化矿的焙烧：与含金硫化矿的焙烧方法相同。

含锇硫化矿的焙烧：试样进行焙烧时，锇易氧化为 OsO_4 形式挥发损失，于焙烧炉中通入氢气，硫以 H_2S 形式挥发；或按 $10:1:1:1$ 比例将矿石、NH_4Cl、$(NH_4)_2CO_3$、炭粉混合后焙烧，可加速硫的氧化，对锇有保护作用。

（二）酸分解法

贵金属物料的酸分解法是最常用的方法，操作简便，不需特殊设备。常用的溶剂是王水，它所产生的新生态氯具有极强的氧化能力，是溶解金矿和某些铂族矿石的有效试剂。溶解金时可在室温下浸泡，加热使溶解加速。溶解铂、钯时，须用浓王水并加热。此外，分解金矿的试剂很多，如 $HCl\text{-}H_2O_2$、$HCl\text{-}KClO_3$、$HCl\text{-}Br_2$ 等。被硅酸盐包裹的矿物，应在王水中加少量 HF 或其他氟化物分解硅酸盐。酸分解法不能用于含锇、铱矿石的分解，此类矿石只有在高温、高压的特定条件下强化溶解才能完全溶解。

（三）碱熔法

固体试剂与试样在高温条件下熔融反应可达到分解的目的。最常用的是 Na_2O_2 熔融法，几乎可以分解所有含贵金属的矿石，但对粗颗粒的锇铱矿很难分解完全，常需要用合金碎化后再碱熔才能分解完全。该方法的缺点是引入了大量无机盐，坩埚腐蚀严重，又带入了大量铁、镍。使用镍坩埚还能带入微量贵金属元素。该方法多用于无机酸难以分解的矿石。

五、贵金属元素的分离和富集方法

贵金属元素在岩石矿物中的含量较低，因此，在测定前对其进行分离富集往往是必要且关键的一步。贵金属元素的分离和富集有两种方法：一种是干法分离和富集——火试金法；另一种是湿法分离和富集——将样品先转为溶液，然后采用沉淀、吸附、离子交换、萃取、色谱分离等方法进行分离富集贵金属，主要有共沉淀分离法、溶剂萃取法、离子交换分离法、活性炭分离富集法、泡沫塑料富集法及液膜分离富集法等。目前应用最广泛的是火试金法、泡沫塑料富集法、萃取法。

六、贵金属元素的测定方法

（一）化学分析法

1. 重量法测定金与银

将铅试金法得到的金、银合粒，称其重量。经"分金后"得到金粒，称重。两者重量之差为银的重量。

为了减少金在灰吹中的损失和便于分金，在熔炼时通常加入毫克量的银。如果试样中含金量较高，加入的银量必须相应增加，以达金量的三倍以上为宜。低于此数时，分金不完全，且银不能完全溶解，影响测定结果。

在实际应用中，不同含金量可按表7-1"银与金的比例"加入银，可满意地达到分金效果。

表 7-1 银与金的比例

含金量/mg	银与金的比例	含金量/mg	银与金的比例
<0.1	20 或 30：1	>10	4：1
>0.2	10：1	>50	3：1
>1	6：1		

如合粒中含银量低、金量高时，可称取两份试样，一份不加银，所得合粒称重，为金银合量；另一份加银，分金后测金。二者重量之差为银量。亦可先将金、银合粒称重，再加银灰吹，然后进行分金，测得金量，差减法得银量。

分金可采用热硝酸（1+7），此时合粒中的银、钯以及部分铂溶解，而金不溶并呈一黑色的整粒留下来。如果留下的金粒带黄色，则表示分金不完全，应当取出，补加适量银，包在铅片中再灰吹，然后分金。

用硝酸（1+7）分金后，金粒中还残留微量银，可再用硝酸（1+1）加热数分钟除去。

2. 滴定法

在贵金属元素的滴定法中，主要利用贵金属离子在溶液中进行的氧化还原反应、形成稳定配合物反应、生成难溶化合物沉淀或被有机试剂萃取的化合物反应。由于被滴定的贵金属离子本身多数是有颜色的，而且存在着复杂的化学形态和化学平衡反应，故导致滴定法的应用有一定的局限性。

金的滴定法主要依据氧化还原反应，包括碘量法、氢醌法、硫酸铈滴定法、钒酸铵滴定法及少数催化滴定法和原子吸收-碘量法联合的分析方法。其中，碘量法和氢醌法在我国应用最普遍，它们与活性炭或泡沫塑料吸附分离联用，方法的选择性较好，且可测得微量至常量的金，已成为经典的测定方法或实际生产中的例行测定规程。由于样品成分的复杂性，故用活性炭吸附分离-碘量法测定金时，还应针对试样的特殊性采取相应的预处理手段，如：含铅、银高的试样，可加入5～7g硫酸钠，煮沸使二氯化铅转化为硫酸铅沉淀过滤除去，银用盐酸（2+98）洗涤，可避免氯化银沉淀以银的氯络离子形式进入溶液中而被活性炭吸附。含铁、铅、铜、锌的试样，在滴定时加入0.5～1g氟化氢铵可掩蔽50mg铁、铅，3～5mL的EDTA溶液（25g/L）可掩蔽大量铅、铜、锌，但需立即加入碘化钾，以避免金（Ⅲ）被还原为金（Ⅰ）。含硫高时，于马弗炉中500℃焙烧3h后再于650～700℃恒温1～2h，可避免金的分析结果偏低。含锑的试样，用氢氟酸蒸发2次，可消除其对金的影响。试样中含铂和钯时，会与碘化钾形成红色和棕色碘化物，且消耗硫代硫酸钠，可于滴定时加入5mL硫氰酸钾溶液（250g/L），使之形成稳定的络合物而消除干扰。用碘量法测定金的误差源于：金标准溶液的稳定性、活性炭吸附金的酸度、水浴蒸发除氮氧化物的条件、淀粉指示剂用量、滴定前碘化钾的加入量、分取试液和滴定液的浓度、标定量的选择等，因此应予以注意。

关于银的滴定法，应用最普遍的是硫氰酸钾（铵）和碘化钾沉淀滴定法，其次是硫代硫酸钠返滴定法、硫酸亚铁氧化还原滴定法和二硫腙萃取滴定法等。

硫氰酸钾滴定法测定银：将试金所得的金、银合粒用稀硝酸溶解其中的银，以硫酸铁铵为指示剂，用硫氰酸钾标准溶液滴定至淡红色，即为终点。其主要反应式如下：

$$Ag^+ + KSCN \longrightarrow K^+ + AgSCN \downarrow$$
$$Fe^{3+} + 3KSCN \longrightarrow 3K^+ + Fe(SCN)_3$$

在铂族金属的滴定中，以莫尔盐还原铂（Ⅳ），钒酸铵返滴定法或二乙基二硫代氨基甲酸钠滴定法的条件苛刻，选择性差，不能用于组成复杂的试样分析中。于 pH 3～4 的酸性介质中，长时间煮沸的条件下，铂（Ⅳ）能与 EDTA 定量络合，在醋酸-醋酸钠缓冲介质中，用二甲酚橙作指示剂，醋酸锌滴定过量的 EDTA，可测定 5～30mg 铂。利用这一特性，采用丁二肟分离钯，用酸分解滤液中的丁二肟，可测含铂、钯的冶金物料中的铂。钯（Ⅱ）的滴定方法较多，常见的是利用形成难溶化合物和稳定配合物的反应。在较复杂的冶金物料中，采用选择性试剂掩蔽钯，二甲酚橙作指示剂，锌（铅）盐滴定析出与钯等量的 EDTA。

（二）仪器分析法

贵金属在地壳中的含量很低，因此各种仪器分析方法在贵金属的测定中获得了非常广泛的应用，主要有可见分光光度法、原子吸收光谱法、原子发射光谱法、电感耦合等离子体原子发射光谱法、电感耦合等离子体质谱法等。

七、贵金属矿石的分析任务及其分析方法的选择

贵金属矿石的分析项目主要是金、银、铑、钌、钯、锇、铱、铂含量的测定，除精矿外，一般矿石中贵金属的含量都比较低，因此，在选择分析方法时灵敏度是个需要重点考虑的因素。一般，银的测定主要用原子吸收光谱法和可见分光光度法，且 10g/t 以上含量的不需要预富集，可直接测定。可见分光光度法、原子吸收光谱法、电感耦合等离子体原子发射光谱法、电感耦合等离子体质谱法在金的测定上都获得了广泛的应用。金的测定一般都需要采取预富集手段。铑、钌、钯、锇、铱、铂在矿石中含量甚微，因此对方法的灵敏度要求较高。目前，电感耦合等离子体质谱法测定铑、钌、钯、锇、铱、铂的应用已经越来越广泛和成熟。另外，分光光度法、电感耦合等离子体原子发射光谱法也在铑、钌、钯、锇、铱、铂的测定中发挥了重要作用。

思考与交流

1. 贵金属的主要性质是什么？
2. 贵金属矿石的主要分解方法有哪些？
3. 贵金属的主要测定方法是什么？

任务二 金矿石中金量的测定

——泡沫塑料吸附-原子吸收光度法

任务要求

1. 掌握泡沫塑料吸附法富集金的实验条件。
2. 掌握泡沫塑料吸附法富集金的操作方法。

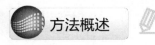

方法概述

金量的测定方法主要有原子吸收法、比色法、ICP-AES、ICP-MS，其中原子吸收法具有快速、准确、成本低的优点，被普遍采用。金的富集方法中，泡沫塑料吸附法具有吸附效果好、成本低、操作简单等优点。因此，本任务采用泡沫塑料吸附-原子吸收光度法测定矿石中的金量。

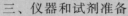 **任务实施**

操作：泡沫塑料吸附-原子吸收光度法测定矿石中的金量

一、目的要求

1. 掌握泡沫塑料吸附法的方法原理。

2. 掌握泡沫塑料吸附-原子吸收光度法测定矿石中金量的操作方法。

二、方法原理

　　试样用王水分解，在约 10％（体积分数）王水介质中，金用负载三正辛胺的聚氨酯泡沫塑料来吸附，然后用 5g/L 硫脲-2％（体积分数）盐酸溶液加热解脱被吸附的金，直接用原子吸收光度法测定。

51. 泡沫塑料吸附-原子吸收光度法测定矿石中的金

三、仪器和试剂准备

　　(1) 仪器：原子吸收分光光度计，金空心阴极灯。

　　(2) 泡沫塑料：将 100g 聚氨酯软质泡沫塑料（厚度约 5mm）浸于 400mL 3％（体积分数）三正辛胺乙醇溶液中，反复挤压使之浸泡均匀，然后在 70～80℃下烘干，剪成 0.2g 左右小块备用（一周内无变化）。

　　(3) 硫脲-盐酸混合溶液：含 5g/L 硫脲的 2％（体积分数）盐酸溶液。

　　(4) 金标准溶液：称取 0.1000g 纯金置于 50mL 烧杯中，加入 10mL 王水，在电热板上加热溶解完全后，加入 5 滴 200g/L 氯化钠溶液，于水浴上蒸干，加 2mL 盐酸蒸发到干（重复三次），加入 10mL 盐酸温热溶解后，用水定容至 100mL，此储备液含金 1mg/mL。取该溶液配制含金 100μg/mL 及 10μg/mL 的标准溶液［10％（体积分数）盐酸介质］。

四、分析步骤

　　称取 5～30g 试样于瓷舟中，在 550～650℃的高温炉中焙烧 1～2h，中间搅拌 2～3 次，冷后移入 300mL 锥形瓶中，加入 50mL 王水（1＋1），在电热板上加热近沸约 1h（如含锑、钨时，应加入 1～2g 酒石酸，含酸溶性硅酸盐应加入 5～10g 氟化钠，煮沸），用水稀释至 100mL，加入约 0.2g 泡沫塑料（预先用水润湿），用胶塞塞紧瓶口，在往复式振荡机上振荡 30～90min，取出泡沫塑料，用自来水充分洗涤，然后用滤纸吸干，放入预先加入 25mL 硫脲-盐酸混合液的 50mL 比色管中，在沸水浴中加热 15min，用玻璃棒将泡沫塑料挤压数次，取出泡沫塑料，加水至刻度，混匀。按仪器的工作条件，用原子吸收光度法测定。随同试样做试剂空白试验。

　　工作曲线的绘制：吸取 2.50mL、5.00mL、10.00mL、15.00mL、20.00mL 金标准溶液（10μg/mL）于 50mL 容量瓶中，加 25mL 硫脲溶液（10g/L），以水稀释至刻度，混匀。按试样相同条件，用原子吸收光度法测定。

五、分析结果计算

　　样品中金的含量按下式计算：

$$w(\text{Au}) = \frac{m_1 - m_0}{m} \times 100\%$$

式中　$w(\text{Au})$——金的质量分数，％；

　　　　m_1——从校准曲线上查得试样溶液中金的质量；

　　　　m_0——从校准曲线上查得试样空白中金的质量；

　　　　m——称取试样的质量。

52. 泡沫塑料吸附-原子吸收光度法测定矿石中的金操作

六、注意事项

（1）三正辛胺在酸性溶液中能与某些金属络阴离子进行交换反应，泡沫塑料对一些有机和无机物质具有吸附性能，因此负载三正辛胺的泡沫塑料增强了对 $AuCl_4$ 的吸附性能，而且经水多次洗涤不被洗掉，对 $0.5\sim1000\mu g$ 的金，吸附回收率为 $96\%\sim106\%$。

（2）该方法吸附金的酸度范围较宽，即 $0.5\sim6mol/L$ HCl 或 $5\%\sim30\%$（体积分数）王水介质都能定量吸附金；但硝酸浓度太大时，金的吸附率下降。

（3）在非纯标准的情况下，金的吸附速率随金品位的降低和试样数量的增加而降低，如 30g 含金 $0.0x(x=1\sim9)g/t$ 的样品，振荡吸附时间须延长至 90min，一般样品振荡吸附 30min 即可。

（4）在不加酒石酸和氟化钠时，可允许 20mg 锑、10mg 钨、4000mg 铁及小于 200mg 的可溶性二氧化硅存在。加入 1g 酒石酸，可消除 300mg 锑、100mg 钨的干扰。加入 5g 氟化钠，可允许 5000mg 铁存在。对可溶性二氧化硅，需加入 4.2g 氟化钠，使之生成氟硅酸钠晶体沉淀而消除干扰。

（5）对含砷量高的试样，焙烧时应从低温开始，逐渐升高温度，至 480℃ 时保持 $1\sim2h$，使砷挥发，然后再升高温度继续焙烧除硫，否则由于形成低沸点的砷-金合金而挥发，造成金的损失，导致测定结果偏低。

（6）除钨、锑、铁和酸溶性硅酸盐影响吸附和测定外，矿石中大量其他共存元素均无干扰。

（7）金标准溶液的保存：Au^{3+} 浓度为 $2.5\sim25\mu g/mL$ 的溶液，盛于玻璃容器中可稳定 300d。金的浓度更低时，可被玻璃器皿吸附。pH=2 时，吸附金的量最多，玻璃器皿吸附约 30%，石英器皿吸附约 60%，在 pH=2～7 时，滤纸吸附金高达 40%，因此，制备金的标准溶液时，不能用滤纸过滤。为了提高 $[AuCl_4]^-$ 的稳定性，有人建议在金的标准溶液中加入 NaCl、KCl 或碱土金属的氯化物。

💡 思考与交流

1．泡沫塑料吸附法的关键影响因素是什么？
2．泡沫塑料吸附-原子吸收光度法测定金的主要干扰元素是什么？

💡 知识拓展

一、泡沫塑料分离富集方法简介

泡沫塑料（PF，简称泡塑）属软塑料，为甲苯二异氰酸盐和聚醚或聚酯通过酰胺键交联的共聚物。

泡沫塑料已经广泛应用于贵金属的分离和富集。其分离与富集的机理可能包括表面吸附、萃取、离子交换、阳离子螯合等。泡塑吸附金属的效能取决于泡塑及金属络离子的类型、性质，络离子在溶液中的形成环境、扩散速度，以及吸附方式。泡塑由于含有聚醚氧结构，适宜接受一、二价的配阴离子，它的吸附行为与阴离子交换树脂的类似，故其吸附具有选择性。Au、Tl 等以离子形式存在时，几乎不被泡塑吸附，只有形成（MeX_4）$^-$ 型络阴离子时才能被吸附。

泡塑主要用于金的吸附分离。不同厂家生产的泡沫塑料的质量、结构和性质有差异，对金的吸附容量也不相同，通常在 $50\sim60mg/g$ 之间。泡塑吸附的方式分为动态吸附和静态吸附。静态吸附是将泡塑块投入含金溶液中振荡吸附金。动态吸附是将泡塑做成泡塑柱，金溶液流入柱中进行吸附。王水浓度在 $(4+96)\sim(15+85)$ 范围内对吸附无明显影响；当王水浓度低于 $(2+98)$ 时略有偏低；当王水浓度大于 $(1+4)$ 时，泡塑发黑。溶液体积在 $50\sim200mL$ 时对吸附无影响，振荡时间 $30min$ 可以基本吸附完全。用 $0.4g$ 泡塑对 $20\sim100\mu g$ 的金进行吸附，吸附率可达 98% 以上。

动态吸附率稍高于静态吸附。泡塑在王水 $(1+9)$ 介质中吸附金，吸附率可达 99% 以上，其吸附流速可在较大范围内变化，以小于 $10mL/min$ 为宜。

将萃取剂或螯合剂负载在泡塑上制备得到的负载泡塑兼有萃取和泡塑吸附两种功能，因而对金具有更大的富集能力。负载泡塑的萃取性质取决于负载在泡塑上萃取剂的种类和性质。目前，在金的分析测定中应用最广泛的载体泡塑有：磷酸三丁酯（TBP）泡塑、三正辛胺泡塑、双硫腙泡塑、甲基异丁酮泡塑、二正辛基亚砜泡塑、二苯硫脲泡塑、三苯基膦泡塑、酰胺泡塑以及将活性炭和泡沫塑料两种富集分离方法相结合而制备的充炭泡塑。其中，以二苯硫脲泡塑、三正辛胺泡塑、二正辛基亚砜泡塑、双硫腙泡塑富集金的性能较好。

吸附完后，需要对金进行解吸，通常解吸有以下一些方法：

1. 灰化灼烧法

将吸附金的泡沫塑料用滤纸包好，置于 $30mL$ 瓷坩埚中灰化、灼烧。取出冷却后，加 2 滴 KCl 溶液（200g/L）、3mL 王水，在水浴上蒸干。然后加入 10 滴浓盐酸，再次蒸干以除去硝酸。用光度法或原子吸收光谱法测定。

2. 硫脲解吸法

当吸附金的泡沫塑料浸泡于硫脲热溶液中，此时硫脲将金（Ⅲ）还原为金（Ⅰ），并形成金（Ⅰ）硫脲配合物。

故金离子能从泡沫塑料上被洗脱。硫脲解吸金时以中性溶液或小于 0.5mol/L 盐酸为好。当盐酸浓度大于 0.5mol/L 时，容易析出单体硫而使结果偏低，从反应式可以看出，盐酸的存在显然对解吸是不利的。在常温下，硫脲解吸金的能力较低，4h 不能使金解吸完全，而在沸水浴中保温 20min 即可使金解吸完全，回收率可达 95% 以上。保温时间在 $20\sim90min$ 不影响结果。硫脲的浓度为 $10\sim50g/L$，通常采用 $20\sim30g/L$。该方法操作简单快速，成本较低，适用于原子吸收光谱直接测定。

3. 硝酸-氯酸钾分解法

泡沫塑料能够被氧化性无机酸和氧化剂所分解。采用 HNO_3、$H_2SO_4-KMnO_4$、$HNO_3-H_2O_2$、HNO_3-HClO_4、HNO_3-KClO_3 等分解泡沫塑料试验表明，以 HNO_3-$KClO_3$ 分解效果最佳。在 HNO_3-KClO_3 的作用下，泡沫塑料很快变成棕黑色块状体，软化后溶解，并析出黄色油脂状物质浮在溶液表面。加热则发生剧烈的反应而放出大量的 NO_2 气体。对于 $0.2\sim0.3g$ 泡沫塑料，硝酸用量在 $8mL$ 以上，氯酸钾在 $0.05g$ 以上，可使泡沫塑料分解完全，最后得到黄色清亮的溶液。

4. 甲基异丁基酮（MIBK）解吸法

MIBK 是金的有效萃取剂。利用 MIBK 的萃取性能可以将泡沫塑料吸附的金解吸。利用 $20mL$ MIBK，剧烈振荡 $2min$，金的回收率约为 $95\%\sim100\%$。

二、铅试金法富集矿石中的金

经典的火法试金——铅试金法应用于金和银的富集已历史悠久，方法也比较完善。21世纪初开始尝试用经典的铅试金法来富集样品中的铂族金属。由于铂族金属在自然界中比金、银更为稀少，故富集效果较差。为此20世纪50年代末期，相继出现了铜镍试金法、锡试金法、镍锍试金法和锑试金法。火法试金作为可靠的方法被长期广泛采用，这是因为火法试金取样量大，一般取20～40g，有时多至100g以上，这样既减少了称样误差，又使结果具有较好的代表性。同时火法试金的富集倍数很大（10^5倍以上），能将几十克样品中的贵金属富集于几毫克的试金合粒中，而且合粒的成分简单，便于后续测定。但火法试金也有缺点：需要庞大的设备；要求在高温下进行操作，劳动强度大；在熔炼过程中产生大量的氧化铅等蒸气，污染环境。所以分析工作者多年来一直想找到一种新的方法，取而代之。近年来在这方面已有所进展，有的方法可以与火法媲美，但对不同性质的样品适应性不如铅试金法。所以铅试金法仍被各实验室用于例行分析或用以检查其他方法的分析结果。

铅试金的整个过程可以分为配料、熔炼、灰吹、分金等步骤。不同种类的样品，其配料方法和用量比不一样。根据配料的不同，铅试金又可分为面粉法、铁钉法、硝石法等。面粉法以小麦粉作还原剂；铁钉法以铁钉作还原剂；铁钉还可以作脱硫剂，用于含硫高的试样；硝石法是以硝酸钾作氧化剂，用于含大量砷、碲、锑及高硫的试样分解，此法不易掌握，一般不常用。常用的为面粉法，它用面粉把PbO还原为铅，使铅和贵金属形成合金，与熔渣分离。

1. 配料

在熔炼前要在试样中加入一定量的捕集剂、还原剂和助熔剂等。

（1）捕集剂　铅试金以氧化铅为捕集剂。在熔炼过程中，氧化铅被还原为金属铅，它能与试样中的贵金属形成合金，一般称"铅扣"，与熔渣分离。

对氧化铅的纯度要求不严，只要是不含贵金属的氧化铅，如密陀僧等，就可以采用。

53. 配料与熔炼操作

（2）还原剂　加入还原剂是为了使氧化铅还原为铅。可用炭粉、小麦粉、糖类、酒石酸、铁钉（铁粉）、硫化物等，国内多采用小麦粉。

（3）助熔剂　常采用的助熔剂有玻璃粉、碳酸钠、氧化钙、硼酸、硼砂、二氧化硅等。根据样品的成分，加入不同量的这些助熔剂，可降低熔炼温度，使熔渣的流动性比较好，使铅扣和熔渣容易分离。

配料是铅试金的一个关键步骤，配料不恰当会使铅试金失败。配料是根据试样的种类，按一定比例称取捕集剂、还原剂、助熔剂的细粉和试样混合均匀。各实验室的配料比例不完全相同，仅略有差异。

试样和各种试剂应当混合均匀，使熔炼过程还原出来的金属铅珠能均匀地分布在试样中，发挥溶解贵金属的最大效能。混匀的方法有下列四种：

① 试样和各种试剂放在试金坩埚中，用金属匙或刮刀搅拌均匀。

② 在玻璃纸上来回翻滚混合均匀，连纸一起放入试金坩埚中。把玻璃纸的还原力也计算进去，少加些小麦粉等。

③ 把试样和各种试剂称于一个广口瓶中，加盖摇匀，然后倒入试金坩埚中。

④ 将试样和各种试剂称于重1g的长、宽各30cm的聚乙烯塑料袋中，束紧袋口，摇动5min，即可混匀。然后连塑料袋放入试金坩埚中。配料时应把塑料袋的还原力计算进去，减少还原剂的用量。

2. 熔炼

将盛有混合料的坩埚放在试金炉中，加热。于是，氧化铅还原为金属铅；它捕集试样中的贵金属后，凝聚下降到坩埚底部，形成铅扣。这个过程称为熔炼。熔炼过程应控制形成铅扣的大小和造渣情况，并防止贵金属挥发损失。

常用的试金炉有柴油炉、焦炭炉和电炉三种，以电炉较为方便。

试样和各种试剂的总体积不要超过坩埚容积的3/4，根据配料多少可以采用不同型号的坩埚。在坩埚中的混合料上面覆盖一层食盐或硼玻璃粉，以防止爆溅和贵金属的挥发，并防止氧化铅侵蚀坩埚。坩埚放进试金炉后，应慢慢升高温度，以防水分和二氧化碳等气体迅速逸出，造成样品的损失。升温到600～700℃后，保持30～40min，使加入的还原剂及试样中的某些还原性组分与氧化铅作用生成金属铅，铅溶解贵金属形成合金。然后升温至800～900℃，坩埚中的物料开始熔融，渐渐能流动。反应中产生的二氧化碳等气体逸出时，对熔融物产生搅拌作用，促使铅更好地起捕集和凝聚作用。铅合金的密度大于熔渣，逐渐下降到坩埚底部。最后升温到1100～1200℃，保持10～20min，使熔渣与铅合金分离完全。取出坩埚，倒入干燥的铁铸型中。当温度降到700～800℃时，用铁筷挑起熔渣，观察造渣情况，以便改进配料比。若造渣酸性过强，则流动性较差，影响铅的沉降；若碱性过强，则对坩埚侵蚀严重，可能引起坩埚穿孔，造成返工。

熔融体冷却后，从铁铸型中倒出，将铅扣上面的熔渣弃去，把铅扣锤打成正方体。所得铅扣质量最好在25～30g之间，以免贵金属残存在熔渣中。如铅扣过大（大于40g）或过小（小于15g），应当返工。铅扣过大，说明配料时加入的还原剂太多；铅扣太小，说明加入的还原剂太少。所以重做时应当适当地减少或增加还原剂的用量。根据还原剂的还原力，计算出应补加或减少多少还原剂。

还原剂还原力的计算方法：

若所用还原剂为纯炭粉，它和氧化铅在熔炼过程发生下列反应：

$$2PbO + C \longrightarrow 2Pb + CO_2$$

由反应式可以计算出1g碳能还原氧化铅生成34g铅。

假设用蔗糖作还原剂，反应如下：

$$24PbO + C_{12}H_{22}O_{11} \longrightarrow 24Pb + 12CO_2 + 11H_2O$$

根据反应式可计算出1g蔗糖能还原氧化铅生成14.0g铅。试金工作者常称：蔗糖的还原力为14.0g；碳的还原力为34g；小麦粉的还原力为10～12g；粗酒石酸的还原力为8～12g等。

试样的组成是复杂的，有的具有氧化能力，有的具有还原能力。有还原能力的试样应当少加还原剂；有氧化能力的试样应当多加还原剂。例如含有硫化物的试样，应当少加还原剂，因为：

$$3PbO + ZnS \longrightarrow ZnO + SO_2 + 3Pb$$

遇到陌生的样品，难以确定配料比时，可以通过化验测定各种元素的含量，或通过物相分析测定出主要矿物组分的含量，也可以进行试样的氧化力或还原力的试验，以决定配料的组成和比例。

锤击铅扣时，如果发现铅扣脆而硬，这就表示铅扣中含有铜、砷或锑等。遇到这种情况，需要少称样，改用KNO_3配料，重新熔炼。

矿石和团岩矿物的主要造渣成分为 SiO_2、FeO、CaO、MgO、K_2O、Na_2O、Al_2O_3、MnO、CuO、PbO 等。这些氧化物中，除了很少的氧化物能单独在试金炉温度下熔融外，大多数不熔，因而需要加入助熔剂。酸性氧化矿石应加入碱性助熔剂；碱性氧化矿石则应加入酸性助熔剂；硫化物样品可加铁钉或铁粉助熔。

3. 灰吹

54. 灰吹与分金操作

灰吹的作用是将铅扣中的铅与贵金属分离。铅在灰吹过程中，被氧化为氧化铅，然后被灰皿吸收；而贵金属不被氧化，呈圆球体留在灰皿上，与铅分离。

灰皿是由骨灰和水泥加水捣和在压皿机上压制而成的。含骨灰多的灰皿吸收氧化铅的性能较好，但灰皿成型较困难。应由具体试验确定水泥和骨灰的比例。灰皿为多孔性、耐高温、耐腐蚀的浅皿，重约 $40\sim50g$，使用前，将清洁的灰皿放在 $1000℃$ 以上的高温炉中，预热 $10\sim20min$，以驱除灰皿中的水分和气体。加热后，如发现灰皿有裂缝，应当弃去不用。降温后，将铅扣放于灰皿中央，加热至 $675℃$，铅扣熔融显出银一样的光泽。微微打开炉门（注意：不要大开炉门，以防冷空气直接吹到灰皿上，使铅的氧化作用太激烈，发生爆溅现象），这时铅被氧化成氧化铅，氧化铅逐渐由铅扣表面脱落下来，被灰皿吸收。铜、镍等杂质被氧化为 CuO 和 NiO 等，对灰皿也有湿润作用，并渗透到灰皿中。

灰吹温度不宜太高，应控制在 $800\sim850℃$，使铅恰好保持在熔融状态。若温度过低，氧化铅与铅扣不易分离。氧化铅将铅扣包住，可使铅立即凝固，这种现象叫作"冻结"。凝固后再进行加温灰吹，会使贵金属损失加大。合适的温度能使氧化铅挥发至灰皿边沿上，出现羽毛状的结晶；若羽毛状氧化铅结晶出现在灰皿表面上，则说明温度太低。

微量的杂质如铜、铁、锌、钴、镍等，部分转变为氧化物被灰皿吸收，还有部分挥发掉。铅也是如此，大部分成为氧化铅被灰皿吸收，小部分挥发掉。贵金属大都不被氧化，如金、银、铂、钯等，它们的内聚力较强，凝集成球状，不被灰皿吸收，也不挥发。在铅扣中的铅几乎全部消失后，可以看到球面上覆盖着一个彩虹镜面（或称辉光点）。随后这个彩虹镜面消失，圆球变为银灰色。将炉门关闭 $2min$，进一步除去微量残余的铅后，再取出灰皿冷却。若不经过 $2min$ 的除铅过程，则在取出灰皿时，因微量的余铅激烈氧化发生闪光，会造成贵金属的损失。

炉温过高也会造成贵金属的损失。虽然金、银、铂、钯等挥发甚微，但在高温下，它们会部分地被氧化而随氧化铅渗入灰皿中。灰吹过程温度愈高，金、银、铂、钯等的损失愈大，所以应当严格控制温度在 $800\sim850℃$。

4. 分金与称量

分金是指将火法试金得到的金属合粒中的金和银分离的过程，它适用于金和银的重量法测定。若所得金银合粒中只有金和银，利用银溶于热稀硝酸而金不溶的特性，将金和银分开。

分金用的硝酸不能含有盐酸和氯气等氧化剂。

5. 铅试金中铂族元素的行为

铂族元素在铅试金中表现出的行为很复杂，如钌与锇在熔炼过程及灰吹过程容易被氧化成四氧化物而挥发，所以用铅试金法测定钌和锇是困难的。

铱在铅试金的熔炼过程中，不与铅生成合金，而是悬浮在熔融的铅中。所以当铅扣与熔渣分离时，铱的损失很严重。在灰吹过程中，铑不溶于银，氧化损失严重。因此，对铱、铑采用铅试金分离富集是不合适的。

　　铂、钯在铅试金中的行为与金相似，在熔炼过程溶于铅，在灰吹过程溶于银，在熔炼和灰吹过程都损失甚微。只有含镍的样品使铂、钯损失严重，可以改用锍试金、锑试金进行分离和富集。

6. 金与银、铂、钯的分离

　　若试样中有金、银、铂、钯，则进行铅试金时，灰吹后得到的合粒为灰色。含铂、钯量较大时，在灰吹过程中，铅未被完全氧化并被灰皿吸收之前，熔珠可能发生"凝固"，得到的金属合粒表面粗糙。

　　金属合粒中的银比铂、钯多十倍以上时，须用稀硝酸分金多次。铂、钯可以随银完全溶于酸而与金分离。将残留的金洗涤、烘干、称量，得到金的测定结果。

　　分离金以后的酸性溶液，加热蒸发除酸，通入硫化氢将银沉淀。硫化银可以将铂、钯等硫化物共沉淀下来。将沉淀用薄铅片包裹起来，再进行灰吹。得到的金属合粒用浓硫酸加热处理，银溶而铂、钯不溶，因此得以分离。

　　也可以用王水溶解上述硫化物。加入氨水，若有不溶残渣，过滤除去。将滤液蒸干，加水溶解后，加入饱和氯化钾乙醇溶液，静置，使铂形成 $K_2[PtCl_6]$ 沉淀，用恒重的玻璃砂芯漏斗过滤。用 80% 乙醇洗涤后，放在恒温箱中干燥，然后称重。这个方法只适用于含铂高的样品。银、铂、钯也可以在同一溶液中用原子吸收分光光度法或发射光谱分析法进行测定。

7. 铅试金中常见矿石配料

　　铅试金中常见矿石配料见表 7-2。

表 7-2　铅试金中常见矿石配料

矿石名称	各组分的称样量/g							矿石表面特征
	试样	氧化铅	碳酸钠	玻璃粉	硼砂	小麦粉	硝石	其他	
普通氧化矿石	50	60	60	5～20	30	3.0	—	—	呈泥黄色或浅红色,含高价金属氧化物
强氧化性矿石	50	60	60	25～45	30	3.0～5.0	—	—	呈深红色、深黑色、深咖啡色,含大量高价金属氧化物如软锰矿、赤铁矿
一般硅酸盐矿石	50	60	60～80	0	20	1～2.5	—	—	白色或灰白色,有时含有少量硫化物
一般硫化矿石	50	80	60～80	0～10	25	0	1～15	—	呈灰白色或灰黑色,含较小量硫化物
含硫较高的硫化矿石	25	80	40	20	20	0	15～25	—	黑色或灰黑色,含较大量硫化物
碳酸盐	50	60	60	30～60	30	2.5～3.5	—	—	密度较小,用盐酸检查时冒大量气泡
焙烧后的矿石	50	60	60	20～40	30	2.5～5.0	—	—	含硫太高的硫化矿石先焙烧后再配料
磁铁矿	50	35	60	60	40	7.0	—	—	暗黑红色,黑色较重,具有磁性
铬铁矿	50	60	70	60	50	2.5～3.0	—	CaO 15	灰黑色,绿黑色较重
矾土矿	50	60	70	30	25	2.5	—	冰晶石 15	灰色或略有红色
蛇纹岩、橄榄岩	50	60	70	30	25	2.5	—	—	
钛磁铁矿	30	30～35	45	30	20	7.0	—	—	深红色,暗黑色,黑色较重
含砷锑矿石	15	120	15	30	20	5～6	—	—	

8. 提高试金结果准确度的几项要素

试金分析的全过程有繁杂的手工操作，看起来似乎是个粗糙的过程，但实际上操作中的每一步都必须认真仔细。为提高分析结果的准确度，除了按操作规程认真操作外，还必须从下述几个方面着手并尽力实现，方可达到目的。

（1）灰皿材料及制作　灰皿材料宜使用动物骨灰、水泥或镁砂。使用 500 号水泥加 10％～15％的水压制成水泥皿，自然干燥后使用，由于水泥皿的空隙较粗大，灰吹时贵金属损失较大，合粒与水泥皿亦易黏结，故分析误差较大，一般只是在骨灰缺乏时用于厂内部周转料的分析。使用动物骨灰，最好是牛羊骨烧成骨灰，然后碾成 0.175mm 以下，加 10％～15％的水压制成骨灰皿，自然干燥 3 个月后使用。在灰吹前先将灰皿放入马弗炉内于 900℃ 左右烧 20min 以除去可能存在的有机物。

在灰吹过程中氧化铅及贱金属氧化物除少量进入空气挥发外，绝大部分要被灰皿吸收。灰皿对金、银也有一些吸收，即所谓金、银损失。因此，不言而喻，灰皿制作时的压力差异必然造成灰皿空隙的差异，从而造成金的灰吹损失的差异，增大了分析误差。这就要求同一批材料来源的骨灰粉要用相同的压力加工；在人力加工的条件下，同一盒灰皿要由同一个人加工；在灰皿将要用完的情况下，不要在不同盒的灰皿中挑选，以免造成分析误差的增大。更不能将不同来源的骨灰材料灰皿批混使用。

（2）火试金对马弗炉的通风要求及补偿措施　灰吹过程实际上是样品中的贱金属和铅在高温下的氧化过程，因此要求灰皿中熔融的物料与空气有均匀的接触机会，以保证氧化速率的一致，最理想的是铅扣同时熔化，以同样的速率灰吹，同时完成即同时达到辉光点。这就要求马弗炉有合适的进出气孔道。由于一般使用的马弗炉不可能是理想的，除在设计制作时应进行改进外，应考虑到炉内不同位置接触空气的差异和温度差异，对不同区域的样品应使用相应的标准进行补正，其原则是尽量使标准能代表样品。

任务三　矿石中银量的测定
——原子吸收光谱法

任务要求

1. 了解原子吸收光谱法测定银的原理。
2. 掌握原子吸收光谱法测定银的方法原理、实验条件、操作方法。

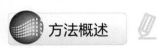

方法概述

银的测定方法很多，视银的含量和实验室的工作条件可以选用不同的方法。发射光谱法在测定痕量银的同时，还可以测定硼、钼、铅等组分；低含量的银也可以用光度法测定。原子吸收光谱法在银的测定中，获得了广泛的应用，方法简便，灵敏度高。微克级的银可用火焰原子吸收光谱法测定，石墨炉原子吸收光谱法可测纳克级的银。含量较高的银可以采用容量法进行测定。原子吸收光谱法是测定银的最普遍的方法。

！任务实施

操作：原子吸收光谱法测定矿石中的银量

55. 原子吸收光谱法测定矿石中的银操作

一、目的要求

1. 熟练掌握原子吸收光谱法测定矿石中银的含量。
2. 熟悉原子吸收光谱仪器的使用。

二、方法原理

试样用盐酸、硝酸和高氯酸加热溶解至冒浓白烟，在盐酸介质中，于原子吸收光谱仪波长 328.1nm 处测定吸光度。

三、仪器及试剂

（1）原子吸收光谱仪，银空心阴极灯。工作条件：灯电流 3mA；波长 328.1nm；光谱通带 0.4nm；燃烧器高度 5mm；空气流量 5L/min，乙炔流量 1.0 L/min。

（2）盐酸（AR）。

（3）硝酸（AR）。

（4）高氯酸（AR）。

（5）银标准储存溶液：称取 0.5000g 银（99.99%）于 100mL 烧杯中，加入 20mL 硝酸（1+1），微热溶解完全，煮沸驱除氮的氧化物。取下冷至室温，移入 1000mL 容量瓶中，加入 20mL 硝酸（1+1），用不含氯离子的水稀释至刻度，混匀。此溶液含银 0.5mg/mL。

（6）银标准溶液：移取 10.0mL 银标准储存溶液于 100mL 容量瓶中，加入 4mL 硝酸（1+1），用不含氯离子的水稀释至刻度，混匀。此溶液含银 50μg/mL。

四、分析步骤

称取 0.25～1.00g（精确至 0.0001g）试样于 250mL 烧杯中，加少许水润湿摇散，加 25mL 盐酸，加热溶解，低温蒸至溶液体积为 10mL。加入 5～10mL 硝酸，继续加热溶解至体积约为 10mL，加 5mL 高氯酸，加热冒烟至湿盐状，取下冷却，用水吹洗表面皿及杯壁，加入盐酸（加入量使最后测定溶液酸度保持在 10% 盐酸酸度），煮沸使可溶性盐类溶解，冷却至室温，移入容量瓶中（容量瓶大小视含量而定），以水稀释至刻度，混匀，静置或干过滤。取上清液或滤液于原子吸收光谱仪上，按仪器工作条件，用空气-乙炔火焰，以水调零，测量吸光度。将所测吸光度减去试样空白吸光度，从工作曲线上查出相应的银的质量浓度。随同试样做空白试验。

工作曲线的绘制：移取 0mL、1.00mL、2.00mL、3.00mL、4.00mL、5.00mL 银标准溶液于一组 100mL 容量瓶中，加 20mL 盐酸（1+1），用水稀释至刻度，混匀。与试样相同的测定条件下，测量标准系列吸光度。以吸光度（减去零浓度溶液吸光度）为纵坐标，以银的质量浓度为横坐标，绘制工作曲线。

五、结果计算

样品中银的含量按下式计算：

$$w(\mathrm{Ag}) = \frac{(\rho - \rho_0)V}{m}$$

式中　$w(\mathrm{Ag})$——银的质量分数，%；

　　　　ρ——从工作曲线上查得试样溶液中银的浓度，μg/mL；

　　　　ρ_0——从工作曲线上查得试样空白中银的浓度，μg/mL；

　　　　m——称取试样的质量，g；

　　　　V——试样溶液的体积，mL。

六、注意事项

（1）高氯酸烟不能蒸得太干，否则结果会偏低。

（2）如果试样含硅很高或被灼烧过，加入氢氟酸分解试样。

（3）原子吸收光谱法测定银，按其测定方式，可分为直接测定法（氨性介质火焰原子吸收光谱法）和预富集分离-原子吸收光谱法：

① 氨性介质火焰原子吸收光谱法　氨性介质火焰原子吸收光谱法测定银，是将试样用王水冷浸过夜，用氨水处理后离心制备成氨水-氯化铵介质溶液，将上清液喷入空气-乙炔火焰，进行原子吸收光谱法测定。该方法已用于化探样品中银的测定。对于含硫、碳的化探样品，不能与金在同一称样中测定，也不能借助灼烧来除去。试样在 700℃高温下灼烧 1h，银的损失非常严重。该方法采用酸浸法直接分解试样，如含有大量有机物易产生一些泡沫，并使溶液呈黄色，但不影响测定。采用氨水-氯化铵为测定介质，使大量金属离子沉淀分离，也使背景值降到最低程度。这样可以提高测量精度，但却降低了方法的检出限。该方法的选择性好，经氨水分离后，溶液中的共存离子一般不干扰测定，大量钙产生 Ca 328.6nm 背景，在分辨率较高的原子吸收光谱仪上基本没有波及 Ag 328.1nm 测定线，但高浓度钙离子会使火焰中原子密度增大，改变银的吸收系数，会产生微小的负误差。在含有足够氯化铵的条件下，氢氧化铁对银的吸附甚微，故亦不干扰测定。

② 预富集分离-原子吸收光谱法　预富集分离主要有溶剂萃取、萃取色谱、离子交换。溶剂萃取法是富集分离银的有效手段。在原子吸收光谱法测定中，采用溶剂萃取银是目前测定微量银应用最广泛的富集分离方法。该方法的优点是：操作简单快速，不需要特殊的仪器设备；大大降低检出限，提高灵敏度；选择性较好，能够排除大量基体的干扰；直接雾化，使萃取富集分离和原子吸收光谱法测定为一体，联合进行测定。萃取色谱法是原子吸收测定银常用的富集分离方法之一。采用该方法富集分离银不但操作简单快速，富集能力强，回收率高，而且易于解脱。与溶剂萃取法相比具有试剂用量少，成本低，不污染环境等优点。采用的萃取剂有双硫腙、磷酸三丁酯、三正辛胺、P_{350} 等。采用的载体有聚四氟乙烯、泡沫塑料等。离子交换树脂法应用于原子吸收测定银的预富集报道较少。

思考与交流

1. 银的测定方法有哪些？

2. 原子吸收测定矿石中的银有哪些干扰？如何消除？

知识拓展

银的测定方法概述

1. 滴定法

银的滴定法是使用较为广泛的方法之一，基于银与某种试剂在一定条件下生成难溶化合物的沉淀反应。其中，碘量法和硫氰酸盐滴定法用得最为普遍。其他还有配位滴定法、亚铁滴定法、电位滴定法、催化滴定法等。这里重点介绍硫氰酸盐滴定法。

在弱的硝酸介质中，硫氰酸钾或硫氰酸铵与银离子反应，形成微溶的硫氰酸银沉淀，反应式如下：

$$Ag^+ + SCN^- \longrightarrow AgSCN\downarrow$$

用硝酸铁或铁铵钒作指示剂，终点时过量的硫氰酸钾同三价铁离子形成红色络合物 $[Fe(SCN)_6]^{3-}$。由于 Ag^+ 与 SCN^- 结合能力远比 Fe^{3+} 强，所以只有当 Ag^+ 与 SCN^- 反应完后，Fe^{3+} 才能与 SCN^- 作用，使溶液呈现浅红色。

Ni^{2+}、Co^{2+}、Pb^{2+} 等离子（大于 300mg），Cu^{2+}（大于 10mg），Hg^{2+}（大于 10μg），Au^{3+} 以及氯化物、硫化物干扰硫氰酸盐滴定银。此外二氧化氮和亚硝酸根离子可氧化硫氰酸根离子，也干扰测定，所以必须预先除去。钯与 SCN^- 生成棕黄色胶状沉淀，也消耗 SCN^-。以硫氰酸盐作为银滴定剂专属性较差，因此在滴定前一般先将银与其他干扰元素分离。常用的分离方法有火试金法、氯化银沉淀法、巯基棉分离法、硫化银沉淀法、泡沫塑料分离法等。

2. 可见分光光度法

自从原子吸收光谱法用于银的测定以来，分光光度法测定银的研究工作和实际应用显著减少。然而某些银的分光光度法具有灵敏度高、设备简单等优点。因此在某种场合下，分光光度法仍不失为银的一种方便的测定手段。

分光光度法测定银的显色剂种类很多，主要有：
① 碱性染料：三苯甲烷类、罗丹明 B 类；
② 偶氮染料：吡啶偶氮类、若丹宁偶氮类；
③ 含硫染料：双硫腙、硫代米蚩酮、金试剂；
④ 卟啉类染料；
⑤ 其他有机染料。

3. 原子吸收光谱法

在原子吸收光谱法测定贵金属元素中以银的灵敏度为最高，也是目前测定银的主要手段，广泛应用于岩石矿物、矿渣、废水、化探样品等物料中银的测定。银在火焰中全部离解，自由银原子的浓度仅受喷雾效率的影响。火焰法测定水溶液中银的灵敏度以 1‰吸收计，一般为 0.05～0.1μg/mL。无论是用空气-丙烷或是空气-乙炔火焰，溶液中共存的各种阴阳离子对银的火焰法测定几乎不产生干扰。此类方法有两种常用的测定介质：氨性介质和酸性介质。酸性介质一般含较高浓度的盐酸，方法简单，试液中大量铅的影响采用加入乙酸铵、氯化铵或在 EDTA 及硫代硫酸钠共存下消除。

银的原子吸收分为火焰法和无火焰法两种，方法的对比见表 7-3。

表 7-3　火焰法与无火焰法测定银的对比

性能	火焰法	无火焰法
灵敏度/g	10^{-8}	$10^{-10}\sim10^{-12}$
RSD/%	<5	>10
选择性	可直接测定	可直接测定
设备和成本	仪器设备简单、成本低	仪器设备复杂、成本高
稳定性	好	一般
测定范围	广	较窄

为了发挥原子吸收光谱法的优势，广大分析工作者做了大量工作，如采用预富集浓缩、石英缝管技术、原子捕集技术等，进一步提高方法的灵敏度，满足不同含量银的测定要求，使之成为测定银的行之有效的方法。

原子吸收光谱法按其测定方式，分为直接测定法和预富集分离法。预富集分离又分为溶剂萃取、萃取色谱、离子交换等。

原子吸收光谱法采用空气-乙炔火焰，以银空心阴极灯为辐射光源，以 328.1nm 为吸收线，溶液中共存的各种阴阳离子均不干扰测定。但如果称样量较大，稀释体积较小时，其背景值较大，此时须用氘灯扣除背景吸收。也可用非吸收线（332.3nm）进行背景校正。

该方法适用于矿石中 20~1000g/t 银的测定。

4. 原子发射光谱法——平面光栅摄谱仪

银属于易挥发元素，在炭电弧游离元素的挥发顺序中它是位于前半部，在 Fe、Cu 之间，Pb 的之后。用电弧光源蒸发铅的试金熔珠时，银要在大部分铅蒸发之后才进入弧焰。在银和金同时存在的矿石中，银总是比金和其他铂族元素蒸发得更快。银的电弧光谱线并不多，灵敏线仅有 328.068nm 和 338.289nm 两条。其中 328.068nm 更灵敏些，测定灵敏度通常可达 1×10^{-4}%。其余的次灵敏线，如 224.641nm、241.318nm、243.779nm、520.907nm、546.549nm 等，测定灵敏度仅为 0.03%~0.1%。银缺乏中等灵敏度的谱线。采用上述两条灵敏线测定地质样品中的银是很方便的。它们的光谱干扰很少，对于 Ag 328.068nm 需注意 Mn 328.076nm 和 Zr 328.075nm 的干扰。当矿样中的 Cu、Zn 含量高时，Cu 327.396nm、Cu 327.982nm 以及 Zn 328.233nm 的扩散背景，也将对这根银线产生极不利的影响。

5. 原子发射光谱法——等离子体法

（1）ICP-AES　ICP-AES 具有良好的检出限和分析精密度，基体干扰小，线性动态范围宽，以及试样处理简便等优点，因此，它已广泛应用于地质、冶金、机械制造、环境保护、生物医学、食品等领域。ICP-AES 测银常用的谱线是 328.07nm。

用 ICP-AES 测银，主要解决基体干扰问题。对于含量较高的试样，经稀释后可不经分离富集而直接测定，对于含微量银的试样，必须经过分离富集，常用手段仍然是火试金、活性炭吸附富集分离、泡沫塑料富集分离等。如果分离方法合适，尚可实现贵金属多元素的同时测定。

（2）ICP-MS　ICP-MS 具有许多独特的优点，与 ICP-AES 相比，ICP-MS 的主要优点是：①检出限低；②谱线简单，谱线干扰少；③可进行同位素及同位素比值的测定。用 ICP-MS 测定银，基体干扰仍是主要问题，除了经典的火试金法外，也可根据试样性质的不同采用相应的分离手段。

🔖 项目小结

金的分离富集方法和测定手段都比较多，综合考虑分析速度、准确度、分析成本、方法的普及难易程度，泡沫塑料吸附-原子吸收光谱法应用最广泛。

对于银量在 10g/t 以上的矿样都可采用直接原子吸收光谱法，一般都在酸性或氨性介质中测定。采用的酸性介质有 HCl 介质、HCl-HNO₃ 介质、HNO₃ 介质、HClO₄ 介质。HCl 介质为 10%~20%，由于酸度大，对雾化器腐蚀严重，有人采用 HCl-NH₄Cl、HCl-硫脲、HNO₃-硫脲介质。采用 HCl-硫脲介质，能避免大量钙、铁的吸收干扰。若在 HClO₄-硫脲介质中进行测定，可测定高铜、高铅中的银。在上述介质中引入酒石酸铵、碳酸铵、柠檬酸铵、酒石酸等掩蔽剂，可消除锰、钙、铅等元素的干扰。在 HClO₄-硫脲、HCl-硫脲、HNO₃-硫脲介质中测定银是目前原子吸收光谱法测定银的较好方法。

🔖 练一练测一测

一、单选题

1. 金最容易溶解在（　　）中。

A. 盐酸　　　　　B. 王水　　　　　C. 硝酸　　　　　D. 硫酸

2. 将泡塑块投入含金溶液中振荡吸附金是（   ）。

A. 泡塑动态吸附法   B. 泡塑静态吸附法

C. 离子交换法   D. 以上都不对

3. 贵金属分析中，试样不经过焙烧处理其测试结果将（   ）。

A. 偏低   B. 偏高   C. 不影响   D. 以上都不对

4. 密度最大的金属元素是（   ）。

A. 金   B. 铱   C. 锇   D. 铑

二、多选题

1. 下列哪些元素属于贵金属元素？（   ）

A. 金   B. 银   C. 铜   D. 钯

2. 常用于贵金属元素分离和富集的方法有（   ）。

A. 火试金法   B. 泡沫塑料吸附法

C. 萃取法   D. 活性炭吸附法

3. 用于贵金属检测的仪器分析法有（   ）。

A. AAS   B. AFS   C. ICP-AES   D. ICP-MS

4. 泡沫塑料吸附法测金时解吸方式有（   ）。

A. 灰化灼烧法   B. 硫脲解吸法

C. 甲基异丁基酮（MIBK）解吸法

D. 硝酸-氯酸钾分解法

5. 泡沫塑料吸附法有什么特点？（   ）

A. 回收率高   B. 速度快

C. 成本低   D. 操作简单

6. 铅试金法步骤有（   ）。

A. 配料   B. 熔炼   C. 灰吹   D. 分金

7. 矿石中银的检测方法有（   ）。

A. 平面光栅摄谱法   B. 原子吸收光谱法

C. 等离子体原子发射光谱法   D. 火试金法

8. 金的滴定法主要依靠氧化还原反应，包括（   ）。

A. 碘量法   B. EDTA 滴定法

C. 硫酸铈滴定法   D. 氢醌法

参考答案

一、单选题

1. B   2. B   3. A   4. C

二、多选题

1. A、B、D   2. A、B、C、D   3. A、C、D   4. A、B、C、D   5. A、B、C、D

6. A、B、C、D   7. A、B、C、D   8. A、C、D

项目八
硅酸盐系统分析

 项目引导

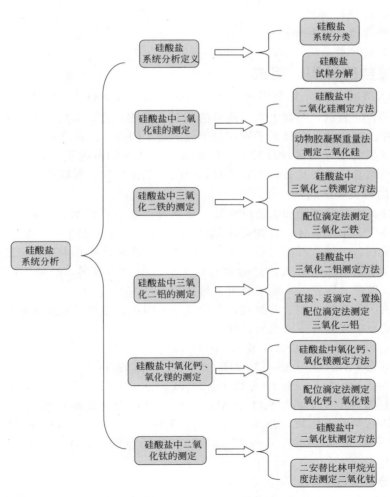

硅酸盐试样的系统分析，已有 100 多年的历史。从 20 世纪 40 年代以来，由于试样分解方法的改进和新的测试方法与测试仪器的应用，已有多种分析系统。硅酸盐岩石和矿物的全分析在地质样品、工业原料、工业产品的生产和控制分析中就很有代表性，而且在地质学的研究和勘探、工业建设中都具有十分重要的意义。在地质学方面，根据全分析结果不仅能给矿物命名，而且还可以了解岩石的成分变化、迁移、分散，阐明岩石的成因，指导地质普查勘探工作。在工业建设方面，首先，许多岩石和矿物本身就是工业、国防上的重要材料和原料，如硅酸盐石中的云母、长石、石棉、滑石、石英砂等；其次，有许多元素主要取自硅酸盐石，如锂、铍、硼、铷、铯、锆等；再次，工业生产过程中常常需要对原材料、中间产品、成品和废渣等进行与岩石全分析相类似的全分析，以指导、监控生产工艺过程和鉴定产品质量。

任务一　硅酸盐系统分析

任务要求

1. 知道硅酸盐分析项目
2. 学会硅酸盐试样制备与分解
3. 学会硅酸盐分析系统

一、硅酸盐的种类、组成

硅酸是 SiO_2 的水合物，它有多种组成，如偏硅酸（H_2SiO_3）、焦硅酸（$H_6Si_2O_7$）等可用 $xSiO_2 \cdot yH_2O$ 表示，习惯上常用简单的偏硅酸代表硅酸，硅酸盐是硅酸中的氢被铁、铝、钙、镁、钾、钠及其他金属离子取代而生成的盐。因为 x、y 的不同，将形成元素种类不同、含量也有很大差异的多种硅酸盐。硅酸盐在自然界的分布很广，种类繁多，结构复杂，大多是硅铝酸盐。硅酸盐分析主要是对其中的二氧化硅和金属氧化物的分析。

1. 硅酸盐的种类和组成

硅酸盐可分为天然硅酸盐和人造硅酸盐。天然硅酸盐包括硅酸盐岩石和硅酸盐矿物等，在自然界分布较广，按质量计，占地壳质量的 85% 以上。在工业上，常见的天然硅酸盐有长石、黏土、滑石、云母、石棉和石英等。除此之外，在所有矿石中都含有硅酸盐杂质，例如煤渣及冶炼金属的炉渣等。人造硅酸盐是以天然硅酸盐为原料，经加工而制得的工业产品，例如水泥、玻璃、陶瓷、水玻璃和耐火材料等。

用分子式表示所有的硅酸盐的组成，非常复杂。因此，通常用硅酸酐和构成硅酸盐的所有金属氧化物的分子式分开写以表示，例如：

正长石　$K_2O \cdot Al_2O_3 \cdot 6SiO_2$ 或 $K_2Al_2Si_6O_{16}$

白云母　$K_2O \cdot 3Al_2O_3 \cdot 6SiO_2 \cdot 2H_2O$ 或 $H_4K_2Al_6Si_6O_{24}$

石　棉　$CaO \cdot 3MgO \cdot 4SiO_2$ 或 $CaMg_3Si_4O_{12}$

硅酸盐水泥熟料中的 CaO、SiO_2、Al_2O_3 和 Fe_2O_3 四种主要氧化物占总量的 95% 以上，另外还有其他少量氧化物，如 MgO、SO_3、TiO_2、P_2O_5、Na_2O、K_2O 等。四种主要氧化物的含量一般是：CaO 62%～67%，SiO_2 20%～24%，Al_2O_3 4%～7%，Fe_2O_3 2.5%～6%。

2. 硅酸盐分析项目

在硅酸盐工业中，应根据工业原料和工业产品的组成、生产过程控制等要求来确定分析项目，一般测定项目为水分、烧失量、不溶物、SiO_2、Al_2O_3、Fe_2O_3、TiO_2、CaO、MgO、Na_2O、K_2O 等。依据物料组成的不同，有时还要测定 MnO、F、Cl、SO_3、硫化物、P_2O_5、B_2O_3、FeO 等。

3. 硅酸盐全分析结果的表示和计算

硅酸盐全分析的分析报告中各组分的测定结果应按该组分在物料中的实际存在状态表示。硅酸盐矿物、岩石可认为是由组成酸根的非金属氧化物和各种金属氧化物构成，故都表示为氧化物的形式。当然，例如铁，按其存在状态不同，应分别表示为全铁 [Fe_2O_3 (T)]、氧化铁（Fe_2O_3）、氧化亚铁（FeO）、金属铁（Fe）等。对于高、中、低含量的分析结果，一般均以质量分数表示。

硅酸盐全分析的结果，要求各项的质量分数总和应在 100%±0.5% 范围内（国家储备委员会规定两个级别：Ⅰ级 99.3%～100.7%；Ⅱ级 98.7%～101.3%），一般允差不超过±1%。如果加和总结果低于 100%，则表明有某种主要成分未被测定或存在较大的偏低因素。反之，若加和总结果高于 100%，则表明成分的测定结果存在较大的偏高因素，应从主要成分的含量找原因，也可能是在加和总结果时将某些成分的结果重复相加。例如，CaF_2 的含量已包括在 CaO 和 F 的结果中，不溶物的含量已包括在 SiO_2 和 Al_2O_3 等结果中。同时，硅酸盐试样的分析结果通常以氧化物的质量分数报出，如含有 CaF_2、FeO 等特殊成分，以高价氧化物的形式报出结果，就人为地多配了氧而使结果偏高。还需注意的是，在测定烧失量时，某些非烧失量的成分发生分解，造成烧失量不稳定且结果偏高，例如铁矿石、萤石等试样。

为获得全分析的可靠数据，必须严格检查与合理处理分析数据。除内外检查和单项测定的误差控制外，常用计算全分析各组分质量分数总和的方法来检查各组分的分析质量。同时，借此检查是否存在"漏测"组分，检查一些组分的结果表示形式是否符合其在矿物中的实际存在状态。

二、硅酸盐试样的准备和分解

（一）硅酸盐试样的处理

1. 磨碎

原材料试样在制备过程中，应研细至全通过 0.080mm 的方孔筛，并充分混匀。

如果试样取自出磨的物料（如出磨生料、出磨水泥），应检查其粒度是否符合要求。一般可用手研法初试其粒度，如能感觉到有颗粒状物质，则试样太粗。应取一定量的试样，在玛瑙研钵中研细、过筛，筛余物再研细，直到全部通过 0.080mm 的方孔筛为止，然后混匀。

2. 试样的烘干

试样吸附的水分为无效成分，一般在分析前应将其除去。除去吸附水分的办法通常是在一定温度下将试样烘干一定时间。如黏土、生料、石英砂、矿渣等原材料，在 105～110℃ 下烘干 2h。黏土试样烘干后吸水性很强，冷却后要快速称量。

水泥试样、熟料试样不烘干。

（二）硅酸盐试样的分解

1. 分析试样的制备方法

分析试样的制备一般要经过破碎、过筛、混匀和缩分四道工序，具体还需要根据样品的种类和用途而定。如果对试样进行筛分分析、测定粒度，则必须保持原来的粒度组成，而不能进行破碎，这时只需将试样混合与缩分即可。

供化学分析用的试样必须要求颗粒细而均匀，除严格遵守制样条例外，还必须做到以下几点：

① 试样必须全部通过 0.080mm 的方孔筛，并充分混匀，装入带有磨口塞的瓶中。

② 在分析前，试样需在 105～110℃ 的电热烘箱中烘干 2h 左右（水泥、熟料除外），以去掉吸附水分。

③ 采用锰钢磨盘研磨的试样，必须用磁铁将其引入的铁尽量吸掉，以减少沾污。据报道，用锰钢磨盘将试样研磨至 0.15～0.106mm（100～150 筛目），可以引入 0.1% 左右的金属铁，而且，这种沾污的程度还与样品的硬度有关。

④ 样品一定要妥善保管，以备试样结果复验、抽查和发生质量纠纷时进行仲裁。标签要详细清楚。水泥、熟料等易受潮的样品应用封口铁桶和带盖的磨口瓶保存。出厂水泥的样品保存期为三个月，其他样品一般应保存一周左右。

2. 试样的分解处理方法

（1）酸分解法

硅酸盐的酸分解方法操作简单、快速，应优先采用。现将硅酸盐分析中常用的无机酸和它们的性质，以及在分解过程中所起的作用简述如下。

① 盐酸。在硅酸盐系统分析中，利用盐酸的强酸性、氯离子的配位性，可以分解正硅酸盐矿物、品质较好的水泥和水泥熟料试样。例如，GB/T 176—2017《水泥化学分析方法》中，以氯化铵重量法测定水泥或水泥熟料中的二氧化硅时，若试样中酸不溶物含量小于 0.2%，则可用盐酸分解试样。分离除去二氧化硅后所得试样溶液可用来测定铁、铝、钛、钙、镁等成分。

用盐酸分解试样时宜用玻璃、塑料、陶瓷、石英等器皿，不宜使用金、铂、银等器皿。

② 磷酸。磷酸是一种中强酸，在 200～300℃（通常在 250℃ 左右）时是一种强有力的溶剂，因在该温度下磷酸变成焦磷酸，具有很强的配位能力，能溶解不被盐酸、硫酸分解的硅酸盐、硅铝酸盐、铁矿石等矿物试样。但在系统分析中，溶液中有大量的磷酸存在是不适宜的，因为磷酸与许多金属离子会形成难溶性化合物，会干扰配位滴定法对铁、铝、钙、镁等元素的测定，故磷酸溶样只适用于某些元素的单项测定，如在水泥控制分析中，铁矿石、生料试样中铁的快速测定，萤石中氟的蒸馏法测定，水泥中三氧化硫的还原碘量法测定等。

由于磷酸对许多硅酸盐矿物的作用甚微，所以常加入其他酸或辅助试剂，如与 HF 联用，可以彻底分解硅酸盐矿物。用磷酸分解试样时，温度不宜太高，时间不宜太长，否则会析出难溶性的焦磷酸盐或多磷酸盐；同时，对玻璃器皿的腐蚀比较严重。

③ 氢氟酸。氢氟酸是弱酸，但却是分解硅酸盐试样最有效的溶剂，因为 F⁻ 可与硅酸盐中的主要成分硅、铝、钛等形成稳定的易溶于水的配离子。氢氟酸分解的常用方案有三种。第一，用氢氟酸与硫酸或高氯酸混合，可分解绝大多数硅酸盐矿物。使用氢氟酸和硫酸（高氯酸）分解试样，通常是为了测定除二氧化硅以外的其他组分，或硅的存在对其他组分有干扰时，将二氧化硅以四氟化硅形式挥发。加入硫酸的作用是可防止试样中的钛、锆、铌等元素与氟形成挥发性化合物而损失，同时利用硫酸的沸点（338℃）高于氢氟酸沸点（120℃）的特点，加热除去剩余的氢氟酸，以防止铁、铝等形成稳定的氟配合物而无法进行测定。第二，用氢氟酸或氢氟酸加硝酸分解样品，用于测定 SiO_2。第三，用氢氟酸于 120～130℃ 温度下增压溶解，所得制备溶液可系统分析测定 SiO_2、Al_2O_3、Fe_2O_3、TiO_2、MnO、CaO、MgO、Na_2O、K_2O、P_2O_5 等。

由于能与玻璃作用，因此不能在玻璃器皿中用氢氟酸处理试样，也不宜用银、镍器皿，只能用铂器皿或塑料器皿。目前国内广泛采用聚四氟乙烯器皿。

④ 硝酸。硝酸是具有强氧化性的强酸，作为溶剂，它兼有酸的作用和氧化作用，溶解

能力强而且快。一般用于单项测定中溶样，如用氟硅酸钾容量法测定水泥熟料中 SiO_2 时，多用硝酸分解试样。但在系统分析中很少采用硝酸溶样，这是由于硝酸在加热蒸发过程中易形成难溶性碱式盐沉淀而干扰测定。

⑤ 硫酸。浓硫酸具有强氧化性和脱水作用，可用来分解萤石（CaF_2）和破坏试样中的有机物。硫酸的沸点（338℃）比较高，加热蒸发到冒出 SO_3 白烟，可除去试样溶液中挥发性的 HCl、HNO_3、HF 及水。此性质在硅酸盐分析中应用较多。

⑥ 高氯酸。高氯酸是最强的酸，沸点为203℃，用它赶走低沸点酸后，残渣加水很容易溶解，而用 H_2SO_4 蒸发后的残渣常常不易溶解。因此，$HClO_4$ 可用于除去溶样后剩余的氢氟酸。热的浓高氯酸具有强氧化性和脱水性，遇有机物或某些无机还原剂（如次亚磷酸、三价锑等）时会剧烈反应，发生爆炸。高氯酸蒸气与易燃气体混合形成猛烈爆炸的混合物，在操作时应特别小心。高氯酸价格昂贵，一般必要时才使用它。

（2）熔融分解法

熔融分解法属于干法分解，主要在高温条件下，通过对样品晶格的破坏，使难溶晶体（原子晶体）转化成易溶晶体（离子晶体）。根据所使用熔剂性质的不同，又分为碱熔融法和酸熔融法。

① 碱熔融法。使用碱性物质作为熔剂熔融分解试样的方法称为碱熔融法，主要用于酸性氧化物（如二氧化硅）含量相对较高的样品的分解处理。碱性熔剂种类很多，性质不同，用途也不同。

② 酸熔融法。使用酸性物质作为熔剂熔融分解试样的方法称为酸熔融法，主要用于对碱性氧化物含量较高的试样分解处理，如 Al_2O_3、红宝石等。

酸熔融法中主要使用的熔剂是焦硫酸钾，熔融后变成金属的硫酸盐。这种熔剂对酸性矿物的作用很小，一般的硅酸盐矿物很少用这种熔剂进行熔融。

（3）半熔法（烧结法）

在半熔状态下，分解试样的方法称为半熔融法，主要是以碳酸钙和氯化铵混合物作为熔剂，多用于测定硅酸盐中钾、钠含量。

半熔法的优点是：①熔剂用量少，带入的干扰离子少；②熔样时间短，操作速度快，烧结块易脱坩便于提取，同时也减轻了对铂坩埚的侵蚀作用。此方法多用于较易熔样品的处理，如水泥、石灰石、水泥生料、水泥熟料等，而对一些较难熔的样品则难以分解完全，因此有一定的局限性。

三、硅酸盐系统分析方法类型

1. 系统分析和分析系统含义

在一份称样中测定一两个项目称为单项分析。而系统分析则是在一份称样分解后，通过分离或掩蔽的方法消除干扰离子对测定的影响，再系统地、连贯地进行数个项目的依次测定。

56. 硅酸盐分析系统

分析系统是在系统分析中从试样分解、组分分离到依次测定的程序安排。在需要测定一个样品中多个组分时，建立一个科学的分析系统，进行多项目的系统分析，则可以减少试样用量，避免重复工作，加快分析速度，降低成本，提高效率。

分析系统的优劣不仅影响分析速度和成本，而且影响到分析结果的可靠性。一个好的分析系统必须具备以下条件：

① 称样次数少。一次称样可测定项目较多，完成全分析所需称样次数少，不仅可以减少称样、分解试样的操作，节省时间和试剂，还可以减少这些操作而引入的误差。

② 尽可能避免分析过程的介质转换和引入分离的方法。这样既可加快分析速度，又可以避免由此引入的误差。

③ 所选测定方法必须有好的精密度和准确度。这是保证分析结果可靠性的基础。同时，方法的选择性尽可能较高，以避免分离手续，操作更快捷。

④ 应用范围广。这包括两方面含义：一方面是分析系统适用的试样类型多；另一方面是在分析系统中各测定项目的含量变化范围大时均可适用。

⑤ 称样、试样分解、分液、测定等操作易于计算机联机，实现自动分析。

2. 硅酸岩石分析系统

硅酸盐试样的分析系统，已有 100 多年的历史。20 世纪 40 年代以来，由于试样分解方法的改进和新的测试方法、测试仪器的应用，已有多种分析系统，习惯上可粗略地分为经典分析系统和快速分析系统两大类。

（1）经典分析系统

硅酸盐经典分析系统基本建立在沉淀分离和重量法的基础上，是定性分析化学中元素分组法的定量发展，是有关岩石全分析中出现最早、在一般情况下可获得准确分析结果的多元素分析流程。该系统如图 8-1。

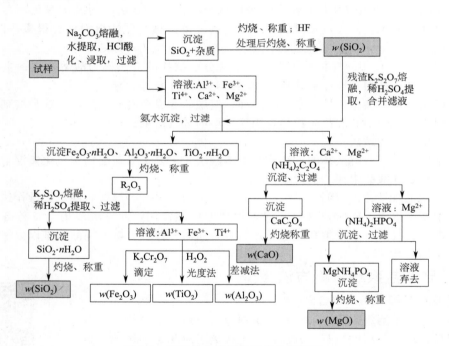

图 8-1　硅酸盐全分析的经典分析系统

硅酸盐经典分析系统的主要特点是具有显著的连续性。但是，由于测定各个组分时，需要反复沉淀，过滤分离，再结合灼烧、称重等重量法操作，难以满足快速分析的要求。目前在标样研制、外检分析及仲裁分析中应用。

（2）快速分析系统

随着近代科学技术的发展，以及大批物料分析和例行分析的需要，从 1947 年开始，陆续出现了一些快速分析系统。这些快速分析系统是伴随着试样分解方法和各主要成分的测定方法的改进而不断变化和发展的。20 世纪 50 年代形成以重量法、滴定法和比色法等纯化学方法为主的完善的快速分析系统。直到 60 年代以后，由于 HF、锂硼酸盐分解试样方法的应用，原子吸收分光光度法、电化学分析方法等仪器分析方法和计算机在分析化学中应用的迅速发展，出现了很多以仪器分析方法为主的、完成整个分析流程所需时间越来越短的新的快速分析系统。这些快速分析系统以分解试样的方法为特征，可分为碱熔、酸熔、锂盐熔融分解三类。

① 碱熔快速分析系统。用 Na_2CO_3、$NaOH$ 或 Na_2O_2 为熔剂进行高温熔融分解；熔融物用热水提取，HCl 或 HNO_3 酸化，无须分离，可分别进行硅、铁、铝、钙、镁、钛等的测定。钾和钠需另取样测定。碱熔快速分析系统如图 8-2。

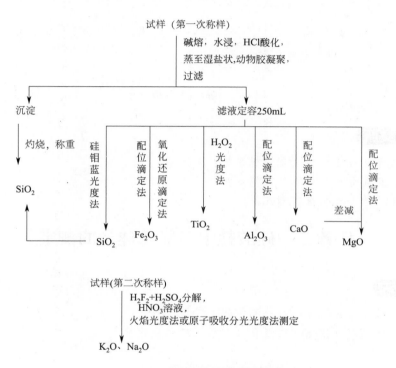

图 8-2　硅酸盐碱熔快速分析系统

② 酸熔快速分析系统。用 HF 或 HF-$HClO_4$、HF-H_2SO_4 等分解试样，测定铁、铝、钙、镁、钾、钠、锰等，硅的测定则需另称样，测定方法与碱熔系统相同。图 8-3 为酸熔快速分析系统。

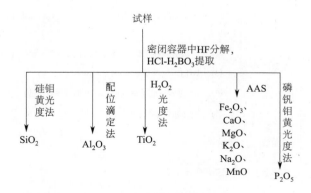

图 8-3　酸熔快速分析系统

③ 锂盐熔融分析系统。用偏硼酸锂或碳酸钠-硼酸酐熔融分解，熔块用 HCl 提取后以重量法测硅，其他项目的测定方法与前面各分析系统相同。图 8-4 为锂盐熔融分析系统。

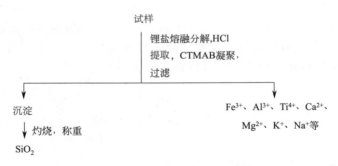

图 8-4   锂盐熔融分析系统

💡 思考与交流

1. 什么是系统分析？什么是分析系统？
2. 硅酸盐经典分析系统有什么特点？
3. 硅酸盐快速分析系统有哪几类？

任务二   硅酸盐中二氧化硅量的测定

💡 任务要求

1. 知道硅酸盐中二氧化硅的检测方法
2. 学会动物胶凝聚法测定二氧化硅含量原理和操作技术

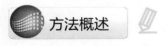 方法概述

硅酸盐中二氧化硅的测定方法较多，通常采用重量法（氯化铵法、盐酸蒸干法等）和氟硅酸钾容量法。对硅含量低的试样，可采用硅钼蓝等光度法。测定方法如图 8-5。

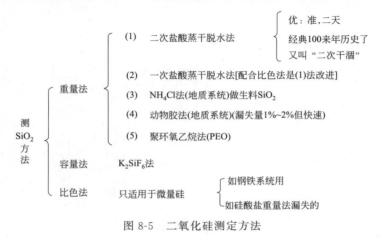

图 8-5   二氧化硅测定方法

一、重量法

测定 SiO_2 的重量法主要有氢氟酸挥发重量法和硅酸脱水灼烧重量法两类。氢氟酸挥发重量法是将试样置于铂坩埚中经灼烧至恒重后，加 $HF\text{-}H_2SO_4$（或 $HF\text{-}HNO_3$）处理后，再灼烧至恒重用差减法计算 SiO_2 的含量。该方法只适用于较纯的石英样品中 SiO_2 的测定，无实用意义。而硅酸脱水灼烧重量法则在经典和快速分析系统中得到了广泛的应用。其中，两次盐酸蒸干脱水重量法是测定高、中含量 SiO_2 最精确、经典的方法；采用动物胶、聚环氧乙烷、十六烷基三甲基溴化铵（CTMAB）等凝聚硅酸胶体的快速重量法是长期应用于例行分析的快速分析方法。下面重点介绍动物胶凝聚硅酸的重量法。

1. 硅酸的性质和硅酸胶体的结构

硅酸有多种形式，其中偏硅酸是硅酸中最简单的形式。它是二元弱酸，其电离常数 K_1 和 K_2 分别为 $10^{-9.3}$ 和 $10^{-12.16}$。在 pH 值为 $1\sim3$ 或大于 13 的低浓度（$<1mg/mL$）硅酸溶液中，硅酸以单分子形式存在。当 pH 值为 $5\sim6$ 时，聚合速率最快，并形成水溶性甚小的二聚物。所以，在含有 EDTA、柠檬酸等配位剂配合铁（Ⅲ）、铝、铀（Ⅳ）、钛等金属离子以抑制其沉淀的介质中，滴加氨水至 pH 为值 $4\sim8$，硅酸几乎可完全沉淀。这是硅与其他元素分离的方法之一。

天然石英和硅酸盐岩石矿物试样与苛性钠、碳酸钠共熔时，试样中的硅酸盐全部转变为偏硅酸钠。熔融物用水提取，盐酸酸化时，偏硅酸钠转变为难离解的偏硅酸，金属离子均成为氯化物。反应式如下：

$$Na_2SiO_3 + 2HCl \longrightarrow H_2SiO_3 + 2NaCl$$
$$KAlO_2 + 4HCl \longrightarrow KCl + AlCl_3 + 2H_2O$$
$$NaFeO_2 + 4HCl \longrightarrow FeCl_3 + NaCl + 2H_2O$$
$$MgO + 2HCl \longrightarrow MgCl_2 + H_2O$$

提取液酸化时形成的硅酸存在三种状态：一部分呈白色片状的水凝聚胶析出；一部分呈水溶胶，以胶体状态留在溶液中；还有一部分以单分子溶解状态存在，能逐渐聚合变成溶胶状态。

硅酸溶胶胶粒带负电荷，这是由于胶粒本身表面层的电离而产生的。胶核 $(SiO_2)_m$ 表面的 SiO_2 分子与水分子作用，生成 H_2SiO_3 分子，部分的 H_2SiO_3 分子离解生成 SiO_3^{2-} 和 H^+，这些 SiO_3^{2-} 又吸附在胶粒的表面。胶体的结构如图 8-6。

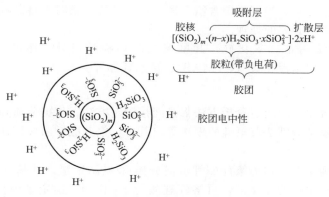

图 8-6　硅酸胶体结构

　　显然，硅酸溶胶胶粒均带有负电荷，同性电荷相互排斥，降低了胶粒互相碰撞而结合成较大颗粒的可能性。同时，硅酸溶胶是亲水性胶体，在胶体微粒周围形成紧密的水化外壳，也阻碍着微粒互相结合成较大的颗粒，因而硅酸可以形成稳定的胶体溶液。若要使硅酸胶体聚沉，必须破坏其水化外壳和加入强电解质或带有相反电荷的胶体，以减少或消除微粒的电荷，使硅酸胶体微粒凝聚为较大的颗粒而聚沉。这就是在硅酸盐系统分析中测定 SiO_2 的各种凝聚重量法的原理。

2. 硅酸凝聚重量法

　　在硅酸凝聚重量法中，使用最广泛的凝聚剂是动物胶。动物胶是一种富含氨基酸的蛋白质，在水中形成亲水性胶体。由于其中氨基酸的氨基和羧基并存，在不同酸度条件下，它们既可接受质子，又可放出质子，从而显示为两性电解质。pH＝4.7 时，其放出和接受的质子数相等，动物胶粒子的总电荷为零，即体系处于等电态；pH＜4.7 时，其中的氨基—NH_2 与 H^+ 结合成—NH_3^+ 而带正电荷；pH＞4.7 时，其中的羧基电离，放出质子，成为—COO^-，使动物胶粒子带负电荷。

　　在硅酸介质中，硅酸胶粒带负电荷，动物胶质点带正电荷，可以发生相互吸引和电性中和，使硅酸胶体凝聚。另外，动物胶是亲水性很强的胶体，它能从硅酸质点上夺取水分，以破坏其水化外壳，促使硅酸胶体凝聚。

　　用动物胶凝聚硅酸时，其完全程度与凝聚时的酸度、温度及动物胶的用量有关。由于试液的酸度越高，胶团水化程度越小，它们的凝聚能力越强，因此在加动物胶之前应先把试液蒸发至湿盐状，然后加浓盐酸，并控制其酸度在 8mol/L 以上。凝聚温度控制在 60～70℃，在加入动物胶并搅拌 100 次以后，保温 10min。温度过低，凝聚速度慢，甚至不完全，同时吸附杂质多；温度过高，动物胶会分解，使其凝聚能力减弱。过滤时应控制试液温度在 40℃，以降低水合二氧化硅的溶解度。动物胶用量一般控制在 25～100mg，少于或多于此量时，硅酸将复溶或过滤速度减慢。

　　由于硅酸沉淀具有强烈的吸附能力，所以在析出硅酸时，总是或多或少地吸附有 Fe^{3+}、Al^{3+}、Ti^{4+} 等杂质。为此，在过滤时必须采用正确的洗涤方法将杂质除去。首先，用热的 2%～5% 的盐酸洗去 Fe^{3+} 等杂质，然后用热水将残留的盐酸和氯化钠洗去。

　　用动物胶凝聚的重量法，只要正确掌握蒸干、凝聚条件，凝聚后的体积，以及沉淀过滤时的洗涤方法等，滤液中残留的二氧化硅和二氧化硅沉淀中存留的杂质均可低于 2mg，故在一般的例行分析中，对沉淀和滤液中二氧化硅不再进行校正。但是，在精密分析中尽量要求做出必要的处理。另外，当试样中含氟、硼、钛、锆等元素时，将影响分析结果，应视具体情况和质量要求做出必要的处理。

　　硅酸凝聚重量法测定二氧化硅，其凝聚剂除动物胶以外，还可以采用聚环氧乙烷（PEO）、十六烷基三甲基溴化铵（CTMAB）、聚乙烯醇等。

二、滴定法

　　测定样品中二氧化硅的滴定分析方法都是间接测定方法。依据分离和滴定方法的不同分为硅钼酸喹啉法、氟硅酸钾法及氟硅酸钡法等。其中，氟硅酸钾法应用最广泛，下面做重点介绍。

　　氟硅酸钾法，确切地应称为氟硅酸钾沉淀分离-酸碱滴定法。其基本原理是：在强酸介质中，在氟化钾、氯化钾的存在下，可溶性硅酸与 F^- 作用，能定量地析出氟硅酸钾沉淀，该沉淀在沸水中水解析出氢氟酸，可用标准氢氧化钠溶液滴定，从而间接计算出样品中二氧化硅的含量。其反应如下：

$$SiO_2 + 2KOH \longrightarrow K_2SiO_3 + H_2O$$
$$SiO_3^{2-} + 6F^- + 6H^+ \longrightarrow [SiF_6]^{2-} + 3H_2O$$
$$[SiF_6]^{2-} + 2K^+ \longrightarrow K_2SiF_6 \downarrow$$
$$K_2SiF_6 + 3H_2O \longrightarrow 2KF + H_2SiO_3 + 4HF$$
$$HF + NaOH \longrightarrow NaF + H_2O$$

氟硅酸钾法测定二氧化硅时，影响因素多，操作技术也比较复杂。对试样的分解要注意分解方法和熔剂的选择，氟硅酸钾沉淀的生成要注意介质、酸度、氟化钾和氯化钾的用量以及沉淀时的温度和体积等的控制，还要注意氟硅酸钾沉淀的陈化、洗涤溶液的选择、水解和滴定的温度和 pH 以及样品中含有铝、钛、硼等元素的干扰等因素。氟硅酸钾法有关实验条件的影响讨论如下：

1. 试样的分解

单独称样测定二氧化硅，可采用氢氧化钾作熔剂，在镍坩埚中熔融，或以碳酸钾作熔剂，在铂坩埚中熔融。分析系统多采用氢氧化钠作熔剂，在银坩埚中熔融。对于高铝试样，最好改用氢氧化钾或碳酸钾熔样，因为在溶液中易生成比 K_3AlF_6 溶解度更小的 Na_3AlF_6 而干扰测定。

2. 溶液的酸度

溶液的酸度应保持在 3mol/L 左右。酸度过低易形成其他金属的氟化物沉淀而干扰测定；酸度过高将使 K_2SiF_6 沉淀反应不完全，还会给后面的沉淀洗涤、残余酸的中和操作带来麻烦。

使用硝酸比盐酸好，既不易析出硅酸胶体，又可以减弱铝的干扰。溶液中共存的 Al^{3+} 在生成 K_2SiF_6 的条件下亦能生成 K_3AlF_6（或 Na_3AlF_6）沉淀，从而严重干扰硅的测定。由于 K_3AlF_6 在硝酸介质中的溶解度比在盐酸中的大，不会析出沉淀，即防止了 Al^{3+} 的干扰。

3. 氯化钾的加入量

氯化钾应加至饱和，过量的钾离子有利于 K_2SiF_6 沉淀完全，这是本方法的关键之一。在操作中应注意以下事项：①加入固体氯化钾时，要不断搅拌，压碎氯化钾颗粒，溶解后再加，直到不再溶解为止，再过量 1~2g；②市售氯化钾颗粒如较粗，应用瓷研钵（不用玻璃研钵，以防引入空白）研细，以便于溶解；③氯化钾的溶解度随温度的改变较大，因此在加入浓硝酸后，溶液温度升高，应先冷却至 30℃ 以下，再加入氯化钾至饱和。否则氯化钾过量太多，给以后的过滤、洗涤及中和残余酸带来很大困难。

4. 氟化钾的加入量

氟化钾的加入量要适宜。一般硅酸盐试样，在含有 0.1g 试料的试验溶液中，加入 10mL KF 溶液（150g/L）即可。如加入量过多，则 Al^{3+} 易与过量的氟离子生成 K_3AlF_6 沉淀，该沉淀易水解生成氢氟酸而使结果偏高。

$$K_3AlF_6 + 3H_2O \longrightarrow 3KF + H_3AlO_3 + 3HF$$

注意量取氟化钾溶液时应用塑料量杯，否则会因腐蚀玻璃而带入空白。

5. 氟硅酸钾沉淀的陈化

从加入氟化钾溶液开始，沉淀放置 15~20min 为宜。放置时间短，K_2SiF_6 沉淀不完全；放置时间过长，会增强 Al^{3+} 的干扰。特别是高铝试样，更要严格控制。

K_2SiF_6 的沉淀反应是放热反应，所以冷却有利于沉淀反应完全。沉淀时的温度以不超过 25℃ 为宜；否则，应采取流水冷却，以免沉淀反应不完全，结果将严重偏低。

6. 氟硅酸钾的过滤和洗涤

氟硅酸钾属于中等细度晶体，过滤时用一层中速滤纸。为加快过滤速度，宜使用带槽长颈塑料漏斗，并在漏斗颈中形成水柱。

过滤时应采用倾泻法，先将溶液倒入漏斗中，而将氯化钾固体和氟硅酸钾沉淀留在塑料杯中，溶液滤完后，再用 50g/L 氯化钾溶液洗烧杯 2 次，洗漏斗 1 次，洗涤液总量不超过 25mL。洗涤时，应等上次洗涤液漏完后，再洗下一次，以保证洗涤效果。

洗涤液的温度不宜超过 30℃；否则，须用流水或冰箱来降温。

7. 中和残余酸

氟硅酸钾晶体中夹杂的金属阳离子不会干扰测定，而夹杂的硝酸却严重干扰测定。当采用洗涤法来彻底除去硝酸时，会使氟硅酸钾严重水解，因而只能洗涤 2～3 次，残余的酸则采用中和法消除。

中和残余酸的操作十分关键，要快速、准确，以防氟硅酸钾提前水解。中和时，要将滤纸展开、捣烂，用塑料棒反复挤压滤纸，使其吸附的酸能进入溶液被碱中和，最后还要用滤纸擦洗杯内壁，中和溶液至红色。中和完放置后如有褪色，就不能再作为残余酸继续中和了。

8. 水解和滴定过程

氟硅酸钾沉淀的水解反应分为两个阶段，即氟硅酸钾沉淀的溶解反应及氟硅酸根离子的水解反应，反应式如下：

$$K_2SiF_6 \longrightarrow 2K^+ + [SiF_6]^{2-}$$

$$[SiF_6]^{2-} + 3H_2O \longrightarrow H_2SiO_3 + 2F^- + 4HF$$

两步反应均为吸热反应，水温越高、体积越大，越有利于反应进行。故实际操作中，应用刚刚沸腾的水，并使总体积在 200mL 以上。

上述水解反应是随着氢氧化钠溶液的加入，K_2SiF_6 不断水解，直到终点滴定时才趋于完全。故滴定速度不可过快，且应保持溶液的温度在终点时不低于 70℃ 为宜。若滴定速度太慢，硅酸会发生水解而使终点不敏锐。

9. 注意空白

测定试样前，应检查水、试剂及用具的空白，一般不应超过 0.1mL 氢氧化钠溶液 （0.15mol/L），并将此值从滴定所消耗的氢氧化钠溶液体积中扣除。如果超过 0.1mL，应检查其来源，并设法减小或消除。例如，仅用阳离子交换树脂处理过的去离子水、搅拌时用带颜色的塑料筷子、使用玻璃量筒和许多划痕的旧烧杯脱坩等，均会造成较大的空白值。

三、光度法

硅的光度分析方法中，以硅钼杂多酸光度法应用最广，不仅可以用于重量法测定二氧化硅后的滤液中的硅（GB/T 176—2017），而且采用少分取滤液的方法或用全差示光度法可以直接测定硅酸盐样品中高含量的二氧化硅。

在一定的酸度下，硅酸与钼酸生成黄色的硅钼杂多酸（硅钼黄）$H_8[Si(Mo_2O_7)_6]$，可用于光度法测定硅。若用还原剂进一步将其还原成钼的平均价态为 +5.67 价的蓝色硅钼杂多酸（硅钼蓝），亦可用于光度法测定硅，而且灵敏度和稳定性更高。

硅酸与钼酸的反应如下：

$$H_4SiO_4 + 12H_2MoO_4 \longrightarrow H_8[Si(Mo_2O_7)_6] + 10H_2O$$

产物呈柠檬黄色，最大吸收波长为 350～355nm，摩尔吸光系数约为 $10^3 L/(mol \cdot cm)$，此方法为硅钼黄光度法。硅钼黄可在一定酸度下，被硫酸亚铁、氯化亚锡、抗坏血酸等还原剂还原。

$$H_8[Si(Mo_2O_7)_6]+2C_6H_8O_6 \longrightarrow H_8[Si(Mo_2O_7)_4(Mo_2O_5)_2]+2C_6H_6O_6+2H_2O$$

产物呈蓝色，$\lambda_{max}=810nm$，$\varepsilon_{max}=2.45\times10^4 L/(mol \cdot cm)$。通常采用可见分光光度计，于 650nm 波长处测定，摩尔吸光系数为 $8.3\times10^3 L/(mol \cdot cm)$，虽然灵敏度稍低，但恰好适于硅含量较高的测定。此方法为硅钼蓝光度法。

该方法应注意以下问题。

1. 正硅酸溶液的制备

硅酸在酸性溶液中能逐渐聚合，形成多种聚合状态。高聚合状态的硅酸不能与钼酸盐形成黄色硅钼杂多酸，而只有单分子正硅酸能与钼酸盐形生成黄色硅钼杂多酸，因此，正硅酸的获得是光度法测定二氧化硅的关键。

硅酸的聚合程度与硅酸的浓度、溶液的酸度、温度及煮沸和放置的时间有关。硅酸的浓度越高、酸度越大、加热煮沸和放置时间越长，则硅酸的聚合现象越严重。如果控制二氧化硅的浓度在 0.7mg/mL 以下，溶液酸度不大于 0.7mol/L，则放置 8d，也无硅酸聚合现象。

2. 显色条件的控制

正硅酸与钼酸铵生成的黄色硅钼杂多酸有两种形态：α-硅钼酸和 β-硅钼酸。它们的结构不同，稳定性和吸光度也不同。而且，它们被还原后形成的硅钼蓝的吸光度和稳定性也不相同。α-硅钼酸的黄色可稳定数小时，可用于硅的测定，甚至用于硅酸盐、水泥、玻璃等样品的分析，其结果可与重量法媲美。

不同形态的硅钼杂多酸的存在量与溶液的酸度、温度、放置时间及稳定剂的加入等因素有关，所以对显色条件的控制也非常关键。

酸度对生成黄色硅钼酸的形态影响最大。当溶液 pH<1.0 时，形成 β-硅钼酸，并且反应迅速，但不稳定，极易转变为 α-硅钼酸；当 pH 值为 3.8～4.8 时，主要生成 α-硅钼酸，且较稳定；当 pH 值为 1.8～3.8 时，α-硅钼酸和 β-硅钼酸同时存在。在实际工作中，若以硅钼黄（宜采用 α-硅钼酸）光度法测定硅，可控制 pH 值为 3.0～3.8；若以硅钼蓝光度法测定硅，宜控制生成硅钼黄（β-硅钼酸）的 pH 值为 1.3～1.5，将 β-硅钼酸还原为硅钼蓝的酸度控制在 0.8～1.35mol/L，酸度过低，磷和砷的干扰较大，同时有部分钼酸盐被还原。

同时，硅钼黄显色温度以室温（20℃左右）为宜。低于 15℃ 时，放置 20～30min；15～25℃ 时，放置 5～10min；高于 25℃ 时，放置 3～5min。温度对硅钼蓝的显色影响较小，一般加入还原剂后，放置 5min 测定吸光度。有时在溶液中加入甲醇、乙醇、丙酮等有机溶剂，可以提高 β-硅钼酸的稳定性，丙酮还能增大其吸光度，从而改善硅钼蓝光度法测定硅的显色效果。

3. 干扰元素及其消除

PO_4^{3-} 和 AsO_4^{3-} 与钼酸铵作用形成同样的黄色杂多酸，也能还原生成蓝色杂多酸，因此在硅钼蓝光度法中采用较高的还原酸度，以抑制磷钼酸和砷钼酸的还原，而且有利于硅钼酸的还原。

实验表明，毫克级的钍、铁、钒、钨、稀土元素、铜、钴、铅等对结果均无影响。但大量 Fe^{3+} 会降低 Fe^{2+} 的还原能力，使硅钼黄还原不完全，可加入草酸来消除。由于生成硅铜黄时溶液酸度很低，钛、锆、钍、锡会水解产生沉淀，带下部分硅酸，使结果偏低，可加入 EDTA 溶液来消除影响。大量 Cl^- 使硅钼蓝颜色加深，大量 NO_3^- 使硅钼蓝颜色变浅。

🖐 **任务实施**

操作： 动物胶凝聚重量法测定二氧化硅含量

一、检测流程

样品 $\xrightarrow{\text{NaOH}}$ 熔融 $\xrightarrow[\text{处理}]{\text{浓HCl}}$ H_2SiO_3 凝胶溶胶 $\xrightarrow[\text{蒸发干涸}]{\text{动物胶}}$ 凝聚沉淀 $SiO_2 \cdot \frac{1}{2}H_2O$ ↓

$\xrightarrow{\text{3:97HCl洗涤}}$ → $SiO_2 \cdot \frac{1}{2}H_2O$沉淀（纯净） $\xrightarrow{950\sim1000℃}$ SiO_2 → 称重 → %（无定形，吸水严重，迅速称量）

→ 滤液Fe、Al、Ca、Mg(Ti、Mn)测定

二、试剂配制

1. 氢氧化钠（AR）。
2. 盐酸洗液（$1.19g/cm^3$）（3＋97）。
3. 动物胶溶液（1%）：取动物胶1g溶于100mL热水中（用时配制）。

三、操作步骤

1. 熔样

称取在105℃烘干过的试样0.50g（精确至0.0001g）于镍坩埚中，加入3～4gNaOH，然后放入已升温至400℃的马弗炉中，继续升温至700℃，熔融10min（熔融物呈透明体状），取出稍冷，移入250mL烧杯中，加入20mL热水（立即盖上表面皿）并洗净镍坩埚（可用少许盐酸清洗坩埚）。

57. 动物胶凝聚重量法测定二氧化硅操作技术

2. 测定

在提取溶液中加20～30mL盐酸，将烧杯移至水浴上（或低温电热板上）蒸干，蒸干后取下加盐酸20mL，以少许水吹洗烧杯壁，在60～70℃保温10min，加入10mL新配制的动物胶溶液（1%），充分搅拌后再保温10min取下，加25mL热水，以中速定量滤纸过滤，滤液收集在250mL容量瓶中，以热盐酸洗液（3＋97）洗烧杯4～5次，并将沉淀全部移入滤纸内，然后用一小片滤纸擦净烧杯，也移入漏斗内，沉淀继续用盐酸洗液（3＋97）洗至无铁的黄色，用热水洗涤至无氯离子（用热水洗8～10次），滤液以水稀释至250mL刻度，摇匀，供测Fe、Al、Ti、Ca、Mg、Mn、P等用。

将滤纸连同沉淀一起移入已恒重的瓷坩埚中，低温灰化（马弗炉中的温度不得高于400℃）后继续升温至900～1000℃灼烧1h，取出，稍冷，放入干燥器中，冷却0.5h，灼烧至恒重。

58. 样品炭化

3. 数据处理

$$w(SiO_2) = \frac{m_1 - m_2}{m} \times 100\%$$

式中　$w(SiO_2)$——二氧化硅的质量分数,%;

　　　　m_1——坩埚质量＋沉淀质量，g;

　　　　m_2——坩埚质量，g;

　　　　m——称取试样质量，g。

四、实验指南与安全提示

1. 试样的处理

由于水泥试样中或多或少含有不溶物，如用盐酸直接溶解样品，不溶物将混入二氧化硅沉淀中，造成结果偏高。所以，在国家标准中规定，水泥试样一律用碳酸钠烧结后再用盐酸溶解。若需准确测定，应以氢氟酸处理。

59. 样品灰化

用盐酸浸出烧结块后，应控制溶液体积，若溶液太多，则蒸干耗时太长。通常加 5mL 浓盐酸溶解烧结块，再以约 5mL 盐酸（1＋1）和少量的水洗净坩埚。

2. 脱水的温度与时间

脱水的温度不要超过 110℃。若温度过高，某些氯化物（$MgCl_2$、$AlCl_3$ 等）将变成碱式盐，甚至与硅酸结合成难溶的硅酸盐，用盐酸洗涤时不易除去，使硅酸沉淀夹带较多的杂质，结果偏高。反之，若脱水温度或时间不够，则可溶性硅酸不能完全转变成不溶性硅酸，在过滤时会透过滤纸，使二氧化硅结果偏低，且过滤速度很慢。为保证硅酸充分脱水，又不致温度过高，应采用水浴加热。不宜使用砂浴或红外线灯加热，因其温度难以控制。

3. 沉淀的洗涤

为防止钛、铝、铁水解产生氢氧化物沉淀及硅酸形成胶体漏失，首先应以温热的稀盐酸（3＋97）将沉淀中夹杂的可溶性盐类溶解，用中速滤纸过滤，以热稀盐酸溶液（3＋97）洗涤沉淀 3～4 次，然后再以热水充分洗涤沉淀，直至无氯离子为止。但洗涤次数也不要过多，否则漏失的可溶性硅酸会明显增加，一般洗液体积不超过 120mL。洗涤的速度要快（应使用长颈漏斗，且在颈中形成水柱），防止因温度降低而使硅酸形成胶冻，以致过滤更加困难。

4. 沉淀的灼烧

实验证明，只要在 950～1000℃ 充分灼烧（约 1.5h），并且在干燥器中冷却至室温，灼烧温度对结果的影响并不显著。灼烧后生成的无定形二氧化硅极易吸水，故每次灼烧后冷却的条件应保持一致，且称量要迅速。灼烧前滤纸一定要缓慢灰化完全。坩埚盖要半开，不要产生火焰，以防造成二氧化硅沉淀的损失；同时，也不能有残余的炭存在，以免高温灼烧时发生下述反应而使结果产生负误差。

$$SiO_2 + 3C \longrightarrow SiC + 2CO \uparrow$$

5. 氢氟酸的处理

即使严格掌握烧结、脱水、洗涤等步骤的分析条件，在二氧化硅沉淀中吸附的铁、铝等杂质的量也能达到 0.1%～0.2%，如果在脱水阶段蒸发至干，吸附量还会增加。消除此吸附现象的最好办法就是将灼烧的不纯二氧化硅沉淀用氢氟酸加硫酸处理。处理后，SiO_2 以 SiF_4 形式逸出，减轻的质量即为纯 SiO_2 的质量。

💡 思考与交流

1. 硅酸盐中二氧化硅的检测方法有哪些？

2. 如何根据样品特性选择适合的二氧化硅检测方法？

任务三　硅酸盐中三氧化二铁量的测定

**任务要求**

1. 知道硅酸盐中三氧化二铁的检测方法
2. 学会配位滴定法测定三氧化二铁含量的原理和操作技术

方法概述

随环境及形成条件不同，铁在硅酸盐中呈现二价或三价状态。在许多情况下既需要测定试样中铁的总含量，又需要分别测定二价或三价铁的含量。三氧化二铁的测定方法有多种，如 $K_2Cr_2O_7$ 法、$KMnO_4$ 法、EDTA 配位滴定法、磺基水杨酸钠或邻二氮菲分光光度法、原子吸收分光光度法等。

60. 硅酸盐中三氧化二铁测定方法

一、重铬酸钾滴定法

重铬酸钾滴定法是测定硅酸盐岩石矿物中铁含量的经典方法，具有简便、快速、准确和稳定等优点，在实际工作中应用很广。在测定试样中的全铁、高价铁时，首先要将制备溶液中的高价铁还原为低价铁，然后用重铬酸钾标准溶液滴定。根据所用的还原剂不同，有不同的测定体系，其中常用的是 $SnCl_2$ 还原-重铬酸钾滴定法、$TiCl_3$ 还原-重铬酸钾滴定法、硼氢化钾还原-重铬酸钾滴定法等。

1. 氯化亚锡还原-重铬酸钾滴定法

在热酸盐介质中，以 $SnCl_2$ 为还原剂，将溶液中的 Fe^{3+} 还原为 Fe^{2+}，过量的 $SnCl_2$ 用 $HgCl_2$ 除去，在硫-磷混合酸的存在下，以二苯胺磺酸钠为指示剂，用 $K_2Cr_2O_7$ 标准溶液滴定 Fe^{2+}，直到溶液呈现稳定的紫色为终点。

该方法应注意以下问题：

① 在实际工作中，为了迅速地使 Fe^{3+} 还原完全，常将制备溶液加热到小体积时，趁热滴加 $SnCl_2$ 溶液滴至黄色褪去。浓缩至小体积，一方面提高了酸度，可以防止 $SnCl_2$ 的水解；另一方面提高了反应物的浓度，有利于 Fe^{3+} 的还原和还原完全时对颜色变化的观察。趁热滴加 $SnCl_2$ 溶液，是因为 Sn^{2+} 还原 Fe^{3+} 的反应在室温下进行得很慢，提高温度至近沸，可大大加快反应过程。

但是，在加入 $HgCl_2$ 除去过量的 $SnCl_2$ 时却必须在冷溶液中进行，并且要在加入 $HgCl_2$ 溶液后放置 3～5min，然后进行滴定。因为在热溶液中，$HgCl_2$ 可以氧化 Fe^{2+}，使测定结果不准确；加入 $HgCl_2$ 溶液后不放置，或放置时间太短，反应不完全，Sn^{2+} 未被除尽，同样会与 $K_2Cr_2O_7$ 反应，使结果偏高；放置时间过长，已还原的 Fe^{2+} 将被空气中的氧所氧化，使结果偏低。

② 滴定前加入硫-磷混合酸的作用：第一，加入硫酸可保证滴定时所需要的酸度；第二，H_3PO_4 与 Fe^{3+} 形成无色配离子 $[Fe(HPO_4)_2]^-$，既可消除 $FeCl_3$ 的黄色对终点颜色变化的影响，又可降低 Fe^{3+}/Fe^{2+} 电对的电位，使突跃范围变宽，便于指示剂的选择。但是，在 H_3PO_4 介质中，Fe^{2+} 的稳定性较差，必须注意在加入硫-磷混合酸后应尽快进行

滴定。

③ 二苯胺磺酸钠与 $K_2Cr_2O_7$ 反应很慢，微量 Fe^{2+} 的催化作用，使反应迅速进行，变色敏锐。指示剂被氧化时也消耗 $K_2Cr_2O_7$，故应严格控制其用量。

④ 铜、钛、砷、锑、钨、钼、铀、铂、钒、NO_3^- 及大量的钴、镍、铬、硅酸等的存在，均可能产生干扰。铜、钛、砷、锑、钨、钼、铀和铂在测定铁的条件下，可被 $SnCl_2$ 还原至低价，而低价的离子又可被 $K_2Cr_2O_7$ 滴定，产生正干扰。钒的变价较多，若被 $SnCl_2$ 还原完全，则使结果偏高；若部分被还原，其剩余部分可能导致 Fe^{2+} 被氧化，而使结果偏低。NO_3^- 对 Fe^{3+} 还原和 Fe^{2+} 的滴定均有影响。大量钴、镍、铬的存在，由于离子本身的颜色而影响终点的观察。较大量的硅酸呈胶体存在时，其吸附或包裹 Fe^{3+}，使 Fe^{3+} 还原不完全，从而导致结果偏低。

当试样中钛含量小于铁含量时，可通过在 $SnCl_2$ 还原 Fe^{3+} 之前加入适量的 NH_4F 来消除钛离子的干扰；而当钛含量大于铁含量时，加入 NH_4F 也无法消除钛对测定铁的干扰。对于砷、锑、钨、钼、钒、铬等的影响，可将试样碱熔，再用水提取，使铁沉淀后，过滤分离。用碳酸钠小体积沉淀法，可分离铀、钼、钨、砷、钡等，当砷、锑的量大时，也可通过在硫酸溶液中加入氢溴酸，再加热冒烟，以使砷、锑呈溴化物而挥发除去。铜、铂、钴、镍可用氨水沉淀分离。NO_3^- 在一般试样中含量很少。在重量法测定 SiO_2 滤液中测定铁时，可不必考虑硅酸的影响。

2. 无汞盐-重铬酸钾滴定法

由于汞盐剧毒，污染环境，因此又提出了改进还原方法，避免使用汞盐的重铬酸钾滴定法。其中，三氯化钛还原法应用较普遍。

在盐酸介质中，用 $SnCl_2$ 将大部分的 Fe^{3+} 还原为 Fe^{2+} 后，再用 $TiCl_3$ 溶液将剩余的 Fe^{3+} 还原。或者，在盐酸介质中直接用 $TiCl_3$ 溶液还原。过量的 $TiCl_3$ 以铜盐为催化剂，让空气中的氧或用 $K_2Cr_2O_7$ 溶液将其氧化除去。然后加入硫-磷混合酸，以二苯胺磺酸钠为指示剂，用 $K_2Cr_2O_7$ 标准溶液滴定。

该方法应注意以下问题：

① 用 $TiCl_3$ 还原，Fe^{3+} 被还原完全的终点指示剂，可用钨酸钠、酚藏红花、甲基橙、中性红、亚甲基蓝、硝基马钱子碱和硅钼酸等。其中，钨酸钠应用较多，当无色钨酸钠溶液转变为蓝色（钨蓝）时，表示 Fe^{3+} 已定量还原。用 $K_2Cr_2O_7$ 溶液氧化过量的 $TiCl_3$ 至钨蓝消失，表示 $TiCl_3$ 已被氧化完全。

② 本方法允许试样中低于 5mg 的铜存在。当铜含量更高时，宜采用在硫酸介质中，以硼氢化钾为还原剂的硼氢化钾还原-重铬酸钾滴定法。在硼氢化钾还原法中，$CuSO_4$ 既是 Fe^{3+} 被还原的指示剂，又是它的催化剂，因此允许较大量的铜存在，适用于含铜试样中铁的测定。

③ 重铬酸钾滴定铁（Ⅱ）的非线性效应和空白值。用 $K_2Cr_2O_7$ 标准溶液滴定 Fe^{2+} 时，存在不太明显的非线性效应，即 $K_2Cr_2O_7$ 对铁的滴定度随铁含量的增加而发生微弱的递增，当用同一滴定度计算时，铁的回收率将随铁含量增加而偏低。为了校正非线性效应，可取不同量的铁标准溶液按分析程序用 $K_2Cr_2O_7$ 标准溶液滴定，将滴定值通过有线性回归程序的计算器处理，或者绘制滴定校正曲线以求出 $K_2Cr_2O_7$ 溶液对各段浓度范围的滴定度。

在无 Fe^{2+} 存在的情况下，$K_2Cr_2O_7$ 对二苯胺磺酸钠的氧化反应速率很慢。因此，在进行空白试验时，不易获得准确的空白值。为此，可在按分析手续预处理的介质中，分三次连续加入等量的铁（Ⅱ）标准溶液，并用 $K_2Cr_2O_7$ 标准溶液作三次相应的滴定，将第一次滴定值减去第二、三次滴定值的平均值，即包括指示剂二苯胺磺酸钠消耗 $K_2Cr_2O_7$ 在内的准确的空白值。

二、 EDTA 滴定法

在酸性介质中，Fe^{3+} 与 EDTA 能形成稳定的配合物。控制 pH 值为 1.8～2.5，以磺基水杨酸为指示剂，用 EDTA 标准溶液直接滴定溶液中的三价铁。在该酸度下 Fe^{2+} 不能与 EDTA 形成稳定的配合物而不能被滴定，所以测定总铁时，应先将溶液中的 Fe^{2+} 氧化成 Fe^{3+}。

61. 配位滴定法测定三氧化二铁原理

该方法应注意以下问题：

（1）酸度的控制是本方法的关键，既要考虑 EDTA 与 Fe^{3+} 的配位反应，又要注意指示剂和干扰离子的影响。另外，滴定的温度控制也很重要。有关酸度和温度的实验条件选择参见本书中 EDTA 直接滴定法的实验指南。

（2）EDTA 滴定法测定铁时的主要干扰是：凡是 $\lg K_{M-EDTA} > 18$ 的金属离子，依据滴定介质的 pH 的变化都会或多或少地产生正误差。钍产生定量的正干扰。钛、锆因其强烈水解而不与 EDTA 反应；当存在 H_2O_2 时，钛与 H_2O_2 和 EDTA 可形成稳定的三元配合物而产生干扰。氟离子的干扰情况与溶液中的铝含量有关，当试样中含有毫克级的铝时，约 10mg 氟不干扰。PO_4^{3-} 的干扰与操作方法有关，滴定前若调节 pH 值大于 4，则所形成的磷酸铁很难在 pH 值为 1.8～2.5 的介质中复溶，因此，当试样中的含磷量较高时，铁的测定结果将偏低；若调节试液的 pH 值小于 3，则高品位磷矿所含的 PO_4^{3-} 也不会影响铁的测定。

（3）在 EDTA 滴定法滴定铁之后的溶液还可以进一步用返滴定法测定铝和钛，以实现铁、铝、钛的连续测定。

三、磺基水杨酸光度法

在不同的 pH 值下，Fe^{3+} 可以和磺基水杨酸形成不同组成和颜色的几种配合物。在 pH 值为 1.8～2.5 的溶液中，形成红紫色的 $[Fe(Sal)]^+$；在 pH 值为 4～8 时，形成褐色的 $[Fe(Sal)_2]^-$；在 pH 值为 8～11.5 的氨性溶液中，形成黄色的 $[Fe(Sal)_3]^{3-}$。光度法测定铁时，在 pH 值为 8～11.5 的氨性溶液中形成黄色配合物，其最大吸收波长为 420nm，线性关系良好。

使用该方法应注意以下问题：在强氨性溶液中，PO_4^{3-}、F^-、Cl^-、SO_4^{2-}、NO_3^- 等均不干扰测定。铝、钙、镁、钍、稀土元素和铍与磺基水杨酸形成可溶性无色配合物，消耗显色剂，可增加磺基水杨酸的用量来消除其影响。铜、铀、钴、镍、铬和某些铂族元素在中性溶液或氨性溶液中与磺基水杨酸形成有色的配合物，导致结果偏高。铜、钴、镍可用氨水分离。大量钛产生的黄色可加过量的氨水消除。锰易被空气中的氧所氧化，形成棕红色沉淀，影响铁的测定。锰含量不高时，可在氨水中和前加入盐酸羟胺来还原消除。

四、邻菲啰啉光度法

某些试样量中氧化铁的含量较低，常采用邻菲啰啉光度法测定，而配位滴定法和氧化还原法准确度不够。

Fe^{3+} 以盐酸羟胺或抗坏血酸还原为 Fe^{2+}，在 pH 值为 2～9 的条件下，与邻菲啰啉（又称 1,10-二氮杂菲）生成 1∶3 的橙红色螯合物，在 500～510nm 处有一吸收峰，其摩尔吸光系数为 $9.6 \times 10^3 L/(mol \cdot cm)$，在室温下约 30min 即可显色完全，并可稳定 16h 以上。该方法简捷，条件易控制，稳定性和重现性好。

该方法应注意以下问题：

（1）邻菲啰啉只与 Fe^{2+} 起反应。在显色体系中加入抗坏血酸，可将试液中的 Fe^{3+} 还原为 Fe^{2+}。因此，邻菲啰啉光度法不仅可以测定亚铁，而且可以连续测定试液中的亚铁和高铁，或测定它们的总量。

（2）盐酸羟胺及邻菲啰啉溶液要现配现用。

（3）溶液的 pH 值对显色反应的速率影响较大。当 pH 值较高时，Fe^{2+} 易水解；当 pH 值较低时，显色反应速率慢。所以在实际工作中，常加入乙酸铵或酒石酸钾钠（或柠檬酸钠）缓冲溶液，后者还可与许多共存金属离子形成配合物而抑制其水解、沉淀。

（4）在 50mL 显色溶液中，SO_4^{2-}、PO_4^{3-}、NO_3^- 各 50mg，氟 100mg，铀、钛、钒各 1mg，钴、镍、钼、稀土元素各 0.2mg 不干扰；少于 0.5mg 铜不干扰。

五、原子吸收分光光度法

原子吸收分光光度法测定铁，方法简便快速，灵敏度高，干扰少，因而应用广泛。

1. 原子吸收光度法测定铁的介质与酸度

一般选用盐酸或过氯酸，并控制其浓度在 10% 以下。若浓度过大，或选用磷酸和硫酸介质，其浓度大于 3% 时，都将引起铁的测定结果偏低。

2. 选择正确的仪器测定条件

铁是高熔点、低溅射的金属，应选用较高的灯电流，使铁的空心阴极灯具有适当的发射强度。但是，铁又是多谱线元素，在吸收线附近存在单色器不能分离的邻近线，使测定的灵敏度降低，工作曲线发生弯曲。因此宜采用较小的光谱通带。同时，因铁的化合物较稳定，在低温火焰中原子化效率低，需要采用温度较高的空气-乙炔、空气-氢气富燃火焰，以提高测定的灵敏度。选用 248.3nm、344.1nm、372.0nm 锐线，以空气-乙炔激发，铁的灵敏度分别为 0.08μg、5.0μg、1.0μg。若采用笑气-乙炔火焰激发，则灵敏度比空气-乙炔火焰高 2～3 倍。

🔥 任务实施

操作　配位滴定法检测三氧化二铁含量

一、检测流程

滤液 $\xrightarrow[\text{盐酸}]{\text{氨水}}$ pH 1.8～2.0 $\xrightarrow[60\sim70℃]{\text{加热}}$ 加指示剂 $\xrightarrow{\text{EDTA 标准溶液}}$ 紫红色至亮黄色

62. 配位滴定法检测二氧化二铁操作技术

二、试剂配制

（1）氨水（1+1）。

（2）盐酸（1+1）。

（3）NH_3-NH_4Cl 缓冲溶液（pH=10）：称取氯化铵 27g，溶于少许水中，加浓氨水 175mL，用水定容至 500mL，混匀备用（可用 pH 试纸检查一下 pH 值是否为 10）。

（4）磺基水杨酸钠指示剂溶液（100g/L）：将 10g 磺基水杨酸钠溶于水中，加水稀释至 100mL。

（5）酸性铬蓝 K-萘酚绿 B 指示剂：称取 0.2g 酸性铬蓝 K、0.4g 萘酚绿 B 于烧杯中，先滴数滴水用玻璃棒研磨，加 100mL 水使其完全溶解（试剂质量常有变化，可视具体情况选取最适宜的比例）。

（6）碳酸钙标准溶液（0.01500mol/L）：称取 0.3753g（精确至 0.0001g）于 105～110℃烘过 2h 的碳酸钙，置于 400mL 烧杯中，加入约 100mL 水，盖上表面皿，沿杯口滴加 5～10mL 盐酸（1+1），搅拌至碳酸钙全部溶解，加热煮沸数分钟。将溶液冷至室温，移入 250mL 容量瓶中，用水稀释至标线，摇匀。

（7）EDTA 标准溶液（0.015mol/L）：称取约 5.6g EDTA（乙二胺四乙酸二钠盐）置于烧杯中，加约 200mL 水，加热溶解，冷却，用水稀释至 1L，混匀。

三、操作步骤

1. EDTA 标准溶液标定

吸取 20.00mL 碳酸钙标准溶液（0.01500mol/L）于 250mL 锥形瓶中，加水至约 100mL，加入 10mL 缓冲溶液，加入 K-B 指示剂 2～3 滴，用 EDTA 标准溶液滴定至溶液由紫红色变为纯蓝色即为终点。

EDTA 标准溶液浓度按下式计算：

$$c(\text{EDTA}) = \frac{m \times 20 \times 1000}{250V \times 100.09}$$

式中　$c(\text{EDTA})$——EDTA 标准溶液的浓度，mol/L；

　　　　V——滴定时消耗 EDTA 标准溶液的体积，mL；

　　　　m——配制碳酸钙标准溶液的碳酸钙的质量，g；

　　　　100.09——$CaCO_3$ 的摩尔质量，g/mol。

63. EDTA 标准溶液标定

2. 硅酸盐中铁的测定

吸取 25.00mL 硅酸盐滤液放入 250mL 锥形瓶中，加水稀释至约 100mL，用氨水（1+1）和盐酸（1+1）调节溶液 pH 值在 1.8～2.0 之间（用精密 pH 试纸检验）。将溶液加热至 70℃，加 10 滴磺基水杨酸钠指示剂溶液（100g/L），用 EDTA 标准溶液滴至溶液由紫红色变为亮黄色（终点时溶液温度应不低于 60℃）即为终点。保留此溶液供测定氧化铝用。

3. 结果计算

三氧化二铁的质量分数按下式计算：

$$w(\text{Fe}_2\text{O}_3) = \frac{TV \times 10}{m \times 1000} \times 100\%$$

$$T = c(\text{EDTA}) \times 79.84 (\text{mg/mL})$$

式中　$w(\text{Fe}_2\text{O}_3)$——三氧化二铁的质量分数，%；

　　　　T——EDTA 标准溶液对 Fe_2O_3 的滴定度，mg/mL；

　　　　V——分取试样溶液消耗 EDTA 标准溶液的体积，mL；

　　　　m——称取试料的质量，g。

四、实验指南与安全提示

（1）正确控制溶液的 pH 是本方法的关键。如果 pH<1，EDTA 不能与 Fe^{3+} 定量配位；同时，磺基水杨酸钠与 Fe^{3+} 生成的配合物也很不稳定，致使滴定终点提前，滴定结果偏低。如果 pH≥2.5，Fe^{3+} 易水解，Fe^{3+} 与 EDTA 的配位能力减弱甚至完全消失。而且，在实际样品分析中，还必须考虑共存的其他金属阳离子特别是 Al^{3+}、TiO^{2+} 的干扰。实验证明，pH>2 时，Al^{3+} 的干扰增强。而 TiO^{2+} 的含量一般不高，其干扰作用不显著。因此，对于单独 Fe^{3+} 的滴定，当有 Al^{3+} 共存时，溶液最佳的 pH 值范围为 1.8～2.0。

（2）控制溶液的温度在 60～70℃。在 pH 值为 1.8～2.0 时，Fe^{3+} 与 EDTA 的配位反应速率较慢，因部分 Fe^{3+} 水解成羟基配合物，需要离解时间；同时，EDTA 也必须从 H_4Y、H_3Y^- 等主要形式离解成 Y^{4-} 后，才能同 Fe^{3+} 配位。所以需将溶液加热，但也不是温度越高越好，因为溶液中共存的 Al^{3+} 在温度过高时亦同 EDTA 配位，而使 Fe_2O_3 的测定结果偏高，Al_2O_3 的测定结果偏低。一般在滴定时，溶液的起始温度以 70℃为宜，高铝类样品一定不要超过70℃。在滴定结束时，溶液的温度不宜低于60℃。注意在滴定过程中测量溶液的温度，如低于60℃，可暂停滴定，将溶液加热后再继续滴定。

（3）测定溶液的体积一般以80～100mL为宜。体积过大，滴定终点不敏锐；体积过小，溶液中 Al^{3+} 浓度相对增大，干扰增强，同时溶液的温度下降较快，对滴定不利。

（4）滴定接近终点时，要加强搅拌，缓慢滴定，最后要半滴半滴加入 EDTA 溶液，每滴加半滴，强烈搅拌数十秒，直至无残余红色为止。如滴定过快，Fe_2O_3 的测定结果将偏高，接着测定 Al_2O_3 时，结果又将偏低。

（5）一定要保证测定溶液中的铁全部以 Fe^{3+} 存在，而不能有部分铁以 Fe^{2+} 形式存在。因为在 pH 值为 1.8～2.0 时，Fe^{2+} 不能与 EDTA 定量配位而使铁的测定结果偏低。所以在测定总铁时，应先将溶液中的 Fe^{2+} 氧化成 Fe^{3+}。例如，在用氢氧化钠熔融试样且制成溶液时，一定要加入少量的浓硝酸。

（6）由于在测定溶液中的铁后还要继续测定 Al_2O_3 的含量，因此磺基水杨酸钠指示液的用量不宜过多，以防止它与 Al^{3+} 配位反应而使 Al_2O_3 的测定结果偏低。

（7）调节溶液 pH 1.8～2.0 的经验方法：取试液后，首先加入 8～9 滴磺基水杨酸钠指示剂，用氨水（1＋1）调至橘红色或红棕色，然后再滴加盐酸（1＋1）至紫红色出现后，过量 8～9 滴，pH 值一般都在 1.8～2.0（不需试纸消耗试液）。

 思考与交流

1. 硅酸盐中三氧化二铁的检测方法有哪些？
2. 配位滴定法测定三氧化二铁的原理是什么？

任务四　硅酸盐中三氧化二铝量的测定

 任务要求

1. 知道硅酸盐中三氧化二铝的检测方法
2. 学会配位滴定法测定三氧化二铝含量的原理和操作技术

方法概述

铝的测定方法很多，有重量法、滴定法、光度法、原子吸收分光光度法和等离子体发射光谱法等。重量法的手续烦琐，已很少采用。光度法测定铝的方法很多，出现了许多新的显色剂和新的显色体系。原子吸收分光光度法测定铝，由于在空气-乙炔焰中铝易生成难溶化合物，测定的灵敏度极低，而且共存离子的干扰严重，因此需要笑气-乙炔焰，这限制了它的普遍应用。在硅酸盐中铝的含量常常较高，多采用滴定分析法。如试样中铝的含量很低时，可采用铬天青 S 比色法。现在 XRF 在硅酸盐分析应用也很多。

64. 硅酸盐中三氧化二铝测定方法

一、配位滴定法

铝与 EDTA 等氨羧配位剂能形成稳定的配合物（Al-EDTA 的 pK＝16.13；Al-CYDTA

的 $pK=17.6$），因此，可用配位滴定法测定铝。但是由于铝与 EDTA 的配位反应较慢，铝对二甲酚橙、铬黑 T 等指示剂有封闭作用，故采用 EDTA 直接滴定法测定铝有一定困难。在发现 CYDTA 等配位剂之前，滴定铝的方法主要有直接滴定法、返滴定法和置换滴定法。其中，以置换滴定法应用最广。

1. 直接滴定法

直接滴定法的原理是：在 pH＝3 左右的制备溶液中，以 Cu-PAN 为指示剂，在加热条件下用 EDTA 标准溶液滴定。加热是为了加速铝与 EDTA 的配位反应，但使操作更加麻烦。

65. 直接法测定三氧化二铝含量

酸度是影响 EDTA 与 Al^{3+} 进行配位反应的主要因素。铝与 EDTA 的配位反应将同时受酸效应和水解效应的影响，并且这两种效应的影响结果是相反的。因此，必须控制适宜的酸度。按理论计算，在 pH 值为 3～4 时形成配位离子的百分率最高。但是，返滴定法中，在适量的 EDTA 存在下，溶液的 pH 值可大至 4.5，甚至 6。然而，酸度如果太低，Al^{3+} 将水解生成动力学上惰性的铝的多核羟基配合物，从而妨碍铝的测定。为此，可采用如下方法解决：

（1）在 pH＝3 左右，加入过量 EDTA，加热促使 Al^{3+} 与 EDTA 的配位反应进行完全。加热的时间取决于溶液的 pH、其他盐类的含量、配位剂的过量情况和溶液的来源等。

（2）在酸性较强的溶液中（pH 值为 0～1）加入 EDTA，然后用六亚甲基四胺或缓冲溶液等弱碱性溶液来调节试液的 pH 值为 4～5，而不用氨水、NaOH 溶液等强碱性溶液。

（3）在酸性溶液中加入酒石酸，使其与 Al^{3+} 形成配合物，既可阻止羟基配合物的生成，又不影响 Al^{3+} 与 EDTA 的配位反应。

2. 返滴定法

在含有铝的酸性溶液中加入过量的 EDTA，将溶液煮沸，调节溶液 pH 值至 4.5，加热煮沸使铝与 EDTA 的配位反应进行完全。然后，选择适宜的指示剂，用其他金属的盐溶液返滴定过量的 EDTA，从而得出铝的含量。用锌盐返滴时，可选用二甲酚橙或双硫腙作指示剂；用铜盐返滴时，可选用 PAN 或 PAR 作指示剂；用铅盐返滴时，可选用二甲酚橙作指示剂。返滴定法的选择性较差，须预先分离铁、钛等干扰元素。因此，该方法只适用于简单的矿物岩石中铝的测定。

66. $CuSO_4$ 返滴法测定三氧化二铝含量

返滴定剂的选择，在理论上，只要其金属离子与 EDTA 形成配合物的稳定性小于铝与 EDTA 形成配合物的稳定性，又不小于配位滴定的最低要求，即可用作返滴定剂，例如 Mn、La、Ce 等盐。但是，由于锰与 EDTA 的配位反应在 pH＜5.4 时不够完全，又无合适的指示剂，因而不适用；同时，La、Ce 等盐的价格较贵，也很少采用。相反，钴、锌、铬、铅、铜等盐类，虽然其金属离子与 EDTA 形成配合物的稳定性和铝与 EDTA 形成配合物的稳定性接近或稍大，但由于 Al-EDTA 不活泼，不易被它们所取代，故常用作返滴定剂，特别是锌盐和铜盐应用较广。而铅盐，由于其氟化物和硫酸盐的溶解度较小，沉淀的生成将对滴定终点的观察产生一定的影响。

3. 氟化铵置换滴定法

氟化铵置换滴定法单独测得的氧化铝是纯氧化铝的含量，不受测定铁、钛滴定误差的影响，结果稳定，一般适用于铁高铝低的试样（如铁矿石等）或含有少量有色金属的试样。此方法选择性较高，目前应用较普遍。

向滴定铁后的溶液中，加入 10mL100g/L 的苦杏仁酸溶液掩蔽 TiO^{2+}，然后加入 EDTA 标准溶液至过量 10～15mL（对铝而言），调节溶液 pH＝6.0，煮沸数分钟，使铝及其他金属离子和 EDTA 配合，以半二甲酚橙为指示剂，用乙酸铅标准溶液回滴过量的 EDTA。再加入氟化铵溶液使 Al^{3+} 与 F^- 生成更为稳定的配合物 $[AlF_6]^{3-}$，煮沸置换 Al-EDTA 配合物中的 EDTA，用铅标准溶液滴定置换出的 EDTA，相当于溶液中 Al^{3+} 的含量。

67. 氟化铵置换滴定法
测定三氧化二铝含量

该方法应注意以下问题：

① 由于 TiO-EDTA 配合物中的 EDTA 也能被 F^- 置换，定量地释放出 EDTA，因此若不掩蔽 Ti，则所测结果为铝钛合量。为得到纯铝量，预先加入苦杏仁酸掩蔽钛。10mL 苦杏仁酸溶液（100g/L）可消除试样中 2%～5%TiO_2 的干扰。用苦杏仁酸掩蔽钛的适宜 pH 值为 3.5～6。

② 以半二甲酚橙为指示剂，以铅盐溶液返滴定剩余的 EDTA 恰至终点，此时溶液中已无游离的 EDTA 存在，因尚未加入 NH_4F 进行置换，故不必记录铅盐溶液的消耗体积。当第一次用铅盐溶液滴定至终点后，要立即加入氟化铵溶液且加热，进行置换，否则，痕量的钛会与半二甲酚橙指示剂配位形成稳定的橙红色配合物，影响第二次滴定。

③ 氟化铵的加入量不宜过多，因大量的氟化物可与 Fe^{3+}-EDTA 中的 Fe^{3+} 反应而造成误差。在一般分析中，100mg 以内的 Al_2O_3，加 1g 氟化铵（或其 10mL100g/L 的溶液）可完全满足置换反应的需要。

二、酸碱滴定法综述

在 pH 5 左右时，铝（Ⅲ）与酒石酸钾钠作用，生成酒石酸钾钠铝配合物，再在中性溶液中加入氟化钾溶液，使铝生成更稳定的氟铝配合物，用盐酸标准溶液滴定，即可确定铝的含量。其主要反应如下：

$$
\begin{array}{l}
\text{COOK} \\
| \\
\text{CHOH} \\
| \\
\text{CHOH} \\
| \\
\text{COONa}
\end{array}
+ AlCl_3 + 3NaOH \longrightarrow
\begin{array}{l}
\text{COOK} \\
| \\
\text{HOC} \\
\quad\quad Al-OH + 3NaCl + 2H_2O \\
\text{HOC} \\
| \\
\text{COONa}
\end{array}
$$

$$
\begin{array}{l}
\text{COOK} \\
| \\
\text{CHO} \\
\quad Al-OH + 6KF + 2H_2O \longrightarrow \\
\text{CHO} \\
| \\
\text{COONa}
\end{array}
\begin{array}{l}
\text{COOK} \\
| \\
\text{CHOH} \\
| \\
\text{CHOH} \\
| \\
\text{COONa}
\end{array}
+ K_3AlF_6 + 3KOH
$$

$$KOH + HCl \longrightarrow KCl + H_2O$$

该方法可直接单独测定铝，操作较简便，但必须注意以下问题：

（1）该方法存在非线性效率，即铝量达到某一数值时，HCl 消耗量与铝不成线性。铝量越高，结果越偏低。因此，必须用不同浓度的铝标准溶液来标定盐酸标准溶液的浓度，最好作出校正曲线，并使待测样品的铝量处于曲线的直线部分。

（2）SiO_3^{2-}、CO_3^{2-} 和铵盐对中和反应起缓冲作用，应避免引入。氟因严重影响铝与酒石酸形成配合物的效率，对测定有干扰。小于 10mg 的 Fe(Ⅲ) 不干扰测定。凡是能与酒石酸及氟离子形成稳定配合物的离子均有正干扰，例如，锆、钛、铀（Ⅳ）、钡和铬的量各为 2mg 时，将分别给出相当于 0.5mg、0.5mg、0.35mg、0.36mg、0.05mg Al_2O_3 的正误差。

三、铬天青 S 比色法

铝与三苯甲烷类显色剂普遍存在显色反应，且大多在 pH 值为 3.5～6.0 的酸度下进行显色。在 pH 值为 4.5～5.4 的条件下，铝与铬天青 S（简写为 CAS）进行显色反应生成 1∶2 的有色配合物，且反应迅速完成，可稳定约 1h。在 pH=5.4 时，有色配合物的最大吸收波长为 545nm，其摩尔吸光系数为 4×10^4L/（mol·cm）。该体系可用于测定试样中低含量的铝。

该方法应注意以下问题：

（1）在 Al-CAS 法中，引入阳离子或非离子表面活性剂，生成 Al-CAS-CPB 或 Al-CAS-CTMAB 等三元配合物，其灵敏度和稳定性都显著提高。例如，Al-CAS-CTMAB 的显色条件为 pH 5.5～6.2，最大吸收波长为 620nm，摩尔吸光系数为 1.3×10^5 L/(mol·cm)，配合物迅速生成，能稳定 4h 以上。

（2）铍（Ⅱ）、铜（Ⅱ）、钍（Ⅳ）、锆（Ⅳ）、镍（Ⅱ）、锌、锰（Ⅱ）、锡（Ⅳ）、钒（Ⅴ）、钼（Ⅵ）和铀存在时干扰测定。氟的存在，与铝生成配合物而产生严重的负误差，必须事先除去。铁（Ⅲ）的干扰可加抗坏血酸消除，但抗坏血酸的用量不能过多，以加入 1% 抗坏血酸溶液 2mL 为宜，否则会破坏 Al-CAS 配合物。少量钛（Ⅳ）、钼（Ⅳ）的干扰可加入磷酸盐掩蔽，2mL 的 0.5% 磷酸二氢钠溶液可掩蔽 100μg 的二氧化硅。低于 500μg 的铬（Ⅲ）、100μg 的 V_2O_5 不干扰测定。

任务实施

操作 1 直接配位滴定法测定三氧化二铝含量

一、检测流程

$$滴铁后滤液 \xrightarrow[盐酸]{氨水} pH\ 3.0 \xrightarrow[煮沸]{加热} 加指示剂 \xrightarrow{EDTA\ 标准溶液} 红色变稳定的黄色$$

二、试剂配制

（1）氨水（1+2）。

（2）盐酸（1+2）。

（3）缓冲溶液（pH=3）：将 3.2g 无水乙酸钠溶于水中，加 120mL 冰醋酸，用水稀释至 1L，摇匀。

（4）PAN 指示剂溶液（2g/L）：将 0.2g 1-（2-吡啶偶氮）-2-萘酚溶于 100mL 95%（体积分数）乙醇中。

68. 直接法检测三氧化二铝操作技术

（5）EDTA-铜溶液：用浓度各为 0.015mol/L 的 EDTA 标准溶液和硫酸铜标准溶液等体积混合而成。

（6）溴酚蓝指示剂溶液（2g/L）：将 0.2g 溴酚蓝溶于 100mL 乙醇（1+4）中。

（7）EDTA 标准溶液（0.015mol/L）：称取约 5.6g EDTA（乙二胺四乙酸二钠盐）置于烧杯中，加约 200mL 水，加热溶解，冷却，用水稀释至 1L，混匀。

三、操作步骤

1. EDTA 标准溶液标定

标定方法见配位滴定法检测三氧化二铁。

2. 测定

将测定完铁的溶液用水稀释至约 200mL，加 1～2 滴溴酚蓝指示剂溶液（2g/L），滴加氨水（1+2）至溶液出现蓝紫色，再滴加盐酸（1+2）至黄色，加入 15mL 缓冲溶液（pH=3），加热至微沸并保持 1min，加入 10 滴 EDTA-铜溶液及 2～3 滴 PAN 指示剂溶液（2g/L），用 EDTA 标准溶液滴定至红色消失，继续煮沸，滴定，直至溶液经煮沸后红色不再出现并呈稳定的黄色为止。

3. 计算

氧化铝的质量分数按下式计算：

$$w(\text{Al}_2\text{O}_3)=\frac{TV\times10}{m\times1000}\times100\%$$

$$T=c(\text{EDTA})\times50.98(\text{mg/mL})$$

式中　$w(\text{Al}_2\text{O}_3)$——三氧化二铝的质量分数，%；

　　　　T——EDTA 标准溶液对 Al_2O_3 的滴定度，mg/mL；

　　　　V——分取试样溶液消耗 EDTA 标准溶液的体积，mL；

　　　　m——称取试料的质量，g。

四、实验指南与安全提示

（1）用 EDTA 直接滴定铝，不受 TiO^{2+} 和 Mn^{2+} 的干扰。因为在 pH=3 的条件下，Mn^{2+} 基本不与 EDTA 配位，TiO^{2+} 水解为 TiO(OH)_2 沉淀，所得结果为纯铝含量。因此，若已知试样中锰含量高时，应采用直接滴定法。

（2）该方法最适宜的 pH 值范围在 2.5～3.5 之间。若溶液的 pH<2.5，Al^{3+} 与 EDTA 的配位作用降低；当 pH>3.5 时，Al^{3+} 水解作用增强，均会引起铝的测定结果偏低。但如果 Al^{3+} 的浓度太高，即使在 pH=3 的条件下，其水解倾向也会很大，所以，含铝和钛高的试样不应采用直接滴定法。

（3）TiO^{2+} 在 pH=3 和煮沸的条件下能水解生成 TiO(OH)_2 沉淀。为使 TiO^{2+} 充分水解，在调节溶液 pH=3 之后，应先煮沸 1～2min，再加入 EDTA-铜和 PAN 指示剂。

（4）PAN 指示剂的用量，一般在 200mL 溶液中加入 2～3 滴为宜。如指示剂加入太多，溶液颜色较深，不利于终点的观察。

（5）EDTA 直接滴定法测定铝，应进行空白实验。

操作 2　返滴定法测定三氧化二铝量

一、检测流程

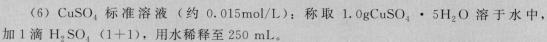

滴铁后滤液 $\xrightarrow[\text{盐酸}]{\text{氨水}}$ pH 4.2 $\xrightarrow[\text{加热煮沸}]{\text{EDTA}}$ 加指示剂 $\xrightarrow{\text{CuSO}_4\text{ 标准溶液}}$ 黄色变为亮紫色

二、试剂配制

（1）氨水（1+2）。

（2）盐酸（1+2）。

（3）HAc-NaAc 缓冲溶液（pH=4.2）：称取 13.3g 三水合乙酸钠溶于水中，加 12.5 mL 冰醋酸，用水稀释至 250mL。

（4）PAN 指示剂（0.2%）：称取 0.2g 指示剂溶于 100mL 乙醇中。

（5）EDTA 标准溶液（0.015mol/L）：称取约 5.6g EDTA（乙二胺四乙酸二钠盐）置于烧杯中，加约 200mL 水，加热溶解，冷却，用水稀释至 1L，混匀。

69. CuSO₄ 返滴定三氧化二铝操作技术

（6）CuSO_4 标准溶液（约 0.015mol/L）：称取 1.0g$\text{CuSO}_4\cdot5\text{H}_2\text{O}$ 溶于水中，加 1 滴 H_2SO_4（1+1），用水稀释至 250 mL。

三、操作步骤

1. 标定

① EDTA 标定。标定方法见配位滴定法检测三氧化二铁。

② EDTA 标准溶液与 CuSO_4 标准溶液的体积比的标定。

用移液管准确吸取 20mL EDTA 标准溶液，置于锥形瓶中，加水稀释至 100mL，加 10mL HAc-NaAc 缓冲溶液，加热至沸，取下稍冷，加 PAN 指示剂 4～6 滴，用 CuSO_4

标准溶液滴定至亮紫色。计算 $CuSO_4$ 溶液的准确浓度。

EDTA 标准溶液与 $CuSO_4$ 标准溶液的体积比按下式计算：

$$K = \frac{V_1}{V_2}$$

式中 K——每毫升 $CuSO_4$ 标准溶液相当于 EDTA 标准溶液的体积；

V_1——加入 EDTA 标准溶液的体积，mL；

V_2——滴定消耗 $CuSO_4$ 标准溶液的体积，mL。

2. 测定

在滴定 Fe^{3+} 后的溶液中，用移液管准确加入 EDTA 标准溶液 20mL，摇匀。用水稀释至 150～200mL，将溶液加热至 70～80℃后，加数滴氨水（1+1）使溶液 pH 值在 3.0～3.5 之间，然后加入 10mL HAc-NaAc 缓冲溶液，煮沸，取下稍冷至 90℃左右，加入 4～6 滴 PAN 指示剂（0.2%），以 $CuSO_4$ 标准溶液滴定，溶液由黄色变为亮紫色即为终点。

3. 计算

氧化铝的质量分数 $w(Al_2O_3)$ 按下式计算：

$$w(Al_2O_3) = \frac{T(V_1 - KV_2) \times 10}{m \times 1000} \times 100\% - 0.64w(TiO_2)$$

式中 $w(Al_2O_3)$——三氧化二铝的质量分数，%；

T——EDTA 标准溶液对 Al_2O_3 的滴定度，mg/mL；

V_1——加入 EDTA 标准溶液的体积，mL；

V_2——分取试样溶液消耗 $CuSO_4$ 标准溶液的体积，mL；

m——称取试料的质量，g；

0.64——二氧化钛对氧化铝的换算系数；

$w(TiO_2)$——二氧化钛的质量分数，%。

四、实验指南与安全提示

（1）铜盐返滴定法选择性较差，主要是铁、钛的干扰，故不适用于复杂的硅酸盐分析。溶液中的 TiO^{2+} 可完全与 EDTA 配位，所测定的结果为铝钛合量。一般工厂用铝钛合量表示 Al_2O_3 的含量。若求纯的 Al_2O_3 含量，应采用以下方法扣除 TiO_2 的含量：a. 在返滴定完铝＋钛后，加入苦杏仁酸（学名：β-羟基乙酸）溶液，使其夺取 TiY^{2-} 中的 TiO^{2+}，而置换出等物质的量的 EDTA，再用 $CuSO_4$ 标准溶液返滴定，即可测得钛含量；b. 另行测定钛含量；c. 加入钽试剂、磷酸盐、乳酸或酒石酸等试剂掩蔽钛。

（2）在用 EDTA 滴定完 Fe^{3+} 的溶液中加入过量的 EDTA 之后，应将溶液加热到 70～80℃再调节 pH 值为 3.0～3.5 后，加入 pH=4.3 的缓冲溶液。这样可以使溶液中的少量 TiO^{2+} 和大部分 Al^{3+} 与 EDTA 配位完全，并防止其水解。

（3）EDTA（0.015mol/L）加入量一般控制在与 Al 和 Ti 完全配位后，剩余 10～15mL，可通过预返滴定或将其余主要成分测定后估算。控制 EDTA 过剩量的目的是：a. 使 Al、Ti 与 EDTA 配位反应完全；b. 滴定终点的颜色与过剩 EDTA 的量和所加 PAN 指示剂的量有关。正常终点的颜色应符合规定操作浓度比（蓝色的 CuY^{2-} 和红色的 Cu^{2+}-PAN），即亮紫色。若 EDTA 剩余太多，则 CuY^{2-} 浓度高，终点可能为蓝紫色甚至蓝色；

若 EDTA 剩余太少,则 Cu^{2+}-PAN 配合物的红色占优势,终点可能为红色。因此,应控制终点颜色一致,以免使滴定终点难以掌握。

(4) 锰的干扰。Mn^{2+} 与 EDTA 定量配位最低 pH 值为 5.2,对于配位滴定 Al^{3+} 的干扰程度随溶液的 pH 和 Mn^{2+} 浓度的增高而增强。在 pH=4 左右,溶液中共存 Mn^{2+} 约一半能与 EDTA 配位。如果 MnO 含量低于 0.5mg,其影响可以忽略不计;若达到 1mg 以上,不仅是 Al_2O_3 测定结果明显偏高,而且滴定终点拖长。一般对于 MnO 含量高于 0.5% 的试样,采用直接滴定法或氟化铵置换 EDTA 配位滴定法测定。

(5) 氟的干扰。F^- 能与 Al^{3+} 逐级形成 $[AlF]^{2+}$、$[AlF_2]^+$、…、$[AlF_6]^{3-}$ 等稳定的配合物,将干扰 Al^{3+} 与 EDTA 的配位。如溶液中 F^- 的含量高于 2mg,Al^{3+} 的测定结果将明显偏低,且终点变化不敏锐。一般对于氟含量高于 5% 的试样,须采取措施消除氟的干扰。

操作 3 置换法测定三氧化二铝量

一、检测流程

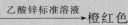

70. KF 置换法检测三氧化二铝操作技术

二、试剂配制

(1) 氟化钾溶液 (100g/L):储于塑料瓶中。

(2) HAc-NaAc 缓冲溶液 (pH=5.5):200g 醋酸钠 ($NaAc \cdot 3H_2O$) 溶于水中,加 6mL 冰醋酸,用水稀释至 1L。

(3) 二甲酚橙指示剂:0.2% 水溶液。

(4) EDTA 标准溶液 (0.015mol/L):称取约 5.6g EDTA (乙二胺四乙酸二钠盐) 置于烧杯中,加约 200mL 水,加热溶解,冷却,用水稀释至 1L,混匀。

(5) 醋酸锌标准溶液 (0.015mol/L):称取 0.9g 醋酸锌 $[Zn(Ac)_2 \cdot 2H_2O]$ 溶于水中,加冰醋酸 (1+1) 调节 pH 值至 5.5,用水稀释至 250mL,混匀。

(6) 铝标准溶液 (1.000mg/mL):准确称取 0.5293g 高纯金属铝片 [预先用盐酸 (1+1) 洗净表面,然后用水和无水乙醇洗净,风干后备用] 置于烧杯中,加 20mL 盐酸 (1+1) 溶解,冷却至室温,移入 1000mL 容量瓶中,用水稀释至刻度,混匀。

三、操作步骤

1. 醋酸锌对三氧化二铝的滴定度测定

准确移取 10.00mL 铝标准溶液于锥形瓶中,加入 20mL EDTA 标准溶液 (0.015mol/L)。在电热板上加热至 80~90℃取下,加 1 滴二甲酚橙指示剂,滴加氨水 (1+1) 至溶液由黄色刚变成紫红色,再用盐酸 (1+1) 调至恰变为黄色。加入 10mL HAc-NaAc 缓冲溶液 (pH=5.5),加热煮沸并保持 3min,取下冷却,补加 1 滴二甲酚橙指示剂,用醋酸锌标准溶液滴定至溶液刚变橙红色,该读数不记。然后加入 10mL 氟化钾溶液 (100g/L),加热煮沸并保持 3min,取下冷却,补加二甲酚橙指示剂 2 滴,用醋酸锌标准溶液滴定至橙红色为终点,记下读数 V。

$$T_{\mathrm{Zn(Ac)_2/Al_2O_3}} = \frac{10}{V} \ (\mathrm{mg/mL})$$

2. 硅酸盐中三氧化二铝的测定

准确移取 25mL 分离二氧化硅后的滤液置于 250mL 锥形瓶中，加入 20mL EDTA 标准溶液（0.015mol/L），其余步骤按滴定度测定步骤操作。

3. 结果计算

$$w(\mathrm{Al_2O_3}) = \frac{TV \times 10}{m \times 1000} \times 100\% - w(\mathrm{TiO_2}) \times 0.64$$

式中　　$w(\mathrm{Al_2O_3})$——三氧化二铝的质量分数，%；

T——醋酸锌标准溶液对 $\mathrm{Al_2O_3}$ 的滴定度，mg/mL；

V——分取试样溶液消耗 EDTA 标准溶液的体积，mL；

m——称取试料的质量，g；

0.64——二氧化钛对氧化铝的换算系数；

$w(\mathrm{TiO_2})$——二氧化钛的质量分数，%。

四、实验指南与安全提示

（1）氟化铵置换滴定法一般适于铁高铝低的试样（如铁矿石等）或含有少量有色金属的试样。此方法选择性较高，目前应用较普遍，在 GB/T 6730.1《铁矿石 分析用预干燥试样的制备》中被列为代用法。

（2）其余注意事项参照任务分析方法简述。

思考与交流

1. 硅酸盐中三氧化二铝的检测方法有哪些？
2. 配位滴定法测定三氧化二铝的三种滴定方式是什么？

任务五　硅酸盐中氧化钙、氧化镁量的测定

任务要求

1. 知道硅酸盐中氧化钙、氧化镁的检测方法
2. 学会配位滴定法测定氧化钙、氧化镁含量的原理和操作技术

钙和镁在硅酸盐试样中常常一起出现，常需同时测定。在经典分析系统中是将它们分开后，再分别以重量法或滴定法测定。而在快速分析系统中，常常在一份溶液中控制不同的条件分别测定。钙和镁的光度分析方法有很多，并有不少高灵敏度的分析方法。例如，$\mathrm{Ca^{2+}}$ 与偶氮胂 M 及各种偶氮羧试剂的显色反应，在表面活性剂的存在下，生成多元配合物，摩尔吸光系数 $>1 \times 10^5 \mathrm{L/(mol \cdot cm)}$；$\mathrm{Mg^{2+}}$ 与铬天青 S、苯基荧光酮类试剂的显色反应，在表面活性剂的存在下，生成多元配合物，摩尔吸光系数 $>1 \times 10^5 \mathrm{L/(mol \cdot cm)}$。由于硅酸盐试样中的 Ca、Mg 含量不低，普遍采用配位滴定法和原子吸收分光光度法。

一、配位滴定法

在一定条件下，Ca^{2+}、Mg^{2+} 能与 EDTA 形成稳定的 1:1 型配合物（Mg-EDTA 的 $K_{稳}=10^{8.89}$，Ca-EDTA 的 $K_{稳}=10^{10.59}$）。选择适宜的酸度条件和适当的指示剂，可用 EDTA 标准溶液滴定钙、镁。

1. 酸度控制

EDTA 滴定 Ca^{2+} 时的最高允许酸度为 pH=7.5，滴定 Mg^{2+} 时的最高允许酸度 pH=9.5。在实际操作中，常控制在 pH=10 时滴定 Ca^{2+} 和 Mg^{2+} 的合量，再于 pH>12.5 时滴定 Ca^{2+}。单独测定 Ca^{2+} 时，控制 pH>12.5，使 Mg^{2+} 生成难离解的 Mg(OH)$_2$，可消除 Mg^{2+} 对测定 Ca^{2+} 的影响。

2. 滴定方式

① 分别滴定法。在一份试液中，以氨水-氯化铵缓冲溶液控制溶液的 pH=10，用 EDTA 标准溶液滴定钙和镁的合量；然后，在另一份试液中，以 KOH 溶液调节 pH 值为 12.5～13，在氢氧化镁沉淀完全的情况下，用 EDTA 标准溶液滴定钙，再以差减法确定镁的含量。

71. 配位法测定氧化钙、氧化镁含量注意事项

② 连续滴定法。在一份试液中，用 KOH 溶液先调至 pH 值为 12.5～13，用 EDTA 标准溶液滴定钙；然后将溶液酸化，调节 pH=10，继续用 EDTA 标准溶液滴定镁。

3. 指示剂的选择

配位滴定法测定钙、镁的指示剂很多，而且不断研究出新的指示剂。配位滴定钙时，指示剂有紫脲酸铵、钙试剂、钙黄绿素、酸性铬蓝 K、偶氮胂Ⅲ、双偶氮钯等。其中，紫脲酸铵的应用较早，但是它的变化不够敏锐，试剂溶液不稳定，现已很少使用，而钙黄绿素和酸性铬蓝 K 的应用较多。配位滴定镁时，指示剂有铬黑 T、酸性铬蓝 K、铝试剂、钙镁指示剂、偶氮胂Ⅲ等。其中，铬黑 T 和酸性铬蓝 K 的使用较多。

钙黄绿素是一种常用的荧光指示剂，在 pH>12 时，其本身无荧光，但与 Ca^{2+}、Mg^{2+}、Sr^{2+}、Ba^{2+}、Al^{3+} 等形成配合物时呈现黄绿色荧光，对 Ca^{2+} 特别灵敏。但是，钙黄绿素在合成或储存过程中有时会分解而产生荧光黄，使滴定终点仍有残余荧光。因此，常对该指示剂进行提纯处理，或以酚酞、百里酚酞溶液加以掩蔽。另外，钙黄绿素也能与钾、钠离子产生微弱的荧光，但钾的作用比钠弱，故尽量避免使用钠盐。

酸性铬蓝 K 是一种酸碱指示剂，在酸性溶液中呈玫瑰红色，它在碱性溶液中呈蓝色，能与 Ca^{2+}、Mg^{2+} 形成玫瑰色配合物，故可用作滴定钙、镁的指示剂。为使终点敏锐，常加入萘酚绿 B 作衬色剂。采用酸性铬蓝 K-萘酚绿 B 作指示剂，二者配比要合适。若萘酚绿 B 的比例过大，绿色背景加深，使终点提前到达；反之，终点拖后且不明显。一般二者配比为 1:2 左右，但需根据试剂质量，通过试验确定合适的比例。

4. 干扰情况及其消除方法

EDTA 滴定钙、镁时的干扰有两类，一类是其他元素对钙、镁测定的影响，另一类是钙和镁的相互干扰。现分述如下：

① 其他元素对钙、镁测定的影响。EDTA 滴定法测定钙、镁时，铁、铝、钛、锰、铜、铅、锌、镍、铬、锶、钡、铀、钍、锆、稀土等金属元素及大量硅、磷等均有干扰。它们的含量小时可用掩蔽法消除，含量大时必须分离。

② 钙和镁的相互干扰。EDTA 滴定法测定钙和镁时，它们的相互影响，主要是镁含量高及钙与镁含量相差悬殊时的相互影响。例如，在 pH≥12.5 时滴定钙，若镁含量高，则生成氢氧化镁的量大，它吸附 Ca^{2+}，将使结果偏低；它吸附指示剂，使终点不明显，滴定过量，又将使结果偏高。

二、原子吸收分光光度法

原子吸收分光光度法测定钙和镁，是一种较理想的分析方法，操作简便，选择性、灵敏度高。

1. 钙的测定

在盐酸或高氯酸介质中，加入氯化锶消除干扰，用空气-乙炔火焰，于 422.7nm 波长下测定钙，其灵敏度为 $0.084\mu g$ （CaO） /mL。

2. 镁的测定

介质的选择与钙的测定相同，只是盐酸的最大允许浓度为 10%。在实际工作中可以控制与钙的测定完全相同的化学条件。在 285nm 波长下测定镁，其灵敏度为 $0.017\mu g$ （MgO） /mL。

采用该方法应注意以下问题：

① 原子吸收分光光度法测定钙和镁时，铁、锆、钒、铝、铬、铀以及硅酸盐、磷酸盐、硫酸盐和其他一些阴离子，都可能与钙、镁生成难挥发的化合物，妨碍钙、镁的原子化，故需在溶液中加入氯化锶、氯化镧等释放剂和 EDTA、8-羟基喹啉等保护剂。

② 钙的测定宜在盐酸或高氯酸介质中进行，不宜使用硝酸、硫酸、磷酸，因为它们将与钙、镁生成难溶盐类，影响其原子化，使结果偏低。盐酸浓度 2%、高氯酸浓度 6%、氯化锶浓度 10%对测定结果无影响。

③ 在实际工作中，常控制在 1%盐酸介质中，有氯化锶存在下进行测定。此时，大量的钠、钾、铁、铝、硅、磷、钛等均不影响测定，钙、镁之间即使含量相差悬殊也互不影响。另外，溶液中含有 1mL 动物胶溶液（1%）及 1g 氯化钠也不影响测定。所以在硅酸盐分析中，可直接分取测定二氧化硅的滤液来进行钙、镁的原子吸收法测定，还可以用氢氟酸、高氯酸分解试样后进行钙、镁的测定。

🔆 任务实施

操作 1　配位滴定法测定氧化钙含量

一、检测流程

滤液 $\xrightarrow[\text{混合指示剂}]{\text{三乙醇胺}}$ 搅拌下加氢氧化钾（绿色荧光后过量 5～8mL）绿色荧光消失出现红色 $\xrightarrow{\text{EDTA 标准溶液}}$

72. 配位滴定法检测氧化钙操作技术

二、试剂配制

(1) 氢氧化钾溶液（200g/L）。

(2) 盐酸（1+1）。

(3) 三乙醇胺（15%）。

(4) NH_3-NH_4Cl 缓冲溶液（pH=10）：称取 27g 氯化铵，溶于少许水中，加 175mL 浓氨水，移入 500mL 容量瓶中，用水稀释至刻度，摇匀备用（可用 pH 试纸检查一下 pH 值是否为 10）。

(5) 酸性铬蓝 K-萘酚绿 B 指示剂：称取 0.2g 酸性铬蓝 K，0.4g 萘酚绿 B 于烧杯中，先滴数滴水用玻璃棒研磨，加 100 mL 水使其完全溶解（试剂质量常有变化，可视具体情况选取最适宜的比例）。

(6) 钙黄绿素-甲基百里香酚蓝-酚酞混合指示剂（简称 CMP 混合指示剂）：称取 1.000g 钙黄绿素、1.000g 甲基百里香酚蓝、0.200g 酚酞与 50g 在 105℃烘干过的硝酸钾混合研细，保存在磨口瓶中。

（7）EDTA标准溶液（0.02mol/L）：称取4g EDTA（乙二胺四乙酸二钠盐）置于烧杯中，加约200mL水，加热溶解，冷却，用水稀释至500mL，混匀。

三、操作步骤

1. EDTA标准溶液标定

标定方法见配位滴定法测定三氧化二铁。

2. 硅酸盐中钙的测定

吸取滤液25mL，置于250mL锥形瓶中，加水稀释至约100mL，加5mL三乙醇胺及少许的CMP混合指示剂，在搅拌下加入氢氧化钾溶液至出现绿色荧光后再过量5～8mL，此时溶液pH值在12.5以上。用EDTA标准溶液滴定至绿色荧光消失并呈现红色即为终点。

3. 结果计算

$$w(CaO)=\frac{TV\times10}{m\times1000}\times100\%$$

$$T=c(EDTA)\times56.08\ (mg/mL)$$

式中　$w(CaO)$——氧化钙的质量分数，%；

　　　T——EDTA标准溶液对CaO的滴定度，mg/mL；

　　　V——分取试样溶液消耗EDTA标准溶液的体积，mL；

　　　m——称取试料的质量，g。

四、实验指南与安全提示

（1）EDTA滴定Ca^{2+}时的最高允许酸度为pH=7.5，滴定Mg^{2+}时的最高允许酸度为pH>9.5。在实际操作中，常控制在pH=10时滴定Ca^{2+}和Mg^{2+}的合量，再于pH>12.5时滴定Ca^{2+}。单独测定Ca^{2+}时，控制pH>12.5，使Mg^{2+}生成难离解的$Mg(OH)_2$，可消除Mg^{2+}对测定Ca^{2+}的影响。

（2）在不分离硅的试液中测定钙时，在强碱性溶液中生成硅酸钙，使钙的测定结果偏低。可将试液调为酸性后，加入一定量的氟化钾溶液，并搅拌、放置2min以上，生成氟硅酸，再用氢氧化钾将上述溶液碱化，发生下列反应：

$$H_2SiO_3+6H^++6F^-\Longrightarrow H_2SiF_6+3H_2O$$

$$H_2SiF_6+6OH^-\Longrightarrow H_2SiO_3+6F^-+3H_2O$$

该反应速率较慢，新释出的硅酸为非聚合状态的硅酸，在30min内不会生成硅酸钙沉淀。因此，当碱化后应立即滴定，即可避免硅酸的干扰。

（3）加入氟化钾的量应根据不同试样中二氧化硅的大致含量而定。例如，含SiO_2为2～15mg的水泥、矾土、生料、熟料等试样，应加入5～7mL氟化钾溶液（20g/L）；含SiO_2为25mg以上的黏土、煤灰等试样，则加入15mL。若加入氟化钾的量太多，则生成氟化钙沉淀，影响测定结果及终点的判断；若加入量不足，则不能完全消除硅的干扰。两者都使测定结果偏低。

（4）铁、铝、钛的干扰可用三乙醇胺掩蔽。少量锰与三乙醇胺也能生成绿色配合物而被掩蔽，锰量太高则生成的绿色背景太深，影响终点的观察。加入三乙醇胺的量一般为5mL，但当测定高铁或高锰类试样时应增加至10mL，并充分搅拌，加入后溶液应呈酸性，如变浑浊应立即以盐酸调至酸性并放置几分钟。

（5）滴定至近终点时应充分搅拌，使被氢氧化镁沉淀吸附的钙离子能与EDTA充分反应。

（6）如试样中含有磷，由于有磷酸钙生成，滴定近终点时应放慢速度并加强搅拌。当磷含量较高时，应采用返滴定法测Ca^{2+}。

操作 2 配位滴定法测定氧化镁含量

73. 配位滴定法检测
氧化镁操作技术

一、检测流程

$$滤液 \xrightarrow[\text{缓冲溶液}]{\text{三乙醇胺}} \text{K-B 指示剂} \xrightarrow{\text{EDTA 标准溶液}} 紫红色变为纯蓝色$$

二、试剂配制

(1) 盐酸 (1+1)。

(2) 三乙醇胺 (15%)。

(3) NH_3-NH_4Cl 缓冲溶液 (pH=10): 称取氯化铵 27 g, 溶于少许水中, 加 175mL 浓氨水, 移入 500 mL 容量瓶中, 用水稀释至刻度, 摇匀备用 (可用 pH 试纸检查一下 pH 值是否为 10)。

(4) 酸性铬蓝 K-萘酚绿 B 指示剂 (简称 K-B 指示剂): 称取 0.2 g 酸性铬蓝 K、0.4g 萘酚绿 B 于烧杯中, 先滴数滴水用玻璃棒研磨, 加 100 mL 水使其完全溶解 (试剂质量常有变化, 可视具体情况选取最适宜的比例)。

(5) EDTA 标准溶液 (0.02mol/L): 称取 4g EDTA (乙二胺四乙酸二钠盐) 置于烧杯中, 加约 200mL 水, 加热溶解, 冷却, 用水稀释至 500 mL, 混匀。

三、操作步骤

1. EDTA 标准溶液标定

标定方法见配位滴定法测定三氧化二铁。

2. 硅酸盐中氧化镁的测定

吸取滤液 25mL, 置于 250mL 锥形瓶中, 加 25mL 水、5mL 三乙醇胺, 摇匀后加 10mL 缓冲溶液, 充分摇匀, 加 3~4 滴 K-B 指示剂, 用 EDTA 标准溶液滴定, 溶液由紫红色变为纯蓝色即为终点。此时 EDTA 标准溶液所消耗的量为钙镁合量, 从合量中减去钙量即为镁的含量。

3. 结果计算

$$w(\text{MgO}) \frac{T(V_1 - V_2) \times 10}{m \times 1000} \times 100\%$$

$$T = c(\text{EDTA}) \times 40.31 \ (\text{mg/mL})$$

式中　$w(\text{MgO})$——氧化镁的质量分数, %;

T——EDTA 标准溶液对 MgO 的滴定度, mg/mL;

V_1——分取试样溶液滴定钙镁合量时消耗 EDTA 标准溶液的体积, mL;

V_2——分取试样溶液滴定氧化钙时消耗 EDTA 标准溶液的体积, mL;

m——称取试料的质量, g。

四、实验指南与安全提示

(1) 当溶液中锰含量在 0.5% 以下时对镁的干扰不显著, 但超过 0.5% 则有明显的干扰, 此时可加入 0.5~1g 盐酸羟胺, 使锰呈 Mn^{2+}, 并与 Ca^{2+}、Mg^{2+} 一起被定量配位滴定, 然后扣除氧化钙、氧化锰的含量, 即得氧化镁含量。在测定高锰类样品时, 三乙醇胺的量需增至 10mL, 并充分搅拌。

(2) 用酒石酸钾钠与三乙醇胺联合掩蔽铁、铝、钛的干扰。在测定高铁或高铝类样品时, 需加入 2~3mL 酒石酸钾钠溶液 (100g/L)、10mL 三乙醇胺 (1+2), 充分搅拌后滴加氨水至黄色变浅, 再用水稀释至 200mL, 加入 pH=10 的缓冲溶液后滴定, 掩蔽效果好。

（3）滴定至终点时，一定要充分搅拌并缓慢滴定至由蓝紫色变为纯蓝色。若滴定速度过快，将使结果偏高，因为滴定至终点时，加入的 EDTA 夺取镁-酸性铬蓝 K 中的 Mg^{2+}，而使指示剂游离出来，此反应速率较慢。

（4）在测定硅含量较高试样中的 Mg^{2+} 时，也可在酸性溶液中加入一定量的氟化钾来防止硅酸的干扰，使终点易于观察。不加氟化钾时会在滴定过程中或滴定后的溶液中出现硅酸沉淀，但对结果影响不大。

（5）在测定高铁或高铝试样中的 Mg^{2+} 时，需加入 2～3mL 酒石酸钾钠溶液（100g/L）、10mL 三乙醇胺（1＋2），充分搅拌后滴加氨水（1＋1）至黄色变浅，再用水稀释至200mL，加入 pH＝10 的缓冲溶液后滴定，掩蔽效果好。

（6）如试样中含有磷，同样应使用 EDTA 返滴定法测定。

操作 3　原子吸收光度法测定氧化镁量

一、检测流程

$$滤液 \xrightarrow[\text{盐酸}(2\%)]{\text{容量瓶}} 氯化锶溶液 \xrightarrow{\text{定容摇匀}} 上机测定$$

二、试剂配制

（1）氯化锶溶液：称取 152g 氯化锶（$SrCl_2 \cdot 6H_2O$）于 300mL 烧杯中，加水溶解，移入 1000mL 容量瓶中用水稀释至标线，混匀。

（2）氧化镁标准溶液 A（0.50mg/mL）：准确称取 0.5000g 预先经 950℃灼烧过的氧化镁置于烧杯中，加 40mL 盐酸（1＋1）加热溶解清亮，冷却移入 1000mL 容量瓶中用水稀释至标线，混匀。

（3）氧化镁标准溶液 B（20.0μg/mL）：移取 10.00mL 氧化镁标准溶液 A 置于 250mL 容量瓶中，用水稀释至刻度，混匀。

三、操作步骤

1. 试液的处理

分取分离二氧化硅后的滤液，置于 100mL 容量瓶中，补加盐酸（1＋1）至酸度为2％，加水至 50～60mL，加 10mL 氯化锶溶液，用水稀释至刻度，摇匀。

2. 校准溶液系列的配制

分别移取 0 mL、0.50mL、1.00mL、2.00mL、3.00mL、4.00mL、5.00mL 氧化镁标准溶液 B（20.0μg/mL）置于一系列 100mL 容量瓶中，补加 4mL 盐酸（1＋1），加水至 50～60mL，加 10mL 氯化锶溶液，用水稀释至刻度，摇匀。

3. 吸光度测量

将仪器调节至最佳工作状态，用空气-乙炔火焰、镁空心阴极灯于 285.2nm 处以试剂空白作参比，对试液和标准系列溶液进行测定。

4. 结果计算

$$w(MgO) = \frac{\rho V n \times 10^{-6}}{m} \times 100\%$$

式中　$w(MgO)$——氧化镁的质量分数，％；

　　　　ρ——工作曲线上查得的测定溶液中氧化镁的浓度，μg/mL；

　　　　V——测定溶液的体积，mL；

　　　　m——称取试料的质量，g；

　　　　n——全部试液与所分取试样溶液的体积比。

四、实验指南与安全提示

（1）现已研制出了水泥专用原子吸收光谱仪，可直接进行水泥原材料、半成品及成品中氧化镁的测定。

（2）有关干扰等讨论参照任务分析中方法简述。

思考与交流

1. 硅酸盐中氧化钙、氧化镁的检测方法有哪些？
2. 配位滴定法测定氧化钙的注意事项有哪些？

任务六　硅酸盐中二氧化钛的测定

任务要求

1. 知道硅酸盐中二氧化钛的检测方法
2. 学会二安替比林甲烷光度法测定二氧化钛含量的原理和操作技术

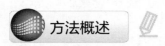

钛的测定方法有很多。由于硅酸盐试样中含钛量较低，例如 TiO_2 在普通硅酸盐水泥中的含量为 $0.2\%\sim0.3\%$，在黏土中为 $0.4\%\sim1\%$，所以通常采用光度法测定。钛（Ⅳ）有数百种有机显色剂可用于光度法测定，常用的是过氧化氢光度法、二安替比林甲烷光度法和钛铁试剂光度法等。另外，钛的配位滴定法通常有苦杏仁酸置换-铜盐溶液返滴定法和过氧化氢配位-铋盐溶液返滴定法。

一、过氧化氢光度法

在酸性条件下，TiO^{2+} 与 H_2O_2 形成黄色的 $[TiO(H_2O_2)]^{2+}$ 配离子，其 $lgK=4.0$，最大吸收波长 405nm，摩尔吸光系数为 704L/(mol·cm)。过氧化氢光度法简便快速，但灵敏度和选择性较差。

该方法应注意以下问题：

（1）显色反应可以在硫酸、硝酸、高氯酸或盐酸介质中进行，一般在 $5\%\sim6\%$ 的硫酸盐溶液中显色。

显色反应的速率和配离子的稳定性受温度的影响，通常在 $20\sim25℃$ 显色，3min 可显色完全，稳定时间在 1d 以上。过氧化氢的用量，以控制在 50mL 以上显色体积中加 3% 过氧化氢 $2\sim3mL$ 为宜。

（2）为了防止铁（Ⅲ）离子黄色所产生的正干扰，需加入一定量的磷酸。但由于 PO_4^{3-} 与钛（Ⅳ）能生成配离子而减弱 $[TiO(H_2O_2)]^{2+}$ 配离子的颜色，因此必须控制磷酸浓度在 2% 左右，并且在标准系列中加入等量的磷酸，以减少其影响。

（3）铀、钍、钼、钒、铬和铌在酸性溶液中能与过氧化氢生成有色配合物，铜、钴和镍等离子具有颜色，它们含量高时对钛的测定有影响。F^-、PO_4^{3-} 与钛形成配离子而产生负误差。大量碱金属硫酸盐（特别是硫酸钾）会降低钛与过氧化氢配合物的颜色强度，可以采取提高溶液中硫酸浓度至 10%，并在标准系列中加入同样的盐类，以消除其影响。用 NaOH 或 KOH 沉淀钛，可有效分离钼和钒；用氨水沉淀钛、铁，可使铜、钴、镍分离；试样本身存在一定量的铝（或加入），与 F^- 形成稳定的 $[AlF_6]^{3-}$，可消除 F^- 的干扰。

二、二安替比林甲烷光度法

二安替比林甲烷光度法灵敏度较高，而且易于掌握，重现性和稳定性较好。

显色反应的速率随酸度的提高和显色剂浓度的降低而减慢。反应介质选用盐酸，因硫酸会降低配合物的吸光度。比色溶液最适宜的盐酸酸度范围为 $0.5\sim1mol/L$。如果溶液的酸度太低，一方面很容易引起 TiO^{2+} 的水解；另一方面，当以抗坏血酸还原 Fe^{3+} 时，TiO^{2+} 与抗坏血酸形成不易破坏的微黄色配合物，而导致测定结果偏低。如果溶液浓度达 $1mol/L$ 以上，有色溶液的吸光度将明显降低。当显色剂的浓度为 $0.03mol/L$ 时，$1h$ 可显色完全，并稳定 $24h$ 以上。

三、钛铁试剂光度法

钛铁试剂光度法不仅灵敏度高，而且可用于微量钛、铁的连续测定。

钛铁试剂（又称试钛灵）的化学名称为 1,2-羟基苯-3,5-二磺酸钠，也称为邻苯二酚-3,5-二磺酸钠。在 pH 值为 $4.7\sim4.9$ 时，钛铁试剂与钛形成黄色配合物，最大吸收波长 $410nm$，摩尔吸光系数 $1.5\times10^4 L/(mol \cdot cm)$。在试样溶液中加入显色剂后 $30\sim40min$ 即可显色完全，并稳定 $4h$ 以上。线性范围为 $0\sim200\mu g/50mL$。

在同样条件下，铁（Ⅲ）与钛铁试剂能形成蓝紫色配合物，最大吸收波长为 $565nm$，可进行铁的测定。显然，铁对钛的测定将产生影响。可通过加入还原剂抗坏血酸或亚硫酸钠来还原 Fe^{3+}，使蓝紫色消失，消除铁对钛的干扰。所以，有时可进行铁和钛的连续滴定。

四、苦杏仁酸置换-铜盐溶液返滴定法

在 pH＝4 时，过量的 EDTA 可定量配位铝和钛，然后用铜盐回滴剩余的 EDTA。再加入苦杏仁酸，将 EDTA-Ti 配合物中的钛取代配位，用铜盐滴定释放的 EDTA。该方法多应用于生料、熟料、黏土等 TiO^{2+} 的含量小于 1%试样，由于可以同铁、铝在同一份溶液中连续滴定，十分简便。

在测定铁后的溶液中，先在 pH 值为 $3.8\sim4.0$ 的条件下，以铜盐标准溶液返滴定 $Al^{3+}+TiO^{2+}$ 的合量，然后加入苦杏仁酸溶液，苦杏仁酸夺取 $TiOY^{2-}$ 配合物中的 TiO^{2+}，与之生成更稳定的苦杏仁酸配合物，同时释放出与 TiO^{2+} 等物质的量的 EDTA，然后仍以 PAN 为指示剂，以铜盐标准溶液返滴定释放出的 EDTA，从而求出 TiO_2 的含量。

该方法应注意以下问题：

（1）用苦杏仁酸置换 $TiOY^{2-}$ 配合物中的 Y^{4-} 时，适宜的 pH 值为 $3.5\sim5$。pH＜3.5，反应进行不完全；pH＞5，则 TiO^{2+} 的水解倾向增强，配合物 $TiOY^{2-}$ 的稳定性随之降低。苦杏仁酸的加入量以 10mL 溶液（100g/L）为宜。

（2）测定某些成分比较复杂的试样，如某些黏土、页岩等，如溶液温度高于 80℃，滴定至终点时褪色较快。此时，可在滴定之前将溶液冷却至 50℃左右，然后加入 $3\sim5mL$ 乙醇（95%），以增大 PAN 及 Cu^{2+}-PAN 的溶解度，可改善终点。

（3）以铜盐回滴时，终点颜色与 EDTA 及指示剂的量有关，因此须作适当调整，以最后突变为亮紫色为宜。EDTA 过量 $10\sim15mL$ 为宜，回滴硫酸铜溶液 $[c(CuSO_4)=0.015mol/L]$ 大于 10mL。

（4）苦杏仁酸置换钛，以钛含量不大于 2mg 为宜，当钛含量较低，生产中又不需要测定钛时，可不用苦杏仁酸置换，全以铝量计算亦可。

五、过氧化氢配位-铋盐溶液返滴定法

此方法多用于矾土、高铝水泥、钛渣等含钛量较高的试样。

在滴定完 Fe^{3+} 的溶液中，加入适量过氧化氢溶液，使之与 TiO^{2+} 生成 $[TiO(H_2O_2)]^{2+}$ 黄色配合物，然后加入过量 EDTA，使之生成更稳定的三元配合物 $[TiO(H_2O_2)Y]^{2-}$，剩余的 EDTA 以半二甲酚橙（SXO）为指示剂，用铋盐溶液返滴定，其反应式为：

$$TiO^{2+} + H_2O_2 =\!=\!= [TiO(H_2O_2)]^{2+}$$

$$[TiO(H_2O_2)]^{2+} + H_2Y^{2-} =\!=\!= [TiO(H_2O_2)Y]^{2-} + 2H^+$$

$$Bi^{3+} + H_2Y^{2-}（剩余）=\!=\!= BiY^- + 2H^+$$

终点时：

$$Bi^{3+} + SXO =\!=\!= Bi^{3+}\text{-}SXO$$
$$\text{（黄色）}\qquad\qquad\text{（红色）}$$

该方法应注意以下问题：

（1）测试溶液的 pH 值一般控制在 1～1.5。若 pH<1，不利于配合物 $[TiO(H_2O_2)Y]^{2-}$ 的形成；pH>2，则 TiO^{2+} 的水解倾向增强，$[TiO(H_2O_2)Y]^{2-}$ 的稳定性降低。另外，Al^{3+} 有可能产生干扰，应以硝酸（1+1）调节 pH 值至 1.5。这里不使用盐酸，是防止 Cl^- 对 Bi^{3+} 的干扰。

（2）过氧化氢的加入量一般为 5 滴 30% 的 H_2O_2。过多的 H_2O_2 在其后测定铝时，在煮沸条件下将对 EDTA 产生一定的破坏作用，影响铝的测定结果。

（3）溶液温度不宜超过 20℃，以防止 Al^{3+} 的干扰。如温度超过 35℃，则滴定终点拖长，测定结果明显偏高。

（4）EDTA 过量不宜太多，特别是测定铝矾土及铝酸盐水泥等高铝试样时，如分取出含 0.05g 试样的溶液测定钛时，0.015mol/L 的 EDTA 溶液过量 1.5～3.0mL 较适宜，即返滴定消耗的 0.015mol/L 铋盐溶液为 1.5～3.0mL。测定高钛样品时，由于铝的含量较低，EDTA 可以多过量一些。

🔧 任务实施

操作　二安替比林甲烷光度法测定二氧化钛量

一、检测流程

$$\text{滤液} \xrightarrow[\text{盐酸、抗坏血酸}]{\text{容量瓶}} \text{放置 5min} \xrightarrow[\text{定容摇匀}]{\text{二安替比林甲烷}} \text{放置 2h} \xrightarrow{\text{390nm}} \text{上机测定}$$

二、试剂配制

（1）抗坏血酸溶液（50g/L）：现用现配。

（2）二安替比林甲烷溶液（20g/L）：称取 2g 二安替比林甲烷溶于 100mL 盐酸（2mol/L）中，摇匀（有沉淀应过滤）。

（3）二氧化钛标准溶液：

① 二氧化钛标准溶液 A（0.5000mg/mL）：称取 0.5000g 二氧化钛（光谱纯，预先在 1000℃灼烧）于铂坩埚中，加入 10g 焦硫酸钾，于 600～650℃马弗炉中熔融 10～15min，取出冷却，放入 400mL 烧杯中，用硫酸（5+95）加热浸取，洗出坩埚，加热使溶液透亮。冷却，移入 1000mL 容量瓶中，用硫酸（5+95）稀释至刻度，混匀。

② 二氧化钛标准溶液 B（50.0μg/mL）：移取 10.00mL 二氧化钛标准溶液 A 置于 100mL 容量瓶中，用硫酸（5+95）稀释至刻度，混匀。

三、操作步骤

1. 标准溶液系列的配制及标准曲线绘制

　　分别移取0mL、1.00mL、2.00mL、4.00mL、6.00mL、8.00mL、10.00mL二氧化钛标准溶液B，置于一系列100mL容量瓶中，加水至50mL左右，加10mL盐酸（1+1），摇匀。加入5mL抗坏血酸溶液，摇匀。放置5min后，加入15mL二安替比林甲烷溶液，用水稀释至刻度，摇匀。放置2h后，在分光光度计上390nm处测量其吸光度。以浓度为横坐标，吸光度为纵坐标，绘制标准曲线。

　　2. 硅酸盐中二氧化钛的测定

　　分取一定体积分离二氧化硅后的滤液，置于100mL容量瓶中，加水至50mL左右，摇匀。以下按标准溶液步骤操作，测量其吸光度。

　　从标准曲线上查得相应的二氧化钛量。

　　3. 结果计算

　　按下式计算二氧化钛量：

$$w(\mathrm{TiO_2}) = \frac{m_1 \times 250 \times 10^{-6}}{mV} \times 100\%$$

式中　　$w(\mathrm{TiO_2})$——二氧化钛的质量分数，%；

　　　　　m_1——自工作曲线上查得的分取溶液中二氧化钛的质量，μg；

　　　　　V——分取试样溶液的体积，mL；

　　　　　m——称取试料的质量，g。

　　四、实验指南与安全提示

　　（1）比色用的试样溶液可以是重量法测定硅后的溶液，也可以是用氢氧化钠熔融后的盐酸溶液。但加入显色剂前，需加入5mL乙醇，以防止溶液浑浊而影响测定。

　　（2）抗坏血酸及二安替比林甲烷溶液不宜放久，应现用现配。

💡 思考与交流

　　1. 硅酸盐中二氧化钛的检测方法有哪些？

　　2. 二安替比林甲烷光度法测定二氧化钛的测定条件是什么？

💡 项目小结

　　在一份称样中测定一两个项目称为单项分析。而系统分析则是在一份称样分解后，通过分离或掩蔽的方法消除干扰离子对测定的影响，再系统地、连贯地进行数个项目的依次测定。分析系统的优劣不仅影响分析速度和成本，而且影响到分析结果的可靠性。

　　硅酸盐中二氧化硅的测定方法较多，通常采用重量法如动物胶凝聚重量法和氟硅酸钾容量法。对硅含量低的试样，可采用硅钼蓝等光度法。

　　铁在硅酸盐中呈现二价或三价状态。在许多情况下既需要测定试样中铁的总含量，又需要分别测定二价或三价铁的含量。

　　在酸性介质中，Fe^{3+}与EDTA能形成稳定的配合物。控制pH值为1.8～2.5，以磺基水杨酸为指示剂，用EDTA标准溶液直接滴定溶液中的三价铁。

　　硅酸盐中铝含量常常较高，多采用滴定分析法。如试样中铝含量很低时，可采用铬天青S比色法。配位滴定法滴定铝的方法主要有直接滴定法、返滴定法和置换滴定法。其中，以置换滴定法应用最广。

　　钙和镁在硅酸盐试样中常常一起出现，常需同时测定。由于硅酸盐试样中的Ca、Mg含量不低，普遍采用配位滴定法和原子吸收分光光度法。

钛的测定方法有很多。由于硅酸盐试样中含钛量较低，所以通常采用光度法测定，常用的是过氧化氢光度法、二安替比林甲烷光度法和钛铁试剂光度法等。

练一练测一测

一、单选题

1. 硅酸盐在分析前，需在（　　）温度下烘干。
A. 60~70℃　　　　　　　　　　　B. 50~60℃
C. 105~110℃　　　　　　　　　　D. 130~140℃

2. 分解硅酸盐最有效的溶剂是（　　）。
A. 盐酸　　　　B. 硝酸　　　　C. 氢氟酸　　　　D. 硫酸

3. 较纯的石英样品中二氧化硅常用（　　）进行测定。
A. 动物胶凝聚重量法　　　　　　B. 氢氟酸挥发重量法
C. 氟硅酸钾沉淀-酸碱滴定法　　　D. 比色法

4. 动物胶凝聚硅酸时，应先把试液蒸发至湿盐状，加浓盐酸，并控制其酸度在（　　）以上。
A. 8mol/L　　　B. 10mol/L　　　C. 5mol/L　　　D. 3mol/L

5. 在硅酸盐中测定二氧化硅含量的重量法中，可用（　　）进行恒重。
A. 铁坩埚　　　B. 镍坩埚　　　C. 瓷坩埚　　　D. 银坩埚

6. EDTA配位滴定法测定硅酸盐中三氧化二铁时，控制的pH值范围是（　　）。
A. 8~11.5　　　　　　　　　　　B. 1.8~2.5
C. 4~8　　　　　　　　　　　　　D. 2~9

7. EDTA配位滴定法测定硅酸盐中三氧化二铁用（　　）作指示剂。
A. 淀粉　　　B. 二苯胺磺酸钠　　　C. 酚酞　　　D. 磺基水杨酸

8. EDTA配位返滴定法测定铝，用铜盐作返滴定剂，终点颜色是（　　）。
A. 红色　　　B. 黄色　　　C. 紫色　　　D. 纯蓝色

9. EDTA配位滴定法测定硅酸盐中钙镁含量时，pH为（　　）。
A. 10　　　B. >12.5　　　C. 7.5　　　D. 5.5

10. 配位滴定法测定钙镁含量时，铁、铝、钛的干扰可用（　　）掩蔽。
A. 柠檬酸　　　B. 氟化钾　　　C. 磷酸　　　D. 三乙醇胺

二、判断题

1. EDTA配位滴定法测定硅酸盐中总铁时，应先将溶液中的Fe^{2+}氧化成Fe^{3+}。（　　）

2. 酸度的控制是EDTA配位滴定法测定硅酸盐中三氧化二铁的关键。（　　）

3. 在EDTA滴定法滴定铁之后的溶液还可以进一步用返滴定法测定铝和钛，以实现铁、铝、钛的连续测定。（　　）

4. 在pH值为8~11.5的溶液中，形成紫红色的$[Fe(Sal)]^+$。（　　）

5. 在酸性较强的溶液中加入EDTA，然后用氨水或NaOH溶液来调节试液的pH值为4~5。（　　）

6. 氟化铵置换滴定法测定铝时，当第一次用锌盐溶液滴定至终点后，不必记录锌盐溶液的消耗体积。（　　）

7. 单独测定Ca^{2+}时，控制pH>12.5，使Mg^{2+}生成难离解的$Mg(OH)_2$，可消除Mg^{2+}对测定Ca^{2+}的影响。（　　）

8. EDTA 滴定 Ca^{2+} 滴定至近终点时应充分搅拌，使被氢氧化镁沉淀吸附的钙离子能与 EDTA 充分反应。（ ）

三、计算题

将 0.5600g 硅酸盐试样溶解成 250mL 试液，用 0.02000mol/L 的 EDTA 溶液滴定，消耗 30.00mL，则试样中 CaO 的含量为多少？已知：M（CaO）$=56.08$g/mol。

参考答案

一、1. C 2. C 3. B 4. A 5. C 6. B 7. D 8. C 9. B 10. D

二、1. √ 2. √ 3. √ 4. × 5. × 6. √ 7. √ 8. √

三、6.01%

附　录

附录一　质量记录表格

表1　××××××××实验测试中心委托检测合同书

第 　页 共 　页

送样单位				电话	
单位地址				邮编	
取样地点		取样时间		报告传递方式	
化验编号	样品编号	样品名称	样品外观	检测项目	
委托方(签字)： 年　月　日			经办人(签名)： 年　月　日		
备　注					

表2　××××××××实验测试中心检测样品流转单

样品名称		化验编号	
样品数量		收样日期	
检测项目		检测依据	
任务下达人			
检 测 人 员	时间	检测项目	
	时间	检测项目	
	时间	检测项目	
	时间	检测项目	
样品管理员	日期：		
检测室主任	日期：		

表3　×××××××实验测试中心标准溶液原始记录

标准溶液名称：	配 制 方 法	校正（方法、数据、结果）	
浓度：			
介质：			
试剂名称及纯度：			
中心编号：			
配制室温：			
定容温度：			
配制时间： 年　月　日		校正人：	校正时间： 年　月　日
		复核人：	复核时间： 年　月　日
配制人：		注：该标准溶液若无须校正时，此项可不填	

表4　×××××××实验测试中心标准溶液领用登记表

名　称	标准溶液 体积/mL	浓度	领用日期	领用量 /mL	用途	领用人

表5　滴定分析原始记录

分析日期：　　　年　　月　　日

化验批号		计算公式：	
检测项目			
方法依据			
标准溶液的标定、 浓度或滴定度			

序号	化验编号	取样量 /g(mL)	分取比 /(mL/mL)	终读数 /mL	初读数 /mL	滴定数 /mL	减空白数 /mL	分析 结果	报出 结果
1									
2									
3									
4									

校核者：　　　　　　　　　　　　　　　　　　　　　　　分析者：

表6　重量分析原始记录

化验批号		计算公式：	
检测项目			
方法依据			

序号	化验编号	取样量/g	灼烧或烘干后重/g				空坩埚重/g				沉淀重/g	减空白重/g	含量/%
			1	2	3	恒重	1	2	3	恒重			
1													
2													
3													
4													

分析日期：　　　年　　月　　日

校核者：　　　　　　　　　　　　　　　　　　　　　　　　　分析者：

表7　原子吸收光谱分析原始记录

分析日期：　　　年　　月　　日

化验批号		试样量	g(mL)	仪器型号		灯电流	mA
检测项目		试液介质		仪器编号		温度	℃
方法依据		试液体积	mL	波长	nm	湿度	%
测量方式		狭缝	nm	标准曲线体积		mL	
标准曲线			计算公式				
			备注				

序号	化验编号	取样量/g(mL)	分取比/(mL/mL)	试液吸光度	空白吸光度	分析结果	报出结果
1							
2							
3							
4							
5							
6							
7							
8							
9							
10							
11							
12							

校核者：　　　　　　　　　　　　　　　　　　　　　　　　　分析者：

表8　光度分析原始记录

分析日期：　　　年　　月　　日

化验批号		试样量		仪器型号		比色温度	℃
检测项目		试液体积	mL	仪器编号			
方法依据		标准曲线体积	mL	波长	nm		
测量方式		标液浓度	μg/mL	比色池	cm		
标准曲线			计算公式				
			备注				

续表

序号	化验编号	取样量/g(mL)	分取比/(mL/mL)	试液吸光度	空白吸光度	分析结果	报出结果
1							
2							
3							
4							
5							
6							
7							
8							
9							
10							

校核者：　　　　　　　　　　　　　　　　　　分析者：

表9　仪器分析通用原始记录（副页）

分析批号：　　　　　　　　　　　　分析日期：　年　月　日

序号	化验编号					
1						
2						
3						
4						
5						
6						
7						
8						
9						
10						
11						
12						
13						
14						
15						
16						
17						
18						

校核者：　　　　　　　　　　　　　　　　　　分析者：

附录二　检测报告示例

×××××××××××测试研究所

检 测 报 告

№ ××××（化）×××

产品名称：_____

受检单位：_____

检测类别：_____

报告发送日期：××××年××月××日

×××××××××测试研究所检测报告

送检单位：
共 页 第 页

产品名称		样品外观	
样品数量		样品编号	
检测批号		化验依据	
收样日期			
检测项目			

主要检测仪器	名称		检测环境	温度	
	型号			湿度	

检测结论	检验结果见报告第　　页。 签发日期：　年 月 日
备注	

批准：　　　　　　　　　　　　　　　　　　　　　审核：

×××××××××测试研究所检测结果

化验批号：　　　　　　　　　　　　　　　　　　　　　　　　　共　页　第　页

化验编号	样品编号	检测项目的结果				

检测者：　　　　　　　　　　　　　　　　　　　　　　校核：

附录三　考核记录用表

表 10　教师对学生个人评价表

任务名称　　　　　　　　　　　　　　　　　　

评价项目及分值					
观察点	评价细则				
确定检测方法 10 分	检测方法不合理，可行性不够，每处扣 2 分				
制定工作计划 5 分	分工不合理，责任不明确，实施过程中无完整详细记录，每处扣 1 分				
准备检测药品 5 分	药品名称、规格、用量不准确，每处扣 1 分				
准备检测仪器 5 分	仪器名称、规格、用量不准确，每处扣 1 分				
准备检测溶液 5 分	溶液名称、规格、用量不准确，每处扣 1 分				
填写原始检测数据 15 分	试验现象、数据记录不及时、不规范，有效数字使用不规范，每处扣 2 分。不能实事求是，伪造数据，该次任务 0 分				
填写检测报告单 5 分	填写不规范、不正确，每处扣 1 分				
结果评价 15 分	精密度、准确度不够，每增加 0.2%，扣 2 分。不能准确分析问题原因，扣 2 分				
5S 10 分	按照 5S 要求使仪器清洁，玻璃仪器洗涤干净、摆放整齐。实验台面不整洁，物品摆放不合理，每处扣 1 分。未着规定服饰，扣 3 分				
工具使用、技能操作 20 分	相关仪器的使用不规范，每次扣 1 分。实验检测过程中未体现环保、安全、经济意识、应变能力，每次扣 2 分。出现仪器损坏，每件扣 3 分				
出勤记录 5 分	出现迟到、早退，每次扣 5 分。出现无故旷课，该次任务 0 分				
小计					
学生存在的问题及教学改进思路					

表 11　教师对项目团队评价表

任务名称＿＿＿＿＿＿＿＿＿＿＿

评价项目及分值	组别							
	一	二	三	四	五	六	七	八
团队分工是否合理,效率高 20 分								
团队成员关系是否融洽 10 分								
团队是否按时完成计划任务 10 分								
团队是否遵守各项制度 10 分								
团队会议是否气氛好,记录完整 10 分								
团队的决策是否集中大家的智慧 10 分								
团队决策结果是否科学、详细 20 分								
归档文件是否符合要求 10 分								
小计								
团队存在的问题及急需改进思路								

表 12　学生互评表

任务名称：＿＿＿＿＿＿　学生姓名：＿＿＿＿＿＿　组别：＿＿＿＿＿＿

序号	项目	分值/分	评分标准	扣分
1	确定检测方法	10	检测方法不合理,可行性不够,每处扣 2 分	
2	制定工作计划	5	分工不合理,责任不明确,每处扣 1 分	
3	准备检测药品	5	药品名称、规格、用量不准确,每处扣 1 分	
4	准备检测仪器	5	仪器名称、规格、用量不准确,每处扣 1 分	
5	准备检测溶液	5	溶液名称、规格、用量不准确,每处扣 1 分	
6	填写原始检测数据	15	实验现象、数据记录不及时、不规范,有效数字使用不规范,每处扣 2 分。不能实事求是,伪造数据,该次任务 0 分	
7	填写检测报告单	5	填写不规范、不正确,每处扣 1 分	
8	结果评价	15	精密度、准确度不够,每增加 0.2%,扣 2 分。不能准确分析问题原因,扣 2 分	
9	整理工作环境	5	实验台面不整洁、物品摆放不合理,每处扣 1 分。未着规定服饰,扣 3 分	
10	整理技术文件	5	档案材料整理不到位、不规范,每处扣 1 分	
11	工具使用、技能操作	20	移液管、容量瓶、滴定管、分析天平、分光光度计、pH 计等其他相关仪器的使用不规范,每次扣 1 分。实验检测过程中未体现环保、安全、经济意识、应变能力,每次扣 2 分。出现仪器损坏,每件扣 3 分	
12	出勤记录	5	出现迟到、早退,每次扣 5 分。出现无故旷课,该次任务 0 分	

表 13　学生自我评价表

姓名：_____　学号：_____　班级：_____　得分：_____

评价项目	评价标准			
	优 8～10	良 6～8	中 4～6	差 2～4
学习态度是否主动,是否能及时完成教师布置的各项任务				
是否完整地记录探究活动的过程,收集的有关学习信息和资料是否完善				
能否根据学习资料对项目进行合理分析,对所制定的方案进行可行性分析				
是否能够完全领会教师的授课内容,并迅速掌握技能				
是否积极参与各种讨论与演讲,并能清晰地表达自己的观点				
能否按照实施方案独立或合作完成工作任务				
对工作过程中出现的问题能否主动思考,并使用现有知识进行解决,并知道自身知识的不足之处				
通过项目训练是否达到所要求的能力目标				
是否确立了安全、环保与团队意识				
工作过程中是否能保持整洁、有序、规范的工作环境				
总　评				
改进方法				

表 14　学生自我参照标准 （一）

观察点	自我参照标准
学习能力	提取信息的能力,触类旁通的能力
	学习中能发现问题、分析问题和归纳总结的能力
	运用各种媒体进行学习的能力,英语阅读能力和获取新知识的能力
工作能力	按工作任务要求,运用所学知识提出工作方案、完成工作任务的能力
	自己对工作任务的了解和对工作任务难点把握的能力
	对工作过程和检测质量的自我控制和工作评价的能力
	工作中发现问题、分析问题、解决问题的能力
	安全意识和社会责任感
	工作过程有条理、不混乱
	原始记录完整、及时、清晰、规范、真实,无涂改
	仪器使用操作规范
	数据处理正确、结果正确、有效数字正确
	质量指标检测结果平行测定偏差<0.1%,0.2%
	质量指标检测结果准确度在允差范围内
创新能力	学习中能提出不同见解的能力
	工作中能提出多种解决问题的思路、完成任务的方案和途径等方面的能力
团队能力	团队在讨论时是否讲求效率,分工是否合理
	团队全体交流看法时是否听取各方面的意见
	团队决策时是否意见一致
	团队决策结果是否科学
职业素养	能认真对待他人意见,共同制定决策、与同事合作学习的表现
	能融于集体之中,团队人际关系融洽、与他人合作和谐
	遇到问题商量解决,没有互相指责
	守纪(不迟到,不早退,不高声讲话,不窜岗)
	环保(废液倒到指定位置,节约试剂)

表 15   学生自我参照标准（二）

实训操作考核细则

	项目	分数	得分	备注
天平（20）	(1)取下、放好天平罩,检查水平,清扫天平	1		
	(2)检查和调节空盘零点	1		
	(3)称量			
	① 重物置盘中央	1		
	② 加减砝码顺序	3		
	③ 天平开关控制(取放砝码、试样——关,试重——半开,读数——全开,轻开轻关)	3		
	④ 关天平门读数、记录	1		
	(4)差减法			
	① 手不直接接触称量瓶	1		
	② 敲瓶动作(距离适中,轻敲上部,逐渐竖直,轻敲瓶口)	2		
	③ 无倒出杯外	1		
	④ 称量时间(调好零点记录第二次读数)12min,超过1min 扣 1 分	4		
	(5)结束工作(砝码复位,清洁,关天平门,罩好天平罩)	2		
过滤（10）	(1)选择滤纸、漏斗	2		
	(2)过滤(一贴、二低、三靠)	3		
	(3)洗涤(少量多次)	3		
	(4)灰化、恒重(低温灰化、高温灼烧)	2		
容量瓶（10）	(1)清洁(内壁不挂水珠)	1		
	(2)溶解(全溶;若加热溶解,溶解后应冷至室温)	1		
	(3)定量转入 100mL 容量瓶(转移溶液操作,冲洗烧杯、玻璃棒 5 次,不溅失)	4		
	(4)稀释至标线(最后用滴管加水)	2		
	(5)摇匀(3/4 时初步混匀,最后混匀)	2		
移液管（10）	(1)清洁(内壁和下部外壁不挂水珠,吸干尖端内外水分)	1		
	(2)25mL 移液管用待吸液润洗 3 次(每次适量)	2		
	(3)吸液(手法规范,吸空不给分)	2		
	(4)调节液面至标线(管垂直,调节自如;不能超过 2 次,超过 1 次扣 1 分)	3		
	(5)放液(管垂直,锥形瓶倾斜,管尖靠锥瓶内壁,最后停留 15s)	2		
滴定（20）	(1)清洁	1		
	(2)用操作液润洗 3 次	2		
	(3)装液,调初读数,无气泡,不漏水	3		
	(4)滴定(确保平行滴定 3 份)			
	① 滴定管(手法规范,连续滴加,加 1 滴,加半滴,不漏水)	4		
	② 锥形瓶(位置适中,手法规范,溶液呈圆周运动)	3		
	③ 终点判断(近终点加 1 滴,半滴,颜色适中)	4		
	(5)读数(手不捏盛液部分,管垂直,眼与液面平,读弯月面下缘实线最低点;读至 0.01mL,及时记录)	3		

续表

	项目	分数	得分	备注
分光光度计的操作（20）	（1）仪器准备			
	① 仪器自检、预热（测定前开机预热 20min）	2		
	② 比色皿的清洗（自来水冲洗，蒸馏水润洗、比色皿内壁不挂水珠）	3		
	（2）比色皿的使用			
	① 手持（手指只能接触两侧的毛玻璃，不可接触光学面）	2		
	② 待测溶液润洗（装液前先用蒸馏水冲洗。定量时测定溶液浓度由低到高，可直接润洗。待测液润洗不少于 2～3 次）	3		
	③ 溶液高度（一般控制在皿高的 2/3～4/5 范围内）	3		
	④ 比色皿的擦拭（外壁无溶液。同一方向擦拭）	2		
	⑤ 同组比色皿透光度的校正（在最大吸收波长处，以一个吸收池为参比，调节透射比为 100%，测量其他各池的透射比，偏差小于 0.5% 的可配成一对）	3		
	⑥ 测定后，比色皿处理（测定后，比色皿洗净，倒置于滤纸上控干保存）	2		
其他（10）	（1）数据记录，结果计算（列出计算式），报告格式	6		
	（2）清洁整齐	4		
总分		100		

附录四　常用酸碱溶液的相对密度和浓度

表16　常用酸碱溶液参数

名称	相对密度（20℃）	质量分数/%	物质的量/（mol/L）
浓盐酸	1.19	38.0	12
浓硝酸	1.42	69.8	16
浓硫酸	1.84	98	18
浓醋酸	1.05	90.5	17
醋酸	1.045	36～37	6
高氯酸	1.47	74	13
磷酸	1.689	85	14.6
浓氨水	0.90	25～27（NH_3）	15

附录五　矿石质量标准

一、钨精矿质量标准（YST 231—2007）

钨精矿产品按矿物类型分为黑钨精矿和白钨精矿两种类型；按冶炼方法分为Ⅰ类和Ⅱ类两种类别，Ⅰ类主要供火法冶炼用，Ⅱ类供湿法冶炼用；按化学成分划分为特级、一级、二级、三级、四级、五级、混合钨精矿和钨细泥，共计 18 个品种。混合钨精矿是指黑钨、白钨没有严格分离的钨精矿。钨细泥是指粒度小于 0.074 mm（WO_3 质量分数为 30%～40%）、杂质含量较高的钨矿产品，供湿法冶炼用。产品化学成分应符合表 17 规定。钨精矿品位以干矿计算。

表 17   钨精矿的化学成分（质量分数）

单位：%

品种			WO₃	杂质含量不大于									用途举例
类型	类别	品级	不小于	S	P	As	Mo	Ca	Mn	Cu	Sn	SiO₂	
黑钨精矿	Ⅰ类	特级	68	0.4	0.03	0.10	—	5.0	—	0.06	0.15	7.0	优质钨铁、直接炼合金刚
		一级	65	0.7	0.05	0.15	—	5.0	—	0.13	0.20	7.0	钨铁
		二级	60	0.7	0.05	0.20	—	5.0		0.15	0.20	—	
	Ⅱ类	一级	65	0.7	0.10	0.10	0.05	3.0		0.25	0.20	5.0	仲钨酸铵、硬质合金、钨材、钨丝、催化剂
		二级	65	0.8	0.10	0.15	0.05	5.0		0.25	0.25	7.0	
		三级	60	0.9	0.10	0.15	0.10	5.0		0.30	0.30	—	
		四级	55	1.0	0.10	0.15	0.20	5.0		0.30	035	—	
		五级	50	1.2	0.12	0.15	0.20	6.0		0.35	0.40	—	
白钨精矿	Ⅰ类	特级	68	0.4	0.03	0.03	—	—	0.5	0.03	003	2.0	直接炼合金刚、优质钨铁
		一级	65	0.7	0.05	0.15	—		1.0	0.13	0.20	7.0	钨铁
		二级	60	0.7	0.05	0.20	—		1.5	0.25	0.20	—	
	Ⅱ类	一级	65	0.7	0.10	0.10	0.50		1.0	0.25	0.20	5.0	仲钨酸铵、硬质合金、钨材、钨丝、催化剂
		二级	65	0.8	0.10	0.15			1.5	0.25	0.20	7.0	
		三级	60	0.9	0.10	0.15			2.0	0.3	0.2	—	
		四级	55	1.0	0.10	0.15			2.0	0.3	0.35	—	
		五级	50	1.2	0.12	0.15			2.0	0.3	0.40	—	
混合钨精矿			65	0.7	0.10	0.10		—		0.25	0.20	5.0	钨酸铵、硬质合金等
钨细泥			30	2.0	0.50	0.30		—		0.5	—	—	

注：1. 表中"—"为杂质含量不限。

2. 钨精矿中，钽、铌为有价值元素，如有需要，供方应报出分析数据。

3. 混合钨精矿、钨细泥的 Mo、Ca、Mn 虽不限制、但供方应报出分析数据。

4. 供需双方对表中规定的个别杂质含量及其他杂质（如 Fe、Sb、Pb、Bi 等）有特殊要求时，可协商解决。

二、稀土矿工业品位及质量标准

表 18   稀土矿床一般工业指标（工业品位）

工业指标	矿床类型		
	原生矿	离子吸附型矿	
		重稀土	轻稀土
边界品位[w(REO)]/%	0.5~0.1	0.03~0.05	0.05~0.1
最低工业品位 [w(REO)]/%	1.5~2.0	0.06~0.1	0.08~0.15
最低可采厚度/m	1~2	1~2	1~2
夹石剔除厚度/m	2~4	2~4	2~4

注：1. 品位指标的要求：矿床规模较大，开采技术条件、矿石可选性、外部建设条件较好的矿床，采用"下限值"，反之采用"上限值"。对于离子吸附型矿，还应视矿石浸取率和其计价元素的含量而定。当计价元素比例高时，取"下限值"，低时取"上限值"；当易选、浸取率高时，可采用"下限值"，当难选、浸取率低时，可采用"上限值"。对小于最低可采用厚度的富矿体用米百分值。

2. 最低可采用厚度、夹石剔除厚度的要求：一般是缓倾斜、低品位、大规模采矿方法，可采用"上限值"；陡倾斜、高品位、小规模采矿方法，则采用"下限值"。稀土元素常共生在一起，分离困难，可按稀土元素总量估算储量和资源量。

表 19-1　稀土精矿产品质量指标（一）

精矿名称	品级牌号	w(REO)/%（不小于）	w(配分)/%（不小于）				w(杂质)/%（不小于）				
	牌号						F	TiO_2	P_2O_5	CaO	TFe
氟碳铈镧矿精矿	REO68	68					7	0.5 1.5	0.5	不规则	不规则
	REO63	63									
	REO60	60									
	REO55	55									
	REO50	50									
	REO45	45									
	REO40	40									
	REO35	35							1.5		
	REO30	30									
氟碳铈矿	品级						F		P	Ca	TFe
	一级品	60					7		5	5	7
	二级品	55					7				9
	三级品	50					7				10

表 19-2　稀土精矿产品质量指标（二）

	牌号	w(REO)/%（不小于）					Eu_2O_3	Ca		
氟碳铈矿精矿	G-1	60					0.15	8	6	6
	G-2	55					0.15	10	8	12
	G-3	50					0.15	10	8	14
	品级		La_2O_3	CeO_2	Pr_6O_{11}	Nd_2O_3	Eu_2O_3	HREO		
	一级品	60	22	45	4	15	0.15	3		
	二级品	55	22	45	4	15	0.15	3		
	三级品	50	22	45	4	15	0.15	3		
	四级品	30	22	45	4	15	0.15	3		

三、铜精矿国家标准

铜精矿按化学成分分为一级品、二级品、三级品、四级品和五级品。

铜精矿化学成分应符合表 20 的规定。

表 20　铜精矿的化学成分

品级	化学成分/%							
	Cu 不小于	杂质含量（不大于）						
		As	Pb+Zn	MgO	Bi+Sb	Hg	F	Cd
一级品	32	0.10	2	1	0.10	0.02	0.03	0.05
二级品	25	0.20	5	3	0.30	0.02	0.05	0.05
三级品	20	0.20	8	4	0.40	0.02	0.05	0.05
四级品	16	0.30	10	5	0.50	0.02	0.08	0.05
五级品	13	0.40	12	5	0.60	0.02	0.10	0.05

铜精矿中金、银、硫为有价元素，应报分析数据。

铜精矿中水分不得大于 12％；冬季应不大于 8％。

四、铁精矿质量标准

铁精矿按矿石类型和化学成分分为四个类型共十个品级，以绝对品位计算，符合表 21 规定（适用于铁矿石经选矿加工后所得的精矿）。

表 21　铁精矿质量标准

铁精矿类型			磁性矿为主的磁铁精矿				赤铁矿为主的赤铁精矿				攀西式钒钛磁铁精矿	包头式多金属铁精矿
品级代号			C67	C65	C63	C60	H65	H62	H59	H55	P51	B57
TFe/%（不小于）			67	65	63	60	65	62	59	55	51.5	57
TFe 允许波动范围/%		Ⅰ类	+1.0～-0.5				+1.0～-0.5				±0.5	±1.0
		Ⅱ类	+1.5～-1.0				+1.5～-1.0					
杂质/%不大于，	SiO₂	Ⅰ级	3	4	5	7	8	10	12	12		
		Ⅱ级	6	8	10	13			13	15		
	S	Ⅰ级	0.10～0.19				0.10～0.19				(<0.6)	(<0.5)
		Ⅱ级	0.20～0.40				0.20～0.40					
	P	Ⅰ级	0.05～0.09				0.08～0.19					(<0.3)
		Ⅱ级	0.10～0.30				0.20～0.40					
	Cu		0.10～0.20				0.10～0.20					
	Pb		0.10				0.10					
	Zn		0.10～0.20				0.10～0.20					
	Sn		0.08				0.08					
	As		0.04～0.07				0.04～0.07					
	TiO₂										(<13)	
	F											(<2.5)
	K₂O+Na₂O		0.25				0.25					0.25
水分/%（不大于）		Ⅰ类	10				11				10	11
		Ⅱ类	11				12					

注：表中杂质含量数字不带括号者为不大于该数的百分数，带括号者为小于该数的百分数。

五、钴硫精矿质量标准

表 22　钴硫精矿质量标准

品级	化学成分/%					
	Co（不小于）	S（不小于）	杂质　不大于			
			Cu	Mn	SiO₂	As
特级品	0.5	27	0.4	0.03	5	0.04
一级品	0.45	27	0.5	0.04	7	0.06
二级品	0.40	27	0.6	0.06	10	0.06
三级品	0.35	27	0.7	0.08	13	0.08
四级品	0.30	27	1.0	0.10	16	0.08
五级品	0.25	27	1.2	0.10	18	0.10
六级品	0.20	27	1.2	0.10	20	0.10

六、金精矿质量标准

（1）按金精矿中金的质量分数划分为九个品级，并应符合表 23 规定。

（2）金精矿中铜的质量分数大于 1％时为铜金精矿。

（3）金精矿中铅的质量分数大于 5％时为铅金精矿。

（4）金精矿中锑的质量分数大于 5％时为锑金精矿。

（5）金精矿中砷的质量分数大于 0.5％时为含砷金精矿。

（6）金精矿化学成分应符合表 23 的规定。

（7）铜金精矿中的铅和锌的质量分数均应不大于 3％。铅金精矿中的铜的质量分数应不大于 1.5％。

（8）金精矿中的有价元素银、铜、铅、硫大于最低计价品位规定时，应报出分析数据。

（9）其他类型金精矿中杂质元素的要求，由供需双方商定。

（10）金精矿中水分不宜大于 20％。

（11）金精矿的粒度应通过 0.074mm 标准筛，筛下物不小于 50％。

（12）金精矿中不应掺入夹杂物，颜色均匀。

表 23 · 金精矿化学成分

品级	Au 质量分数 /10^{-6} 不小于
一级品	100
二级品	90
三级品	80
四级品	70
五级品	60
六级品	50
七级品	40
八级品	30
九级品	20

参考文献

[1] 地质矿产实验室测试质量管理规范 DZ/T 0130—2006.

[2] 岩石和矿石化学分析方法总则及一般规定 GB/T 14505—2010.

[3] 化学试剂标准滴定溶液的制备 GB/T 601—2016.

[4] 化学试剂杂质测定用标准溶液的制备 GB/T 602—2002.

[5] 铁矿石化学分析方法三氯化钛—重铬酸钾容量法测定全铁量 GB/T 6730.5—2007.

[6] 水泥化学分析方法 GB/T176—2017.

[7] 铁矿石化学分析方法 三氯化铁-乙酸钠容量法测定金属铁量 GB/T 6730.6—2016.

[8] 铁矿石化学分析方法 重铬酸钾容量法测定亚铁 GB/T 6730.8—2016.

[9] 铁矿石化学分析方法 燃烧碘量法测定硫量 GB/T 6730.17—2014.

[10] 钨精矿化学分析方法 三氧化钨量的测定 钨酸铵灼烧重量法 GB/T 6150.1—2008.

[11] 高杂钨矿化学分析方法 三氧化钨量的测定 二次分离灼烧重量法 GB/T 26019—2010.

[12] 钨精矿化学分析方法 钙量的测定 EDTA 容量法和火焰原子吸收光谱法 GB/T 6150.5—2008.

[13] 钨矿石、钼矿石化学分析方法 钨量测定 GB/T 14352.1—2010.

[14] 草酸钴化学分析方法 第1部分：钴量的测定 电位滴定法 GB/T 23273.1—2009.

[15] 草酸钴化学分析方法 第8部分：电感耦合等离子体发射光谱法 GB/T 23273.8—2009.

[16] 钴矿石化学分析方法 钴量测定 GB/T 15922—2010.

[17] 铜精矿化学分析方法铜量的测定 GB/T3884.1—2012.

[18] 铜矿石、铅矿石和锌矿石化学分析方法铜的测定 GB/T14353.1—2010.

[19] 氯化稀土、碳酸轻稀土化学分析方法第三部分：15个稀土元素氧化物配分量的测定 GB/T 16484.3—2009.

[20] 稀土金属及其化合物化学分析方法 稀土总量的测定 GB/T 14635—2020.

[21] 独居石精矿化学分析方法 稀土和钍氧化物总量的测定 GB/T 18114.1—2010.

[22] 稀土硅铁合金、稀土镁硅铁合金化学分析方法 稀土总量的测定 GB/T 16477.1—2010.

[23] 地球化学样品中贵金属分析方法 第3部分：钯量的测定 硫脲富集-石墨炉原子吸收分光光度法 GB/T 17418.3—2010.

[24] 金矿石化学分析方法 第一部分：金量和银量的测定 GB/T 20899—2007.

[25] 张冬梅.岩石矿物分析.2版.北京：地质出版社，2017.

[26] 北京矿冶研究总院.矿石及有色金属分析手册.北京：冶金工业出版社，1990

[27] 符斌.重金属冶金分析.北京：冶金工业出版社，2007.

[28] 岩石矿物分析教程.北京：地质出版社，1980.

[29] 岩石矿物分析编委会.岩石矿物分析.4版.北京：地质出版社，2011.

[30] 汪模辉，郎春燕.复杂物质分析.成都：电子科技大学出版社，2004.

[31] 有色金属工业分析丛书编辑委员会.难熔金属盒稀散金属冶金分析.北京：冶金工业出版社，1992.

[32] 计子华，郑经，等.原子发射光谱分析技术及应用.北京：化学工业出版社，2010.

[33] 潘教麦，李在均，张其颖，等.新显色剂及其在光度分析中的应用.北京：化学工业出版社，2003.

[34] 武汉大学.分析化学.4版.北京：高等教育出版社，1998.

[35] 卓尚军，陶光仪，韩小元.X射线荧光光谱的基本参数法.上海：上海科学技术出版社，2010.

[36] 吉昂，陶光仪，卓尚军，等.X射线荧光光谱分析.北京：科学出版社，2003.

[37] 江祖成，蔡汝秀，张华山，等.稀土元素分析化学.2版.北京：科学出版社，2000.

[38] 王泽伟.化验员新技术与操作规范化实用大全.天津：天津电子出版社，2005.